●図表・写真のリスト

広瀬隆
Hirose Takashi

燃料電池が世界を変える

［エネルギー革命最前線］

NHK出版

燃料電池が世界を変える〜エネルギー革命最前線〜

装幀　川島　進
（スタジオ・ギブ）

目次

目次

序章　ある日、レースがはじまった

ウォール街の異常な株価上昇が一段落し、二〇〇〇年夏が終ろうとする時であった。

証券会社のエコノミストたちは、胸に期待と一抹の不安を抱えていた。

「電気をつくる燃料電池だって？　お前、真剣に解析したのか。そんなものに顧客の金を投資させて、何%の利益が出るか計算したのか」

こうした不安が頭をよぎると、「まあ、みていろ」という言葉が口をついて出るのが彼らの常であった。

膨大な資料をディスクに内蔵したコンピューターを操作すると、彼ら得意の占い資料が画面に出てきた。燃料電池を開発する関連企業のリストが並び、その数は優に五〇〇社を超えていた。図面、写真、市販のスケジュールと価格、研究開発の態勢、工場の立地、バックアップする金融機関と国家のプロジェクト名が書かれていた。

投資は、賭けに明け、賭けに暮れるが、カジノのギャンブルではない。エコノミストとして、平均八割の的中率をあげなければ成績とは呼べない世界だ。

「ここに書いてあるのはすべて宣伝文句だ。企業側が出したテクノロジーの希望的観測にすぎない。

住宅用燃料電池でトップランナーだったプラグ・パワーは、ゼネラル・エレクトリック（GE）のジャック・ウェルチがバックについたので、九割の確率で勝てる勝負と見られていた。ヨーロッパでの市場テストを二〇〇一年末までに終え、二〇〇三年に販売開始の予定に狂いはないとな。ところが、その発表から三ヶ月もたたずに、自家発電機能を発揮できずに設計変更となった。おかげでGEは、去年プラグと交した四八五台の買い取り契約の義務から解放されることが発表され、ウェルチに見放されたプラグは株価暴落だ。俺たちが動かしているのは、俺たちの金じゃない。顧客から預かった金だ。なかには、これを失ったら首をくくる人間も出る。それを忘れるな」

さらに悲観的な考えも浮かんできた。

「過去一〇年間のチャートがこれだ。投資家にとって、ダウ工業株は年率で一五％のもうけを出した。ナスダック市場の主要銘柄では、毎年二一％もの利益をもたらしてきた。ところがこの発電業界はどうだ。エネルギー関連株と言えば、同じ一〇年間の投資で、年率一％にも満たない利益しか出さなかった。これでもバラードに賭けていいのか。プラグは、ついに社長が辞めたぜ。しかも八月に入って、投資家に対する約束不履行を問われて、全米の投資家がプラグの幹部を告訴する破目になった。現在トップを走っているバラードだって、明日はどうなるか分らん。まだ何も市販された商品を売ってない。大企業に試作品の燃料電池を売ってきただけだ。ところが、このマーケットでは、売上げの二五七倍もの株の取引きがされているのは、こりゃ一体なぜなんだ。インターネット販売の最大書店ともてはやされた挙げ句、利益が出ないまま株価が急上昇したアマゾン・ドット・コムがどうなったか、忘れるな。これも燃料電池ドット・コムになって不思議はない」

それでも人間の空想は、ひたすらに最後の希望を描き出し、どこかに一道の光明を求めるものである。

「確かに、一抹の不安はある。しかしな……プラグは社長辞任で、いずれはトップの座に復活する可能性が高くなったという声が強い。辞任したゲイリー・ミットルマンは、けしからん奴だ。あの男は告訴されて当然だ。技術の失敗を批判してるのではない。未知の製品開発で失敗が出るのは当然だ。あいつが許せないのは、五月に株が暴落しながら、その失敗の理由も、将来のスケジュール変更も、投資家に対してひとことも説明しなかったことだ。GEや投資家が怒るのも無理はない。ウェルチは緻密な頭を持っている。プラグを見放したのではなく、無能な社長を追い出したのさ。株価は暴落しても、長い先を見ればこれからは目がある」

一セントの株価の上下を秒単位で読みこなし、利益一途に走るウォール街の図式からみれば、まだ実在もしていない燃料電池を売るSFまがいの企業に投資するという、とんでもないルール違反の巨大な取引きが公然とおこなわれていたのである。その対象となった燃料電池とは、一体何なのか。

今日までの燃料電池について言えば、商業的な成功として見るべきものは何もなかった。技術的な成功は多々伝えられたが、製造コストがあまりに高くつき、まだ誰にも買えないほど値段が高いからである。しかしその目標価格が、ここ数年で驚くほど急激に下がっていたのも事実だった。この勢いでゆけば、実用化が目の前にきていることは、間違いなかった。それが、二年後か三年後に起こる出来事なのだ。さらに原油価格の暴騰が追い風となって、将来のエネルギー問題を解決する救世主として、燃料電池メーカーの株価は着実に上昇を続け、九月には再びバラード株がじりじりと値を上げていた。

ウォール街に情報を流すビジネス・コミュニケーション社によれば、燃料電池のマーケットの規模は、つい二年前の予測では二〇〇三年にせいぜい三億ドルだろうと見込まれていたが、現在ではその数値を一三億ドル前後まで上方に修正しており、たちまち四〜五倍の拡大という、途方もない予測の変化が起こっていた。

　数字を冷淡に見るエコノミストにとっては、二〇〇三年に一三億ドル、日本円で一五〇〇億円は下らないと言っても、まだごく小さなマーケットだと軽視できただろう。ところが、もしこの金の卵から雛《ひな》が無事に孵《かえ》れば、数字はロケットのように伸び、たちまち一兆円市場になるという声が高かった。

「思い出してみろ。ほんのわずか二〇年前に、コンピューターと言えば、大企業のオフィスだけに置かれている、化け物みたいに巨大な計算機だった。あの大きさがIBMの売り物だったぜ。一体ウォール街の誰が、現在のインターネットとコンピューターの急激な普及と、想像もできないコストダウンを予測したのだ。一体誰が、マイクロソフトとインテルの、とてつもなく高い株価と、巨大な時価総額を予測したのか。誰も予測しなかったぜ。一体誰が、ビル・ゲイツの八〇〇億ドルという資産を予言したんだ」

　ゲイツの資産は、九九年に日本円で一〇兆円を記録していた。それがアメリカの歴史上に、かつてない好景気をもたらしたものだとすれば、次に何が起こるか、ほぼ予想がついているのであろうか。

「データが示す通り、ナスダック市場の主要銘柄では、毎年二一%もの利益をもたらしてきた。その体験を忘れるな。俺たちが扱っているナスダックで、通信株のエネルギーを支えられるのは、電力だけだ。それが次のターゲットであることは間違いない。しかも、今のところはすべて逆に、パソコンの普及で電力不足が深刻になっている。その一方で、大型発電所の弊害が問題になっている。あと三年もすれば、パソコンに燃料電池が内蔵されて、コードレスですべてが動くようになるかも知れない。石油王国テキサスでは、大きな変化が起こっているんだぜ。ウォール街らしからぬ現象だ。忍耐力と競争するというのは、実に珍しい。こいつは、一時的な投機ではないからな。かなり先のために一攫千金を夢見るような投資が旋風を巻き起こしているのには、それなりの理由がある……」

エコノミストや情報通信業者とは別に、燃料電池の市販が近いというニュースに喜んでいたのは、ステージで大音響をたてて演奏するロックミュージシャンやエンターテイナーや踊り子たちと、彼らを指一本で動かすマネージャーであった。耳をつんざくエレキギターと、マイクにスピーカー、まばゆい照明の電気をどこからとるかで、彼らはかなり苦労してきた。ギャラからしょば代を引かれて、支払いが、相当な額にのぼっていたからである。

これからは、ダイムラークライスラーが売り出す高性能の燃料電池トラックに、ドラムやバンドセットをつみこんで、好きな場所にステージをつくり、燃料電池のマイエレキで発電しながら、がんがん演奏できるというわけだ。不夜城を誇るラスベガスの賭博場の明かりも、スロットマシーンも、踊り子たちのステージも、いずれは燃料電池によって動かされるだろう。

クラシックの野外コンサートでも、マイエレキが活躍する時代は、すぐそこにきていた。音楽家だけでなく、フィッシングのクルーズや山男、ハンググライダーたち、アウトドア族にとっても、ポータブル発電機によって無限の可能性が広がってきた。キッチンをあずかる主婦も、ハンドルをにぎるタクシードライバーも、その日を待っている。

すでにアメリカでは、政府高官やビジネスＶＩＰのアタッシュケースに、超小型の燃料電池が装備され、シドニー・オリンピックのマラソンでは、先導車として、排気ガスゼロのゼネラル・モーターズ（ＧＭ）製燃料電池カーが使われたのである。

ほほえむノースウェストの化学者

ウォール街からアメリカ大陸を横断して反対側、太平洋岸の北部に、ビル・ゲイツのマイクロソフト社が本拠とするワシントン州がある。そこから国境を越えるとカナダに入り、話題のバラード社がバンクーバーに本拠を構えていた。

世界的な革命は、この一帯を中心に起こっているようだった。

九六年、ワシントン州の南に隣接するオレゴン州ベンドに、アメリカ北西部の位置を社名にしたノースウェスト・パワー・システムズという会社が設立された。会社といっても、ガレージに機材を持ち込んで実験を始める程度の仲間にすぎなかった。

ベンド市のハイテク企業マイクロモニターズの株を売ったばかりのアラン・グッゲンハイムは、次のビジネスをどこにするかで迷っていたが、あまり面白そうな仕事が見つからなかった。

そのとき、ベンド・リサーチ社の化学者デヴィッド・エドランドが、他人から仕事をもらう毎日にあきあきしていることを知り、二人は意気投合した。話をするうち、かねてからエドランドが興味を持っている燃料電池に、一緒に取り組んでみようということになった。

マイクロモニターズの化学エンジニアだったウィリアム・プレッジャーを仲間に誘い、三人でガレージ工場を創業したのである。

化学エキスパートのエドランドによれば、国境を越えたバンクーバーでは、七九年に三人で会社をはじめた小さな研究所のバラード・リサーチが、発電企業としてバラード・パワー・システムズと社名を変えたとみるまに、九三年にはダイムラー・ベンツと四年契約の開発協力で提携し、自動車用燃料電池の本格的な開発をスタートしたという。

その上、ダイムラーがバラードの株を二五％取得し、その年に二〇人乗りのバスを路上で見事に走らせて、ナスダックに一株六ドルで上場したというエキサイティングな話だった。

バラードの燃料電池開発は驚くほどのスピードで、九五年にはガソリンエンジンと同等の性能を示し、エネルギー効率五四％を達成する大成果を収めた。その性能に驚嘆したのが、中西部シカゴの運輸局だった。ダイムラー・ベンツと共同で第二世代バスにバラード製の燃料電池を積んで路上テストすることになり、やってみると宣伝に偽りなく、有害排出物ゼロという、これまた信じられないバスが動いたのだ。こうなると、近郊三八の町をカバーする公共輸送システムを抱え、スモッグ対策を迫られていた全米第二の都市シカゴは、市内を走らせているバス二〇〇〇台をすべて燃料電池カーに転換したいという要望を申し出て、実証用に急いで三台をバラードに発注した。

先頭を走るものには勢いがつく。翌年にバラードは、自動車用から手を広げて、自家発電用の大型燃料電池開発のために、新会社を設立した。それればかりではない。その新会社にアメリカのマンモス電力会社GPUインターナショナルが資本参加するというニュースが流れたのだ。

親会社のGPUは、先年まで略さずにゼネラル・パブリック・ユーティリティーズと称していたが、忘れもしない七九年に、子会社GPUニュークリアの操業するスリーマイル島原子力発電所が、史上最悪のメルトダウン事故を起こした。大都市が壊滅するかという恐怖に東部を陥れたその原子炉の所有者は、これもGPUの子会社メトロポリタン・エジソンで、広大な送電線網を持つジャージー・セントラルも、ペンシルヴァニア電力も、みなGPUの傘下にあった。

ニューヨーク州、ニュージャージー州、ペンシルヴァニア州にまたがって金融大都会を支配してきたこの電力会社は、しかし新エネルギーへの大転換を図った。GPUインターナショナルの会長だったジェームズ・リーヴァが、自らバラードに移籍して経営陣に加わったのである。

その同じ年に、エドランドたちが、わずか三人でガレージ工場「ノースウェスト・パワー・システムズ」を設立したのだ。社名は「バラード・パワー・システムズ」にあやかって命名したのだが、バラードとの差はゼロと無限大ほど大きかった。

資本を出したグッゲンハイムが、経営責任者の社長となって、エドランドに尋ねた。どうすればバラードに勝てるか、と。

原理を聞いてみると、バラードの燃料電池は、水素を使って電気を生み出していた。装置の中で起こる反応は、陰極で発生する水素の陽イオンが、薄い膜を通って陽極に達し、そこで酸素と反応するだけなので、次のようにまったく単純であった。式にあるe（エレクトロン）が電子で、これが動いて電気を起こすので、小学生でも分る式であった。

陰極　$H_2 \rightarrow 2H^+ + 2e^-$　（電流発生）

陽極　$2H^+ + 2e^- + \frac{1}{2}O_2 \rightarrow H_2O$　（熱水発生）

こうして電気と熱水ができる。供給する燃料としては、バラードが開発している水素やアルコール、ガソリン、灯油、天然ガス、プロパン、石炭ガスなどの化石燃料でなければならないという法はない。酸化されるものであれば、すべて電流を生ずる性質を持っているので、一酸化炭素CO、アンモニアNH_3、ヒドラジンN_2H_4、さらには金属でも、ゴミでも、汚水でもいい。

酸化剤としては、空気（酸素）のほか、過酸化水素や塩素なども利用できる。こうして、バラードの特許の範囲外を狙う企業が、逆転を狙って、いまだに多くの新しいテクノロジーの可能性を追求中だという話であった。

これほど簡単な装置が、家庭や自動車で使われなかった理由は、思い込みにあったのだという。宇宙船に燃料電池が使われて以来、当初は開発競争が激しくおこなわれたが、宇宙衛星に実用化されると、東西冷戦を意識した国家プロジェクトとして開発が進められ、「いくら高価であっても、宇宙で最高の性能を発揮すればよい」という発想が基本にあったため、市販品をつくるという考えがほとんど育たなかったのだ。結局、反応を促進する触媒が高価で、一般の発電用として実用化するのに必要な補助装置の開発も遅れ、すでに量産化されているガソリンエンジンや発電機にコストで勝てないと思い込んだため、メーカーは過剰な性能の燃料電池をつくって満足していた。そのため、採算を度外視できる軍事用と宇宙空間の用途にとどまったのである。

そこでノースウェスト・パワーの三人は、絶対にこれを主婦たちが買える値段にしようという意気込みで、世の中ではどのようにして水素を製造しているかを調べてみようということになった。

それから三年後の九九年のことだった。四〇歳になったエドランドは、一三件の特許を持つ化学者になっていた。新築の彼の家のブレーカーボックスに自作の装置をつなぐと、電力会社から引いていた電線を外してしまったのだ。その話を聞きつけた地元紙のオレゴニアン社が取材に飛んでくると、エドランドは電子レンジのように小さなボックスを指さして、

「この魔法の箱にメタノールが入ってゆくと、水素が出てくるんだ。運転状態はパーフェクトだね」

と、ご機嫌な表情で言った。

記者がびっくりしたことに、送電線を外してしまったというのに、その水素を使って、箱から電気が流れ出てくるのである。一番驚かされたのは、燃料電池が出す排熱をお湯として家でフルに使っているので、排ガスはほぼ完全なゼロで、エネルギー効率が九五％に達していることであった。GEの世界最高の発電機でさえ、効率は五〇％であった。発電所でつくった電気はどこでも、家庭に届くまでに無数のロスがあって、普通は三三％の電気を使えれば上出来だというのに、その三倍のエネルギーがエドランドの家で生み出されていたのだ。

これほどの驚異的な性能を持った発電装置は、まだバラードでさえつくっていなかった。一体、わずか三年で、どうやって彼ら三人はバラードを追い越したのか。社員はまだ七人にしか増えていないというのに。

エドランドは記者に説明した。

「自分は燃料電池の分野で経験がなかったので、従来の固定観念にとらわれずに考えたから成功したのさ」

彼らは、バラードのように燃料電池の装置を開発したのではなかった。フランスの考古学者シャンポリオンは、ナポレオンの遠征軍がエジプトのナイル河口で発見したロゼッタストーンから、象形文字を解読した。この石板のように、ひとつのきっかけで、すべてを解決できることがある。彼らは、水素をつくればいいという発想で、このテーマに取り組んだのである。

まず調べてみると、燃料電池に使えるような純粋な水素はどこでも製造されていたが、ひどく値段が高いことが分った。そこでエドランドたちは、水素を低コストでつくってみようと色々な方法を試したが、水素分子だけを透過する金属膜は高価すぎて使えず、一方、安い膜では不純物がまじってしまい、どれもこれも意図したような成果があがらなかった。こんなはずではなかったと苦悶する三人の前に、突然アイデアがひらめいた。不純物が含まれる質の悪い水素を使って、純度を高める化学反応を加える、という考えだった。

つまり、安価な膜も、純粋な水素を精製する方法も、業界ではすでに広く使われていたのであるが、誰もその二つの技術を組み合わせて使っていないだけであった。彼らは、その両者をいかにコンパクトな装置に組み立てるかに精力を注いだ。

かくして三人は、どこにでもある当たり前の技術を使って、革命的な水素発生装置を完成し、家庭で使うのに充分な五キロワットという電気を生み出す画期的な燃料電池を製作することに成功したのだ。

その翌年、まだ雪深い新潟商工会議所で、注目すべき記者会見がおこなわれた。

二〇〇〇年二月二一日に、ノースウェスト・パワーが、石油ストーブなどの暖房器具の老舗メーカーとして知られる新潟の三条市にあるコロナ社と技術提携し、三日後にコロナがその提携を正式発表したのである。コロナは「家庭用燃料電池の開発スタート」を宣言し、翌日には全国に報道された。

この会社は、一九〇四年（明治三七年）に新潟に生まれた内田鐵衛が創業者だったので、しばらくは内田製作所の看板を掲げていた。彼は、家業のガソリンコンロの販売を手伝ううち、軽油を燃料としたユニークな加圧式の液体燃料コンロを発明し、特許を取得して、三五年（昭和一〇年）に「コロナ」を商標登録した。太陽のまわりに燃えあがって見える光環《コロナ》に因《ちな》んだ命名であった。そして自宅の片隅を工場にして、石油コンロの販売を開始したのである。かくして戦後には日本全国、どこでもコロナの石油コンロを見るようになった。

さらに五五年に発売した石油ストーブは、大ヒットとなった。当時としては、コンロから「洋式のストーブ」に転換する家庭のエネルギー革命であった。敗戦後の最も苦しい時期を経て、ようやく国民生活が軌道に乗りはじめた時代に、日本の暖房事情を一変させたのである。それ以後は、欧米のアラジンやコールマンなどのブランド製品と競争しながら、近年にはガスと電気のエアコンが大量に普及してもなお、なじみ深い「灯油のコロナストーブ」は、安価で使いやすい家庭用のストーブとして、北国でシェアトップを誇ってきた。

ノースウェストは、面白い会社と手を組んだことになる。このパートナーは、どちらも寒さに強かった。新幹線新潟駅には、雪国を睥睨《へいげい》するように、巨大なコロナの広告看板が掲げられている。六三年（昭和三八年）の「三八豪雪」など数々の苦難をのりこえて雪国・新潟に工場を経営してきた自信を誇っているようだ。コロナにとって、しかしストーブなどの暖房だけでは、夏場に店頭から商品が切れるため、二毛作できるよう、エアコンに参入したのが燃料電池に参入した動機であった。

ストーブ屋として名人芸を発揮するコロナは、家全体のエネルギーをひとつの燃料でまかなえる装置を完成したかった。積雪の多い北陸、東北、北海道での屋根の雪おろしでは、毎年多数の犠牲者を出している。道路融雪用の地下水汲みあげでは、そちこちに地盤沈下の被害が出ていたからである。こうした屋根や道路の融雪も、エドランドが考案した燃料電池が生み出すお湯の用途として最適と思われた。これまでストーブを使っていた家には、灯油缶が置かれているので、灯油を使って動かせれば夢を達成できる。日本の家庭で使われるエネルギー源の四分の一を占めているのが、コロナの得意とする灯油であるから、その技術開発で手を組む恰好の相手がノースウェストだったのだ。

ノースウェストが初めて本格的な提携関係を結んだのも、九八年にサンディア国立研究所から「寒冷地アラスカの村のための燃料電池を開発するよう」依頼されて、八三万ドルの支払い契約を受けた時であった。それからわずか五ヶ月後、わずか数人の小さな会社ノースウェストが、北極圏の離村用として、極寒でも作動する見事な燃料電池を開発してみせたのだ。

いずれが声をかけた提携なのか、守秘義務があるため黙して語らないコロナである。しかし、寒冷地で大量の熱を求める人びとが、熱湯と電気を生む燃料電池の特長を活かす日は、目の前に来ていた。

ノースウェストは、そのニューパートナーとなったコロナの歴史を再現するかのように、ガレージ工場から出発して、家庭用燃料電池のレースでトップに並ぶ一社として躍り出た。その成功を、アメリカの資本家たちが見逃すはずはなかった。

そこから新しい物語がはじまったのである。九九年四月に、アイダホ州、オレゴン州、ネバダ州、ワイオミング州に電力を供給するアイダホ電力の持ち株会社アイダコープが、ソーラー電池と燃料電池を開発する子会社を通じて、ノースウェストを買収してしまったのだ。

さらにそれから二ヶ月後のことである。映画『ジャイアンツ』でジェームズ・ディーンが扮した石油王の直系、ハント・ファミリーがテキサス州シェイリーランドに新しい居住区を開発中だったが、その売り込みレースに、化学者エドランド率いるノースウェストが姿を現わした。その新興住宅地では驚くべきことに、石油王ハントが「すべての住宅に燃料電池をとりつける」という壮大なプロジェクトを練っていたからである。しかもこのレースの鍵を握っていたのは、時のテキサス州知事であった。ほかならぬ共和党の大統領候補ナンバーワンのジョージ・ブッシュJr（ジュニア）、大波乱の大統領選挙で、二〇〇〇年一二月に新大統領に決定したその人である。

ノースウェスト社長のグッゲンハイムは豪語した。

「うちの燃料電池は、原発や石炭火力にとって代る環境にやさしい発電機だ。それに、これまでのディーゼルやガソリンを使うシステムにだって、効率で勝っているんだぜ」

全米を巻き込む燃料電池売り込み競争が幕を切って落とすなか、二〇〇〇年五月一日、ノースウェスト・パワー・システムズは社名をアイダテックと変えて、この巨大な利権獲得レースに挑むことになった。しかし、猛烈な闘いを覚悟しなければならなかった。そのテキサス州の新興開発地にアヴィスタ社が競争相手として登場してきたからだ。本社をワシントン州スポケーンに構え、先年までワシントン水力発電を社名としていた電力会社だ。

それを耳にしても、グッゲンハイムは動じなかった。ライバルが優秀であればあるほど、頭は冴えるものだ。ノースウェストこと新生アイダテックが、燃料電池を量産する新工場の建設に着工したのは、その年、六月のことであった。

第1章　誰が二一世紀の発明王エジソンになるか

アメリカ情報通信産業の危機

アメリカ全土に、九七年末から、変化の兆しが芽吹いていた。日々の株価に敏感に反応してビジネスをするという意味で、デイトレーダーと呼ばれるパソコンマニアたちが、一日中、画面に向かって株の取引きに熱中しはじめたのだ。フロリダ州では、一三歳の少年マット・キングがアップル・コンピューターの市場に目をつけ、わずか一年で一五〇万ドル、実に二億円近い金をかせいで仲間からボスと呼ばれるようになった。インターネット・ゴールドラッシュ物語が人々の興奮をかきたてた。いまや株の取引きをするのにプロの知識は必要なく、コンピューター一台とわずかなノウハウさえあれば、一夜にして大金を手にできる時代であった。二〇〇〇年に突入すると、インターネットの利用件数は一〇〇日ごとに二倍になる勢いで伸び、全世界のインターネット市場は三〇〇兆円に達した。

インターネットは蜘蛛の巣《ウェブ》のように張りめぐらされた。ネットで取引きする人間たちは、その蜘蛛の巣をたぐりながら、取引き窓口から窓口へと荒馬のように乗り回してウェブ・ライダーと呼ばれ、その一億三〇〇〇万人のうち七割が年収五万ドル以上、つまりアメリカ人の平均年収の二倍の規模でかせぐ実績をあげるまでになった。結果として、彼らがアメリカ産業の牽引車となったのでである。

しかしインターネットの真実は、金もうけだけではなかった。アメリカでは、政府と企業の資料は大部分が隠されずに公開され、その信頼関係の上に政治論争とビジネスが成り立ってきたが、これらの資料がすべてインターネット上で入手できるようになったのだ。全米を動かすのはわずか一%に満たない知識人だと言われてきた国家で、彼らの知識もインターネットで全国民に共有され、ワシントンの議会図書館、ニューヨーク市立図書館でも、利用者が膨大なデータをインターネット経由で読破するようになった。

テレビ画面は、インターネット情報であふれていたが、それらは看板に偽りなく、視聴者が求めるものを高度な水準で提供した。交信する手段にすぎないこの道具が良くも悪くも、生活必需品としての一文化を形成した現在、パソコンと電話線なしの流通メカニズムはこの大陸では存在し得なかった。通信業界のハイテク株価がナスダック市場でどれほど上下動し、大手銘柄に悪い決算が出ようと、通信機器の需要は一向に落ちていなかった。このアメリカ文化を生み出し、根本から支えたのは、言われるような通信ファイバーの充実度やパソコンの性能ではなかった。無駄のない整備されたデータを提供することによって、利用者が確実に恩恵を得られる社会システムに向かうというアメリカ人気質にあった。

一方ビジネス街では、最高経営責任者ジャック・ウェルチの頭脳によって、GEが金融部門の収益を大幅に伸ばしてマイクロソフトの株式時価総額を抜き、ウェルチは押しも押されもせぬアメリカ実業界トップの栄誉を手にしていた。一時は、建物を破壊せずに内部の生物だけを抹消する中性子爆弾にたとえて、首切り屋のウェルチを〝中性子《ニュートロン》・ジャック〟と揶揄《やゆ》した実業界だったが、「世界でナンバー１とナンバー２の事業部門だけを残し、それ以外は、ＧＥには必要ない」という彼のビジネス哲学が大成功を収めると、世界中の企業がリストラクチャリングを合言葉に、彼の真似をしはじめた。しかしウェルチは決して、発明王エジソンが会社を設立して以来続けてきた、ＧＥ本来の電機事業を忘れたわけではなかった。

スリーマイル島の原発事故のあと、ただちに原子力から撤退したとはいえ、現在もなお大型発電機メーカーとして王座にすわっている状況で、インターネットを駆使して販売する発電機に問題がないわけではなかった。突如起こった原油価格の暴騰と、パソコンの普及によって、インターネットをダウンさせかねない電力不足がそちこちで発生していたからだ。しかも連邦政府と州政府は、発電所の排ガスに対して規制を強化し、国民もまたクリーンな発電機を求める動きを強めていた。

この危機的状況のなかで、大きな電力会社の能力不足を埋めるためと、通信ビジネスの利権を狙って、新しい独立系発電事業者（ＩＰＰ――Independent Power Producers）たちが、急速に台頭してきた。彼ら一匹狼が発電機メーカーキングＧＥに求めたのが、有毒な排ガスの少ない、しかも効率のいい高性能発電機であった。その上彼らは「安く」という注文までつけてきた。しかしＧＥの発電機部門が商談を交すうち、独立系発電業者はこれまでにない膨大な需要が見込めるマーケットであることが分った。

その代表者であるテキサス州のエンロン社は、電力からガスまで手がけ、ＩＰＰとして全米最大、全世界で最大の総合エネルギー企業に成長していた。二〇〇〇年七～九月の四半期には、天然ガスと電力などの売上げが前年同期比で二・五倍に増加するという快進撃を続け、ＩＢＭやアメリカ・オンライン（ＡＯＬ）と提携してインターネット上での電力小売りをスタートしていた。そればかりか、燃料電池の開発に着手し、最も有望とされる燃料電池用のスーパークリーン合成燃料を開発したシントロリアム社のライセンスを獲得し、そこでもトップの座を狙っていた。

この製造法を握れば、燃料電池でネックとされてきたすべての問題が解決してしまうことが分っているので、テキサコやマラソン・オイルのほか、バラードの運命を握るダイムラークライスラーも飛びつき、バラードのカリフォルニア州パートナーであるアトランティック・リッチフィールド（ARCO）も大金をそれに投じた。それを見たイギリス・アメリカ連合メジャーのBPアモコは、ただちにARCOを買収し、合成燃料のライセンスを手中にしたのである。二〇〇〇年に入って、フォルクスワーゲンとゼネラル・モーターズもこの燃料のテストを実施することになったが、飛びついたのは、こうした石油と自動車のメジャーばかりではなかった。

ノースウェスト・パワー・システムズ社長のグッゲンハイムも、早速そのライセンスを取得し、彼らの燃料電池に使ってみたところ、抜群の成果を収めた。これまで化学工業界は、石油と石炭のような液体や固体をガスに変える技術に精力を注いできたが、逆に天然ガスを液体に変える、という新しい着想で生まれたこの合成燃料は、製造段階ですでに硫黄、ベンゼンなどの発癌物質、有害金属を取り除いてあるので、きれいな水素が得られ、燃料電池からの排ガスがきわめてクリーンで、エネルギー効率が大幅に上昇した。その結果、コストダウンによって燃料電池の実用化が可能になるという画期的な展望を実証したのだ。

この合成燃料は、ガスを液体に変えたので、Gas to Liquid を略してGTL燃料という名称を与えられた。液体であれば、現在のガソリンスタンドを使って自動車に給油できるので、これまで燃料電池の主流と考えられてきたメタノールや天然ガスよりはるかに有利だと、大いに耳目を集めた。独自のスーパークリーン燃料を合成しようと、シェルが早速マレーシアにテストプラントを稼働させ、大きな成果をあげてインドネシアで工場建設を進めたが、BP、エクソン、テキサコのメジャーも揃って技術開発に入ったのである。

こうした新技術の獲得が、表向きは企業のマンモス化と見える買収・合併の深層に流れていた。このライセンスを獲得したエンロンは、商品取引きの私設市場エンロン・オンラインを設立してアメリカ国内での電力売買を開始し、地球温暖化問題の窒素酸化物排出権取引きの仲介を含めて、あらゆる取引きをネットで動かす怪物となっていたが、次に狙いを定めたのが、電力の自由化がスタートする日本の巨大マーケットであった。新潟に日本国内最大のガス田を有する帝国石油は、喉から手が出るほど欲しかったが、日石三菱に横取りされて買収は失敗に帰した。そこで二〇〇〇年一月にはオリックスと合弁で発電会社Ｅパワーを設立、四月にはエンロン・ジャパンを設立して、日本の独立発電事業に参入を表明した。続いてその具体的計画が打ち出され、八月には福岡県で、一一月には山口県で五〇万キロワット級の大規模石炭火力を建設するというプランを立ちあげたのである。しかも、原発の放射性廃棄物を日本全土から押しつけられて最大の問題になっている青森県六ケ所村にエンロンが登場し、二〇〇四年に二〇〇万キロワット級という大型ガス火力発電所を建設する計画が一一月末に明らかにされた。

エンロンは、企業向けの大口電気料金を日本の電力会社より一割安く売るサービスを一一月からスタートするので、電力会社が三〜四割の値下げをしない限り勝てると豪語し、日本の自由化電力の一割、全電力の五％を獲得しようというのだから、一五兆円に達する日本の電力マーケットで七五〇〇億円をかせぐ意欲である。しかも日本全土すべての電力管内に次々と発電所を確保して、二〇〇五〜〇六年の運転開始を目標に、天然ガス燃料を含めて一〇〇〇万キロワット発電のプロジェクトを進めていた。ちょうどそのころ、日本に新しい株式市場としてナスダックジャパンを設立したソフトバンクの孫正義が、エンロンのパートナーであるオリックスを引き込み、破綻した日本債券信用銀行を乗っ取り、看板をあおぞら銀行に書き換えたのである。その裏には、不思議な人間関係が潜んでいた。

あおぞら銀行の非常勤役員として、父親のブッシュ政権時代に〝史上最低の副大統領〟と叩かれたジェームズ・ダンフォース・クエールの名前が並んでいたからである（本書では父親の第四一代大統領をブッシュ、息子の第四三代大統領をブッシュJrと表記する）。湾岸戦争後の九一年当時ブッシュ大統領は、不整脈で体調が悪化して、一時はホワイトハウスの職務不能に陥るだろうという推測まで流れ、アメリカ国民は一様に不安にとらわれた。大統領職を代行する副大統領クエールが核発射ボタンを握るので、全米のメディアに「恐怖時代到来か」とまで書かれた男だ。「なぜあの無能な人間を副大統領候補に選んだのか」と尋ねられてブッシュは答えなかったが、クエールはアメリカ国民には不人気でも、母方の祖父が大新聞社を創業し、広大な利権を持つ名門ファミリーだったので、そのポストを得たのである。

エンロンの会長をつとめるケネス・リー・レイは、まだ若いころ、現在世界一のエクソンとして知られる石油メジャーのスタンダード石油ニュージャージーでエコノミストをつとめていたが、政界の実権をめざして、連邦電力委員会の技術補佐官から内務省のエネルギー担当副次官へと、出世の階段を昇っていった。ところがオイルショックで膨大な利益が石油・ガス業界に出るのを見て、身の振り方を一変し、めざとく民間に戻った。フロリダ・ガスを皮切りに、石油とガスの総本山テキサスに乗り込むと、ヒューストン天然ガスを支配して、今日のエンロンに育てた実力者がレイであった。今また政界をめざし、「商務長官候補ナンバーワン」の実力を蓄えたそのレイ会長が、九九年から地元テキサスで支援したのが、州知事、今や合衆国大統領ブッシュJrだったのである。

一九〇一年にテキサス州で巨大油田が発見されてからちょうど一〇〇年。油田とガス田をあいだに挟んで、エンロンと三代にわたって石油事業に関わってきたブッシュ・ファミリーは、州内で知らぬ者のない仲にあった。

オリックスがエンロンと提携、エンロンがブッシュ親子を支援、ブッシュがクエールを副大統領に指名、クエールがオリックスと共にあおぞら銀行を経営する、というサークルができていたのである。

このブッシュJr支援サークルには、錚々《そうそう》たるメンバーが名を連ねた。燃料電池の一歩先を走り、小型発電機として実用化されつつあるマイクロガスタービンを開発したキャプストーン・タービン社は、全米と日本の工業界から熱い視線を集めていたが、そのベンチャー企業の個人筆頭株主であるベンジャミン・ローゼンはコンパック・コンピューターの会長職にあり、コンパックの経営にエンロンのケネス・レイが参加するという関係にあった。ほかには、インターネット検索ソフトで一時代を開拓したネットスケープの最高経営責任者ジェームズ・バークスデール……敵対的企業乗っ取りで怪物とおそれられた投資ファンド「コールバーグ・クラヴィス・ロバーツ」の創業者で、ユニオン・テキサス石油に介入したウォール街ベストテンの大物投機屋ヘンリー・クラヴィス……チェーンホテル業界ナンバーワンのマリオット・ホテルでインターネット・ベンチャー志願者を育てる大富豪ジョン・マリオット……マイクロソフトの現場を取り仕切る最高執行責任者ロバート・ハーボールド……ネットワーク機器最大手としてインターネット通信路線の八割を支配するシスコ・システムズの最高経営責任者で大富豪のジョン・チェンバーズ……そしてデル・コンピューターを創業したと見るまに九八年に三三歳で資産一三〇億ドル、日本円で一兆五〇〇〇億円を築きあげ、経済誌〝フォーブス〟の富豪ベストテンに名を連ねたマイケル・デル……これらコンピューター業界トップの顔が並んでいた。しかもシスコ・システムズのチェンバーズは、ＩＢＭ出身で、九九年一二月に巨人ＩＢＭのネット機器部門を買収し、同時にＩＢＭがシスコのセールスをおこなう提携関係を結んでいたのである。

この資金がどっとブッシュ陣営に流れたので、民主党のクリントン〜ゴア陣営は、司法省を動かして独占禁止法違反でマイクロソフトに襲いかかっていた。大富豪ビル・ゲイツ自身は、共和党の強烈な支援活動をおこなう父母に育てられた男であった。大統領候補アルバート・ゴアが「私がインターネットを発明した」とか、「私はインターネットの開発にかかわった」などと誇大妄想発言をするたびに、これら通信業界のボスたちが不快感を覚えたのは当然であった。

この争いを横目に見ながら、ＧＥは自分のビジネスに徹した。

九九年一二月に、世界最大のエネルギー企業エンロンと、世界最大のガスタービンメーカーＧＥは、それまで以上に深い関係を結んだ。エンロンはカリフォルニア州ベーカーズフィールド南に七五万キロワットの天然ガス火力発電所を建設する計画を持ち、二〇〇一年に建設を開始して、二〇〇三年には発電を開始することになっていた。こうした発電所の排気ガスをクリーンにするため、エンロンは、燃焼時の有害排出物を大幅に減少させる触媒技術を開発したキャタリティカ社（Catalytica Combustion Systems）の株を九七年に一五％取得していた。翌九八年、ＧＥがその親会社（Catalytica Inc.）との提携を発表し、間接的に、ガスタービンメーカーと発電会社が同じ技術を共有してきた。

そして九九年末に、窒素酸化物の排出量を大幅に減らすため、キャタリティカが開発した高性能触媒ゾノンを用いた超クリーン燃焼システムを、ＧＥがガスタービンに導入したのである。その恩恵を受けるのは、発電所を操業するエンロンだったので、ＧＥの動きを大いに歓迎した。エンロンは怪物ではなく、世界最高の技術を追求する企業集団であった。

エンロンと関係を深めたGEは、ただちにテキサス州ヒューストンのリライアント社（Reliant Energy Power Generation）に、高性能の四・四万キロワット天然ガスタービン一九機を販売する契約を結ぶことに成功した。このガスタービンは、発電所用としては超小型に属し、必要な台数を並べて好きなように発電量を調整できるという強みを持っていた。リライアント社は、アメリカとヨーロッパだけでなく、メキシコなど中南米一〇〇〇万世帯に向けて電気とガスを供給し、出力合計二二〇〇万キロワットという巨大な発電設備を有する、アメリカでベストテンにランクされるエネルギー企業であった。日本の巨大原発基地がある福島と柏崎で一七基の原子炉を合計しても、一七〇〇万キロワット強であるから、GEの顧客が特別な大物だったことは間違いない。

このビジネスの見どころは、価格の交渉にあった。合計八三万六〇〇〇キロワットのガスタービンを、リライアントはわずか二億八〇〇〇万ドルでGEから買い取ったのである。この分野でエネルギー革命が起こっていることは明らかだった。九九年の為替レート一ドル一一〇円で計算すれば、一〇〇万キロワットで三六八億円の発電機という安売りになる。日本の原子力発電所が、同じ出力で一基三〇〇〇〜四〇〇〇億円という無駄な買い物をしている時、アメリカではその一〇分の一で動力本体が手に入るのだ。発電会社が競ってこれを買い求め、GEが九九年にこの機種だけで八八機も販売できた理由は、その図抜けたテクノロジーの合理性にあった。

四月に入るとGEは、オーストリアのイェンバッハー社から、移動式としてどこにでも利用できる一〇〇〇キロワットの天然ガスエンジンの発電機を導入した。一六世紀に創業したイェンバッハー・グループは、従業員一〇〇〇人を擁し、発電用ガスエンジンと排熱利用、バイオガス技術では世界のトップ企業として知られていた。この発電機は、オフィスビルや病院、ショッピングモールなどに適し、どこにでも持ち込めるので、災害が発生した時の緊急用としても、油田や工事現場などでも最適だった。

アメリカとヨーロッパの発電会社は、世界一高い電気料金に苦しむ日本産業界に乗り込むのに、こうしたすぐれた武器の数々を備えはじめていたのだ。

テキサス州ダラスにある全米最大の石油サービス会社ハリバートンも、そうした機種を求めていた。スタンダード石油、ガルフ石油、テキサコの名前を全世界に知らしめたのは、油田関連の総合的エンジニアリングや建設、サービスをおこなってきたハリバートンだったのである。創業者のアール・ハリバートンは、二〇世紀初めに会社を設立した当時、結婚指輪を操業資金にあてなければならないほど苦しかったが、五七年にこの世を去った時には、全米屈指の遺産一億ドルという莫大な財産を残した。妻も実業家となって、最後には結婚指輪どころではない資産家夫婦となったのである。石油や天然ガスを採掘するとき、セメントを注入して爆発事故を防ぎ、地下水の浸入をくい止める技術で特許を支配すると、巨大石油会社でさえこの特許なしには石油とガスの採掘ができないからであった。

オクラホマとテキサスで巨大油田が続々と発見されて以来、メロン財閥のガルフ石油と、ウィンスロップ・ロックフェラーが重役をつとめるハンブル石油がハリバートンの株主となって、ベネズエラから北海油田まで、国外での海底油田開発で世界的に活動し、石油探査に大きなビジネスを展開してきた。九五年八月にハリバートンの重役に迎えられ、やがて会長に昇格し、最高経営責任者をつとめてきたのが、ディックことリチャード・ブルース・チェニー、すなわちサダム・フセイン大統領のイラク油田破壊に熱中した湾岸戦争当時の国防長官であった(彼の名前はCheneyと書き、伸ばしてもチェーニーだが、日本の報道界ではなぜかチェイニーとされてきた)。

しかも湾岸戦争に踏み込んだ大統領ブッシュの息子が大統領選に出馬すると、二〇〇〇年七月にチェニーが共和党の副大統領候補としての要請を受諾し、ブッシュの当選に伴い、正式に合衆国副大統領に就任したのである。彼は副大統領候補となるため、ハリバートン会長を退職するにあたって、わずか五年間の勤務で二〇〇〇万ドル、ほぼ二二億円という法外な退職金を手にしたが、ハリバートンにとってはそれほど高くない報酬であった。深い利権を持つ中東の油田、とりわけサウジアラビアの石油権益を確保したのがチェニーだったからである。

ネルソン・ロックフェラーが副大統領の時代に、ホワイトハウスを動かした首席補佐官がチェニーであり、スタンダード石油を動かすロックフェラー家の代理人として活動した功績を認められ、テキサス石油事業トップという勲章をもらったのである。ここにホワイトハウスと実業界を結ぶ強靭なコネクションがあったが、彼らの閨閥が一九世紀以来の資産を支え続けた能力の秘密は、誰よりも早く最高の技術を金で買うめざとい頭脳と人脈にあった。大統領選がはじまった二〇〇〇年初めに、エクソン・モービルは燃料電池の花形バラードに提携を申し出た。

ハリバートンに出資してきたメロン財閥のガルフ石油も、ソーカル（スタンダード石油カリフォルニア）に買収されながら、黙って見てはいなかった。傘下にある世界最大のアルミニウム・メーカー「アルコア」の子会社サイオコール・プロパルジョンが、二〇〇〇年七月に燃料電池の開発企業インプコ（IMPCO Technologies）と技術提携した。サイオコールはＮＡＳＡ（アメリカ航空宇宙局）のスペースシャトルを動かすロケットブースターのメーカーで、八六年一月にスペースシャトル「チャレンジャー」が空中爆発し、凄惨な事故を招いた一因とされる固体ロケットメーカーだったが、その汚名を挽回するべく、燃料電池自動車用に合成水素燃料貯蔵タンクを開発するなど、燃料供給と貯蔵システムに高度な技術を開発してきた。

大統領選挙では、民主党候補の副大統領アルバート・ゴアJrが、こうした共和党の石油コネクションを痛烈に批判し、巨大企業を批判することによって国民の歓心を買おうとしたが、九月に共和党のチェニーから逆襲を受けた。副大統領の父親アルバート・ゴアこそ、政商アーマンド・ハマーと組んで石油利権に夢中になり、オクシデンタル石油の副社長をつとめたほか、石炭事業にも利権を持つファミリーだったからである。

「ゴア副大統領は、メキシコ湾の天然ガス採掘のためにアメリカの石油会社が支払っているロイヤリティーをなしにすることを政策に掲げている。この政策で利益を得るのは、オクシデンタル石油ではないか。ゴア氏の母親が運営する一族の信託基金は、現在も将来もオクシデンタル石油の株式利権で経営され、そこからゴア氏は大統領選挙の資金をかせいでいる」と、チェニーから具体的な批判を受けたのである。〝環境保護に熱心なゴア〟というイメージはマスメディアでつくられた神話にすぎなかったのだ。九月末のギャラップ世論調査の支持率では、ブッシュJrの四七%に対して、ゴアJrは四四%という劣勢にまで追い込まれた。

アメリカ産業界にとっては、どちらが大統領になるかは、それほど大きな問題ではなかった。両陣営のバックにある主流集団が、エネルギー革命をダイナミックに動かしていたからである。この技術革命を達成しなければならない絶対の必然性があったからだ。アメリカ情報通信産業に危機が襲いかかっていた。

八月以来、デイトレーダーに刺激された好景気と、夏の猛暑のため電力需要が急増し、カリフォルニア州の電力不足は深刻な事態に陥っていた。州は緊急事態を宣言し、一般家庭と企業に電力一部カットを命令した。かつてハリウッドのB級ウェスタン俳優ロナルド・レーガンをカリフォルニア州知事から大統領までのしあげた功のあるカリフォルニア州の大電力会社パシフィック・ガス電気は、発電機をテキサス州からサンフランシスコまで運ばなければならない事態に追い込まれた。

カリフォルニア州のシリコンバレーが窮地に陥れば、世界経済が深刻な影響を受ける重大事件であった。コンパック・コンピューター、エンロン、ネットスケープ、マイクロソフト、デル・コンピューターの幹部たちが、新エネルギーの開発に真剣になるのは当然であった。

一体、誰が、何を使ってこのエネルギー不足を解決するのか。それは燃料電池なのか、マイクロガスタービンなのか。

燃料電池の発電メカニズム

燃料電池には、大別して五つのタイプがある。現在のブームにバラード社が火をつけ、最も注目を集めてきた「高分子膜を使う燃料電池」は、次のようなものであった。

内部には、真ん中に薄い膜がある。これを電解質といい、物質を電気的にプラスとマイナスに分離する性質がある。水のなかに食塩を溶かすと、⊕のナトリウム・イオンと⊖の塩素イオンが生まれて、電気を伝える役割を果たすが、食塩水と同じように、導電性のある固体の高分子膜を使った燃料電池が、カナダのバラード社によって、これまでにない低コストで開発された。

バラード型の発電装置では、図1のように薄い膜を挟んで、陰極（アノード）と陽極（カソード）が配置されている。この二つの電極は、氷砂糖や繊維のように、内部が隙間だらけの構造をして、この多孔質の物質がガスを通す。膜側の表面には、薄く触媒が塗ってある。触媒は、自分は最終的に変化しないが、反応を仲介して促進する物質である。現在までほとんどの燃料電池では、触媒として白金か白金の合金が使われてきたが、白金は指輪に使われるほど高価な貴金属なので、産業界では低コストの触媒の探究が進められてきた。基本的な構造はこれだけである。

発電するには、図の左側から、陰極の内部に水素ガスを送り込む。水素ガスとは、水素の原子二

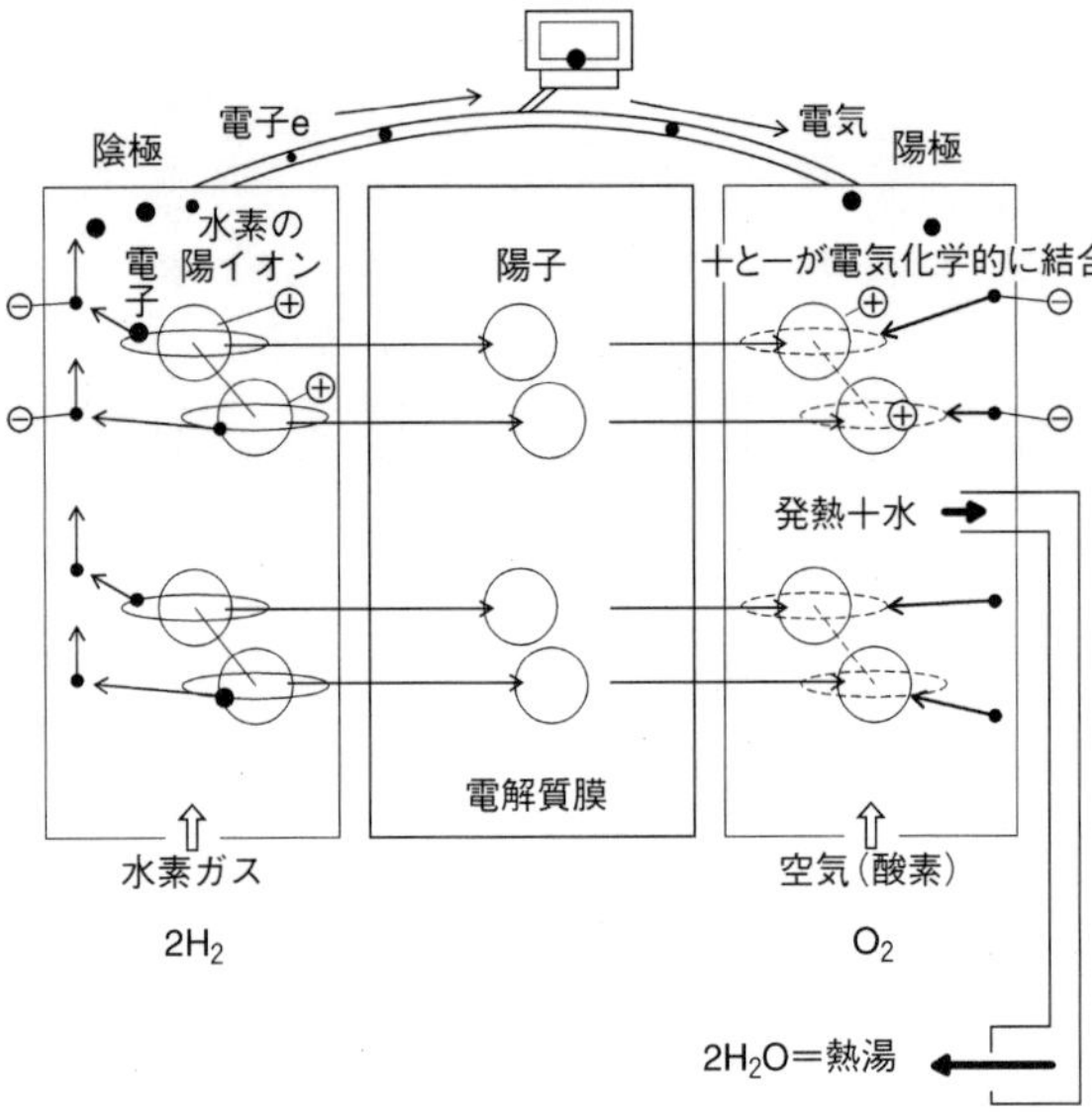

図1　燃料電池fuel cellの発電メカニズム

個が結合し、水素分子になったものである。それぞれの水素原子の中心にある原子核は、陽子一個からできているので、プラスの電気を帯びている。そのまわりにマイナスの電子が一個飛び回って、原子全体はプラスとマイナスのバランスがとれている。

　送り込まれた水素ガスは、電解質膜と触媒の作用によって、陽子と電子が分離して、陽子だけが⊕の陽イオンとして電解質の膜を通り抜け、陽極（図の右側）に向かってゆく。実物の陽子は、この絵のように大きくなく、見えないほど小さな粒である。陽子が去ってしまうと、取り残された⊖の電子は、電極につないである電線の中を走って、やはり陽極に向かってゆく。

　こうして電線の中を電子が走ると、電流が流れる。そこに、オーディオとテレビと電灯と冷蔵庫をつなげば、素敵な音楽が室内に流れ、テレビの画面が映り、電灯が部屋を明るく照らし、冷蔵庫のビールが冷える。パソコンをつないでインターネットで株の取引きができる。掃除機のモーターが回り、自動車では車輪を動かす動力に使えるのである。

電子がエネルギーを使ったあと、右側の電極に達すると、膜を通ってきたプラスの陽子と再び出会う。この陽子は、月を失った地球のように、電子の軌道が空っぽになっているので、再びプラスの陽子とマイナスの電子が結合して、水素の原子に戻ろうとする。その水素原子が、もう一個の水素原子と結合すれば、水素ガスの分子に戻るはずだ。

ところが陽極に、空気を送り込むと、別の反応が進行しはじめる。空気には、ほぼ二〇％の酸素が含まれている。

酸素と水素は、結合して激しく燃焼する性質を持っているので、密室でこの反応を進めれば、水素爆発というおそろしい事態を招く。ところが、燃料電池では、燃焼も爆発も起こらない。多孔質の陽極に吸収された酸素が電位を生じるため、電線を通ってきた電子を取り込み、マイナスの酸素イオンに変化する。この酸素イオンが、膜を通ってきた水素の陽子と結合して、水ができる。酸素と水素が結合して水になると、電子の持つエネルギーは、ガス体より水の分子内のほうが小さいので、その分のエネルギーが熱として放出される。つまり燃える代りに、電気化学的な結合によって熱を出すのである。

陰極　$H_2 \rightarrow 2H^+ + 2e^-$　（電流発生）

陽極　$2H^+ + 2e^- + \frac{1}{2}O_2 \rightarrow H_2O$　（温水発生）

これが燃料電池の反応のすべてである。

こうして陽子を陰極から陽極に移動させる高分子膜が反応の鍵を握っているので、この高分子膜をアメリカでは陽子交換膜（proton exchange membrane——ＰＥＭ）と呼び、バラードが革命を起こした装置をＰＥＭ型燃料電池と称している。昔はこれをＳＰＦＣ（固体高分子型燃料電池

solid polymer fuel cell の略）と呼び、最近の日本の業界ではＰＥＦＣ（高分子電解質型燃料電池 polymer electrolyte fuel cell の略）を多用しているが、ほかの燃料電池の略号とまぎらわしいので、本書ではＰＥＭ型に統一する。

ＰＥＭ型燃料電池の発電の出力（ワット数）は、燃料電池の面積と枚数に比例して増やすことができ、何層にも積み重ねることによって、好きな電力を発電できる。そこで、このように積層した製品を、燃料電池スタックと呼んでいる。

燃料電池には、高分子膜を使わない電解質として、ほかにリン酸型、アルカリ型、セラミック型、溶融炭酸塩型がある。

結局、この装置の内部で起こった出来事をまとめると、水素と空気を入れると「電気が流れ」、「熱を出し」ながら「水ができる」のである。こうして電気と熱湯が同時に生まれる。台所やバスルームで使うお湯のために、家には給湯器を設置するが、その給湯器に支払う金で、ついでに家中の電気がついてしまうのである。

しかも窒素酸化物（NOx）と硫黄酸化物（SOx）のような有害物質がまったく排出（エミッション）されないので、ゼロ・エミッションと呼ばれる。

二一世紀に向けて究極のクリーンエネルギーと人類が期待をかける燃料電池は、このように構造は蓄電池と似たように見えるが、充電して電気をためる「電池」を目的とした装置ではない。日本語で「燃料電池」という言葉を用いるが、科学的に、これは日本における完全な誤訳である。ガスか液体を補給しながら、好きな時に電気を生み出す純粋な「発電機」なのである。

燃料電池の原語 fuel cell《フュエル・セル》のフュエルは、燃料だけを指す言葉ではない。エネルギーを生み出す源の材料を意味する言葉で、烈しく感情を煽ることもフュエルという。またセルは、生物の細胞を意味するように、小箱のようなものを指す。したがってフュエル・セルを正しく定義すれば、「エネルギーを生む小箱」あるいは「活力箱」である。化合物や水素のような物質を、燃やさずに使う装置だ。

燃やしもしなければ、電気もためずに、燃料電池とは、これいかに。

燃料電池という名称は、「爆発しやすい水素を燃やし、公害の塊である電池」というまったくの誤解を与え、頭から否定する人を生むので、日本で変えるべきだという理由がここにある。世界中の多くのメーカーは、驚きをこめて「魔法の小箱」と呼んできた。普及前に、日本のメーカーが話し合って「マジックセル」、「クリーンセル」、「エネルギーボックス」、「パワーセル」……のような名に変えることを期待しよう。これは、広く普及するのに最も大事な第一歩である。業界で使われているアルファベットの略称は最も分りにくい。

この魔法の玉手箱は、ついに開かれた。九七年一二月、ダイムラー・ベンツが「燃料電池自動車を二〇〇四年に四万台、二〇〇七年に一〇万台生産する」と発表して、全世界の自動車メーカーに衝撃が走った。これが、燃料電池のマスプロダクション計画として最初の突破口となり、一挙にエネルギー業界の意識を変えることになった。同時に、ベンツに使用されているバラード製の高性能燃料電池に世界中の自動車メーカーが注目し、提携を求めてバラード社にメーカーが押し寄せたのである。

さらに九九年四月二〇日に「カリフォルニア燃料電池パートナーシップ」が結成されて以来、一層センセーショナルなブームを招くことになった。

その日、カリフォルニア州政府とバラード社が、ダイムラークライスラーとフォード・モーターのビッグ２に、大手石油会社のシェル、テキサコ、アトランティック・リッチフィールドの三社を加えて、燃料の開発や供給体制のあり方などを探る共同体を組織し、燃料電池自動車の共同開発と実証テストにあたる大連合が発足したことを発表したのである。

後れてはならじと、総本山のエネルギー省はもとより、本田技研工業、フォルクスワーゲンがこれに参加し、GM、エクソン、東京ガス、松下電工、日産自動車、ヤマハ発動機、荏原製作所、世界のメタノール市場の四分の一を支配するカナダ企業メタネックス、ペトロ・カナダ、韓国で商用車シェア九〇％を握る最大の自動車メーカー現代自動車、北米の携帯用発電装置で大きなシェアを持つコールマンもバラードと相次いで提携したり、テスト用の製品を購入した。一方、パートナーシップからトヨタ自動車に参加要請があり、バラードと提携したヤマハ発動機に対してトヨタが五％出資を発表した。そして二〇〇〇年三月、幹事会社モルガン・スタンレー・ディーン・ウィッターを窓口に、バラードが一株一〇五ドルでの増資を発表し、クレディ・スイス・ファースト・ボストン、ゴールドマン・サックス、メリル・リンチらがこの販売に参加するという熱気に包まれた。

このパートナーシップが結成されたのは、ロサンジェルスという大都会を擁するカリフォルニア州に重大な問題があったからである。カリフォルニア州では、オゾンを生み出す排出物の六〇％、一酸化炭素排出物の九〇％以上が自動車に起因するため、スモッグを防止するべく、有害排ガスなしのゼロ・エミッション自動車の販売を義務づける条例が二〇〇三年から施行される計画であった。アメリカでは、ニューヨーク州とマサチュセッツ州でも、同様の条例が州議会を通過し、こうした排ガス規制が全米の大都市圏に広がろうとしていた。

規制はもともと九〇年にスタートして、自動車メーカーが製造する自動車の一定のパーセントをゼロ・エミッション自動車にしなければならないというものであった。当初の計画では、「二〇〇三年までに一〇％を電動式自動車にすることを義務づける」という規定だったが、九八年に見直しがなされ、一〇%を四%に下げて、残り六%は「ほとんどゼロ・エミッションに近い自動車」でよいとなった。電動式自動車と言っても、電気をバッテリーに充電する電気自動車は、道路上では完全なゼロ・エミッションであっても、その電気をつくり出す発電所で大量の有害ガスや高レベル放射性廃棄物を出すので、これは偽物であって、クリーンではない。自動車エンジンそのものがゼロ・エミッションでなければまったく解決にはならない。そこで、問題を真剣に考えるなら燃料電池カーを成功させることが重要だという認識に変っていって、規制の数値より、質に重点が移ってきたのだ。

こうして、初年度はまず州内販売の自動車の一〇%以上を「ほとんどゼロ・エミッションに近い自動車」にしなければならないことが義務づけられ、このパーセンテージが年々厳しくされ、将来は一〇〇%の車両が対象になる。この条件を満たすには、従来のガソリンエンジンやディーゼルエンジンでは不可能で、天然ガスか水素を燃料にした自動車か、燃料電池自動車のほかに自動車メーカーが生きる道は残されていない。このパートナーシップは、メーカー自身が努力するだけでは普及の実績をあげられないという考えから、消費者の意識を目覚めさせることを目標に掲げてスタートした。具体的には、サクラメント市内で水素とメタノールの燃料供給システムを構築するほか、二〇〇〇〜〇三年にかけてカリフォルニア州内の路上で五〇台以上の走行テストを実施することなどを取り決めた。

しかも、首府ワシントンのアメリカ政府が、これを背後で全面的に支援していた。

それ以来、この企業集団を中心に、大規模な開発が進められ、同時にウォール街の燃料電池株が急上昇するブームが到来した。ところがしばらくすると、そう簡単には燃料電池を実用化できそうもないという意見が、学者と専門家のあいだから相次いで出されるようになった。

学者と専門家の予言の数々

九九年から二〇〇〇年にかけて、エネルギー開発に関連する学者と専門家は、燃料電池の実用化について、数々の予言めいた言葉を口にした。

「燃料電池は、理論的にはすぐれているが、実用化できるのは、まだずっと先のことだ。バラード製の燃料電池を積んだベンツが走るのは、二〇〇五年になっても数十台がいいところだろう」

「燃料に水素を使うと簡単に言うが、自動車に水素を積み込むには、圧縮水素ガスと液体水素のいずれでも大変な費用がかかる。コンパクトな水素吸蔵物質を開発できたとしても、ドライバーが燃料を補給する水素スタンドがどこにもないではないか」

「水素吸蔵体として、カーボンナノチューブのような物質は、軽量なので自動車に有望だ。確かにな。しかし価格が一グラム五〇〇ドル（五万円）もするのでは、実用化にはほど遠い」

「水素を使わないとすれば、メタノールを発電用燃料にして電気分解することは可能だ。このダイレクト・メタノール法を使えば、面倒な水素取り出し装置が不要になる。ところが、エネルギー効率が大幅に低下するので、その分だけ高価な白金触媒の必要量が多くなる。それにホルムアルデヒドなどの中間生成物が生ずるので、反応はかなり複雑で、今の技術ではコストが合わない」

「自動車に使うなら、水素やメタノールを使わずに、現在これだけ普及しているガソリンから水素を取り出すのが一番早道だ。しかしガソリンというのは、複雑な化合物の混合体なんだ。硫黄を含んだものがガソリンの主流では、排ガスはクリーンにならない。技術的には、当分実用化のめどが立たないだろう」

「ゴミから燃料をつくり、燃料電池で廃棄物処理をしようなんて、それは無理だよ。天文学的なコストになる」

「忘れてはいけないのは、たとえ理想的に見える燃料電池であっても、熱を利用して初めて、社会的なエネルギー効率の大幅改善がなされるということだ。ところが、期待されているPEM型の場合、冷房装置を効率よく動かすために必要な最低一〇〇℃の温度には耐えられず、八〇℃が運転温度なのだ。冷房に使えないのでは、エネルギー問題は何も解決しないではないか」

「問題はバラードが使っているデュポン社の高分子膜の値段だ。あのナフィオン膜は一平方メートルで五〇〇ドル（五万円）もする。これが十分の一に下がるまでの十年以上は、当分、非常に高価な装置になって、誰も買うまい」

「最大の期待が持たれている自動車では、水素を取り出す反応に時間がかかって、いかなる燃料を使っても、結局は車が始動するのに何分もかかってしまう。路上で停車している状態から急発進ができない。高速道路を突っ走ろうとするドライバーの誰が、そんな危ない自動車に乗りたがるかね。ガソリンエンジンにはかなわないのさ」

「何といっても、燃料電池で最大の問題は、触媒に使う白金のとてつもなく高い値段だろう。白金は、宝飾用のプラチナなんだ。いまや純金より高い。どれほど簡便な装置ができても、結局は一キロワットの電気に一〇〇〇ドル（一万円）かかる白金に、システム全体の価格を半分近く食われてしまう。夢のような安い材料で触媒が開発されるまで、あと何年かかるか、誰にも予測できまい」

「PEM型燃料電池では、水素と酸素を反応させるため、内部にはガスを流し込む板状の精密なセパレーターが使われている。バラードの製品ではカーボンに溝を彫っているが、価格は一枚数百ドル（数万円）もする。これを何十枚も使うのでは、それだけでコストダウンが不可能だと分る。安い金属でつくろうとしても、現在の技術では、この精密部品をつくるのは至難の業だ」

「すべての話を総合すれば、こうした困難な部品や部材を集めてようやく完成する燃料電池の実用化なんて、まだ一〇年、いや二〇年先のことだ」

こうした批判的な予言は、二〇〇〇年末までに、すべて外れるという様相を呈してきた。

最大の懸念は、「ガソリンをそのまま使える燃料電池の実用化」がむずかしいことにあった。九九年における自動車の販売台数は、GMの八六七万台を筆頭に、フォード七二二万台、トヨタ・グループ五三五万台、フォルクスワーゲンとダイムラークライスラーがいずれも四八六万台、ルノー・日産グループも四七〇万台を記録し、ほかのメーカーを加えて年間六〇〇〇万台近い自動車が、世界中で大量生産されている。このわずか一%がガソリンエンジンとディーゼルエンジンから燃料電池に置き代るだけで、毎年六〇万台の燃料電池が生産されることになる。

そのためのすぐれた素材を提供するメーカーは限られるので、原料コストは一気に低下して、これまで問題だったコストダウンが解決されるだろうと、自動車メーカーは読んでいた。コストダウンの壁が破られれば、一%がたちまち一〇%へ、さらに五〇%めざして急成長する時代に突入することも分っている。

そのときには、家庭電気製品メーカーと住宅産業が大量に燃料電池に進出してくる。自動車の厳しい条件に比べれば、家の片隅に置いて使う発電機を製造するのは、エンジニアにとってはるかに楽である。重くとも、少々サイズが大きくとも、移動しない家で使うにはほとんど問題がない。ただし、家電として量産販売を実らせるには、自動車より歳月がかかる。自動車のように、現在のスモッグ解消という課題をつきつけられていない状態では、消費者が自ら買いに飛んでくるまでに時間を要するのだ。ただひとつ期待できるのは、「安い発電機」というキャッチフレーズであった。

そこで家電メーカーが心中でひそかに祈っていたのは、自動車業界が一刻も早く燃料電池カーを市場に出して実売し、原料素材のコストダウンに成功してくれることであった。その鍵が、「ガソリンをそのまま使える燃料電池」と「白金触媒の大幅なコストダウン」にかかっていたのだ。

ガソリンスタンドを利用できる燃料電池カーが普及すれば、燃料電池業界は一変する。その成功を、自動車と燃料の業界でトップに立つＧＭとエクソン・モービルが共同発表したのは、二〇〇〇年八月一〇日であった。

燃料電池の開発で、エクソンと合併する前のモービルと提携していたフォードも、この技術を使うと見られている。しかも「装置が大幅に小型化され、燃費効率も通常のガソリンエンジンの二倍まで向上させながら、窒素酸化物の排出量を大幅に減少させた」という驚異的なレポートが、ＧＭとエクソン・モービル両社から出された。

一方、二〇〇〇年三月に、日本電池がＰＥＭ型燃料電池用として、白金触媒の使用量を一〇分の一に減らす世界初の電極を開発し、九月には、その微量でも従来と同じ触媒作用を発揮する燃料電池が実用化できることを明らかにした。この世界最高の性能を達成した日本電池の大株主が、世界第三位の自動車メーカー、トヨタだったのである。

これだけではない。

広島大学と京都大学の共同研究グループは、トヨタが合金を使って成功した量の四倍近い水素を吸蔵できるグラファイトを開発し、さらに吸蔵量を向上できる理論的な裏付けを得たことを、八月に発表した。グラファイトとは黒鉛つまり純粋な炭素で、燃料電池用に大いに期待できるという。

六月には、川崎重工業がＰＥＭ型燃料電池用として、飛躍的に性能を高めたダイレクト・メタノール法を開発し、わずか数秒で作動と停止ができるばかりでなく、装置を大幅にコンパクト化することに成功した。

燃料電池が発生する熱を冷房に利用できるかどうかは、家庭用の発電機にとって命運を左右するほど重要な課題である。そのためには、運転温度を八〇℃ではなく、一〇〇℃を超えても耐えられるシステムを開発しなければならない。ドイツの化学会社ヘキスト傘下で燃料電池を開発する子会社（Axiva）は、反応温度を一二〇℃にしても安定して作動できる燃料電池の開発に成功し、四月にはアメリカのプラグ・パワーと提携して実用化への大きな一歩を踏み出した。続いて八月には、高分子にセラミックを組み合わせた電解質膜を武蔵工業大学の研究グループが開発し、「燃料電池には五種類ある」というこれまでの概念をひっくり返してしまった。このPEM型で同時にセラミック型でもある膜を使うと、一二〇〜一三〇℃という高温でも安定して燃料電池を作動させることが可能になり、しかも丈夫で、伝導率が高いという抜群の成績をあげたのである。

アメリカのダイス・アナリティック社は、デュポン社の高価なフッ素系のPEMと異なる組成で、シェル化学製の化合物（Kraton G1652）を原料にして、低コストのPEMを開発した。これはスチレンと「エチレン／ブチレン」とスチレンから成る三層構造のポリマーを使う製品で、基本成分としてスチレンすなわちスチロールを使う。分りやすく言えば、どこにでもある発泡スチロールの材料を使っただけなので、従来の「値段の高い高分子膜」という概念は崩れ去った。

水素と酸素を送り込む精密なセパレータープレートは、これまで高価なカーボンが一般に使われてきたが、安価な金属材料で燃料電池を動かすことにイタリアの化学会社デノーラが成功した。このデノーラ燃料電池こそ、ノースウェスト・パワーの化学者エドランドたちが導入し、自分たちの水素発生装置を組み合わせて自宅での発電に成功した製品であった。これがやがて、新潟のコロナを通じて住宅用システムとして市販される可能性はかなり高くなってきた。

すでに全世界を駆けめぐっている膨大な件数の燃料電池に関する技術開発ニュースのうち、これらは、一〇〇分の一にも満たない一部の事実である。が、これらが特記すべき技術革新であることは間違いない。極言すれば、これら、ばらばらに存在する技術を、ひとつの装置にまとめれば、「誰もが買えるほど安い燃料電池」が、今すでに図面上は完成しているのである。しかし、ばらばらに存在する技術を、誰がひとつの完璧な装置にまとめるかが、最後の切札として残る。

というのは、不幸にして工業製品においては、人類全体の利益を動機として開発され、無償で世界に提供された「夢の製品」は、稀有の発明・発見に属するからである。発明・発見の動機は、人類への博愛ではない。動機の九九％は、特許利益と、企業利益と、開発者のプライドにあるからだ。バラード社が世界中のメーカーに、テスト用として高性能の燃料電池を販売しながら、購入者がそれを解体すれば莫大なペナルティーを要求する契約を結んできたのはそのためである。

そこで、この特許利益と、企業利益と、開発者のプライドを保護できるほど大きな資本力さえあれば、多数の技術をまとめあげ、一台の完璧な燃料電池を製造することが可能になる。しかしその資本の源は、消費者や投資家がマーケットに投ずる金である。買い手が商品に魅力を感じ、その性能を信用し、ポケットから金を出さなければ生まれないのだ。国家プロジェクトによってゴールまでの道のりを短縮するにも、やはり巨額の税金の投入が必要になる。ニワトリが先か、卵が先か。

果たして完璧な魔法の小箱を完成するのは、マンモス企業なのか、巨大国家なのか。漠然とそう想像するのが人の常だが、過去の商品化の歴史は、ほとんどそのコースをたどっていない。目利きの資本家と天才発明家の不思議な相互作用が、画期的な製品を世に送り出したのである。彼らのサクセスストーリーは、ヴェルナー・ジーメンスが実用化した発電機……アレグザンダー・ベルが発明した電話機……トマス・エジソンが発明した映写機……ライト兄弟が初めて成功した飛行機……ウィリアム・ショックレーが発明したトランジスター……ビル・ゲイツが売り込んだコンピューター基本ソフト、すべて異なるルートをたどってきた。興味津々たる肝心の部分は伝記でも割愛される秘密で、いまだに解明されていない最も謎めいた部分なのである。しかもほとんどの場合、天才的な個人の能力と偶然によっている。

「ガソリンを使って作動する燃料電池」の開発に成功した実例を追跡してみよう。この革命的技術を開発したのは、嘘いつわりなく、それを発表した当のGMとエクソンの技術陣なのであろうか。彼ら独自のテクノロジーなのか。誰かほかの人間が開発した可能性はないのか。次のような数々の事実に照らして、何が想像されるであろうか。

まず第一に、ガレージ工場ノースウェスト・パワーに燃料電池を納入したデノーラ社は、業界で改質器（reformer《リフォーマー》）と呼ぶ水素ガス取り出し装置のエキスパートであるアメリカのエピックス社と提携し、二〇〇〇年四月に燃料電池専門の合弁企業を設立すると発表した。九八年にそのエピックスを買収したコンサルタント会社アーサー・D・リトルが、ここに五〇％出資していた。

第二に、その創業者のアーサー・D・リトルは、一九世紀にボストンに会社を設立して化学エンジニアコンサルタント事業をスタートし、広範なビジネスを展開してGM、ユナイテッド・フルーツなど巨大企業の戦略を練る知恵袋をつとめてきた。同社は、ベトナム戦争を動かしたケネディー〜ジョンソン政権時代のロバート・マクナマラ国防長官らとの連携によって全米を支配するようになった企業で、クライスラー、フォード、AT&Tなどの巨大企業と歴史的関係を持ち、最近はeコマースの分野にまで進出している。

第三に、その子会社エピックスの改質器を導入したエナージー・パートナーズという会社は、フロリダ州ウェストパームビーチにある社員四五人のPEM型燃料電池メーカーである。同社は、原爆開発と臨界前核実験で名高いロスアラモス国立研究所が開発した高度な技術を採用し、多数の技術を結集して、エネルギー省の次世代自動車開発局と共同で、燃料電池とほかの動力を組み合わせたハイブリッドカーを開発し、その共同製作に、自動車部品メーカーとして世界トップのロベルト・ボッシュが参加したのである。

エナージー・パートナーズは、ほとんどの人に耳慣れない会社だが、九〇年からPEM型燃料電池の開発に着手し、九五年にはゴルフ場で使える八人乗りカートを七・五キロワットのPEM型燃料電池によって製作し、翌九六年には農耕機器の世界的メーカーであるディーヤ社と共同で、一〇キロワットの燃料電池で作動する農業用車両を製造していた。すでに数百基にのぼる燃料電池本体を製作し、エネルギー省、NASA、フォード、宇宙機器と自動車部品の大手メーカーであるロックウェル・インターナショナル、ノースウェスト・パワー、ドイツの太陽エネルギーシステム研究所、ハンブルク・ガスなどに納入してきたが、そのうち目を惹くのは、納入製品の中に一〇キロワットの住宅用燃料電池があることだ。

電気を食うエアコンがほぼ一キロワットなので、標準的な世帯では三キロワットの電力があればほとんど足りてしまい、日本の標準的家庭での二四時間平均の消費電力は〇・五キロワットにすぎない。家族がいっせいに大量の電気を使う場合でも五キロワット程度が必要量であるから、一〇キロワットの燃料電池は、アメリカの高級住宅街で使える製品だ。

第四に、このエナージー・パートナーズが二〇〇〇年七月、イギリスのジョンソン・マッセイ社とTXU社を巻き込んで、イギリス貿易産業省と共同で、アメリカとヨーロッパの住宅用およびオフィス用としてPEM型燃料電池の大規模なプロジェクト開始を発表したのである。すでに一八ヶ月の実証テストを完了し、「十年の成果がここに結実した」と社長が語る通り、性能が八倍向上するほどの大成果をあげた。八倍とは、八分の一への小型化とコストダウンを同時に意味した。

第五に、このプロジェクトで水素取り出し装置を担当するジョンソン・マッセイは、社員六五〇〇人を擁する世界的な貴金属業者で、ここが最大の胴元として全世界の白金価格をコントロールしている。TXU社はエンロンのような総合エネルギー企業で、しかもこの共同プロジェクトを、全米住宅建設業者協会というマンモス組織がバックアップしていたのである。膨大な人数の頭脳とテクノロジーが、一製品に関わり、すべての家に燃料電池をとりつけようとしているのだ。

第六に、社員四五人のエナージー・パートナーズから燃料電池本体を導入したのが、「ガソリン燃料電池を実用化できる」と発表し、頂点に立つGMだったのである。

一方、彼らがGMに技術を提供したのではないかも知れない。

さらに古く、八六年に燃料電池の開発のため設立されたエレクトロケムという会社がある。ここは、電極と膜のセットを自作するリン酸型とPEM型の燃料電池メーカーで、特許を多数保有し、三八℃からマイナス五六℃までの広い温度範囲で使用されるNASAの大気圏内気象測定用気球に、同社の燃料電池が搭載されてきた。政府高官やビジネスVIPのスーツケース用に超小型燃料電池を販売してきたのがエレクトロケムである。

同社の顧客名簿には、GM、エクソン、ハネウェル、デグッサ、国防総省《ペンタゴン》、エネルギー省、ジョンソン・マッセイ、NASA、東京ガス、アヴィスタなど錚々たるメンバーが並んでいる。GMとエクソンとジョンソン・マッセイが並んだという事実は、GMらによるガソリンを使う燃料電池の成功が、エレクトロケム社の技術にあるかのような示唆を与えるのである。

こうして、数知れぬ天才的な研究者と技術者が、いま密室で取り組んでいるのは、二〇〇〇年の過去を遡り、科学の原理が次々と発見された時代を再び見直す作業であった。その時代に、魔法の小箱の扉が開かれたからである。

グローヴ卿の発見

一八世紀末のイタリアで、重要な発見が相次いでなされた。

解剖学者ルイジ・ガルヴァーニが、蛙の筋肉を調べるうち、近くの起電機の作用を受けて蛙の脚が痙攣《けいれん》する現象を発見し、これを、「動物が持っている電気作用だ」と発表して、当時まだ科学が誕生してまもない世界に衝撃を与えたのである。

そのメカニズムに興味を持ったアレッサンドロ・ヴォルタは、ガルヴァーニの発見が実は動物電気ではなく、鉄と真鍮のような「異なる金属のあいだに発生する電気」であることを証明し、ヨーロッパに大論争を巻き起こした。結局はヴォルタの理論が正しく、一七九九年に彼は化学作用によって初めて安定した電池の電流をつくり出すことに成功したのである。

ナポレオンの全盛時代にあったヨーロッパでは、これをきっかけに電気と磁気の研究が奨励されて盛んになり、やがて電流の磁気作用が確かめられると、電流と電圧と抵抗に関するオームの法則が発表され、一八三一年には、ファラデーが磁場によって電気を生み出す今日の発電機の原理を発見し、二年後には電気分解の法則を解き明かした。

ヴォルタの電池発明から四〇年後の一八三九年のことであった。イギリスのオックスフォードとケンブリッジ大学に学んだウィリアム・グローヴは、まだ二八歳の若い時代に、二枚の白金電極のあいだに硫酸と水を配置し、ファラデーに倣《なら》って水を電気分解していた。この実験で、一方の極に筒をかぶせて水素を回収し、もう一方の極に筒をかぶせて酸素を回収しようとしていたのである。

電気分解が終ったあとグローヴは、ガスをとじこめたその二本の筒を電極の上から押し下げたと、そのとき奇妙なことに、回路に電流が流れていることに気づいた。しかも何度くり返しても同じ現象が起こり、ガスの状態をよく観察すると、ガスが電極に吸収されているようだった。そしてついに、電極に吸収されるガスの量に比例して電流が生まれる現象を発見したのである。

そこで今度は、電気分解をおこない、次にガスの吸収によって電流を流す、再び電気分解する、という作業をくり返した結果、電気分解と発電が、見事に可逆的に起こることに気づいたのだ。彼はこのグローヴ電池によってアーク灯をつけてみせた。これが、世界で初めて、人工的な電気化学反応によって発電する原理が発見された瞬間であった。グローヴはこれをガス電池として特許を取得したが、まさか一六〇年後に、バラード社なる企業がその実用化計画で世界中を興奮させるとも知らずに、イギリス王立研究所の副会長をつとめたのち、八五歳でこの世を去った。

当時この発見は、今日人類が利用しようとしている発電機の実用化には至らなかった。グローヴ卿は、まだ英語の fuel cell《フユエル・セル》（燃料電池）という言葉を使っていない。

グローヴ卿の発見が動力用の発電機として実用化されなかったのは、すでに動力としてすぐれた機械が世に出ていたからである。彼が生まれる前の時代のイギリスでは、ジェームズ・ワットが蒸気機関を実用化することに成功したあと、一八〇〇年にリチャード・トレヴィシックが高圧の蒸気機関を設計し、四年後には初めて蒸気機関車を街路で走らせた。しかしこの画期的な動力機関も、天才の私生活を裕福にはせず、彼は貧困のうちにこの世を去った。

後世に蒸気機関車を走らせた男として栄誉に浴したのは、ジョージ・スティーヴンソンであった。一八二五年にストックトンとダーリントンのあいだに、人類最初の営業用として蒸気機関車が開通した。それから一四年後に、グローヴ卿の発見がなされたのだ。不幸にして彼の貴重な発見は、そのあと急速に発展した鉄道と自動車の蔭にかくれ、長い歳月にわたって動力や発電への応用が忘れられる運命にあった。

というのは、アメリカ大陸では一八七〇年にロックフェラー兄弟がエクソン・モービルの母体となるスタンダード石油を設立し、ユーラシア大陸では七五年にノーベル兄弟がロシアでバクー油田の利権を獲得、八三年にロスチャイルド家がバクー油田の石油販売を開始してシェル石油を誕生させると、八六年に自動車という怪物が登場した。ドイツ・ガスエンジン社につとめていたゴットリープ・ダイムラーが、馬車を改造した単気筒エンジン自動車を発明して、軽質石油燃料を使って町の中を走ったのである。さらに奇しくも同じ年に、やはりドイツの技術者だったカール・ベンツが、人類史上に初めてガソリンエンジンで駆動する自動車を完成し、やはり町の中を走って時速一五キロメートルという性能を発揮した。のち一九二六年に、この両人の会社が合併してダイムラー・ベンツ社となったのである。さらに二〇世紀に入り、一九〇一年にテキサス州で巨大油田が発見されると、一九〇三年にはヘンリー・フォードがフォード・モーターを設立し、一九〇八年にウィリアム・デュラントがゼネラル・モーターズ（ＧＭ）を設立した。いずれも燃料電池で今日の主役を演じる大物企業たちが、猛烈なスピードでガソリンエンジンと石油の時代へと突進していたのだ。

その中に、一人だけ、グローヴ電池に取り組む男がいた。のちにアンモニア・ソーダ法によるアルカリの製造を成功させた化学者ルートヴィッヒ・モンドは、ベンツの自動車が走って三年後の一八八九年、グローヴ電池の原理で石炭ガスを使って発電できないものかと考えて装置をつくり、初めてフュエル・セルという言葉を使った。が、これも成功には至らなかった。

燃料電池に実用化の扉を開いたのは、グローヴ卿の後輩にあたるケンブリッジ大学のフランシス・ベーコンらであった。彼は、水素と酸素を用いる回路によって、一九三二年に燃料電池を完成し、その後、五九年に溶接機を実際に動かす五キロワットの燃料電池を実用化したのである。

ベーコン電池と呼ばれるアルカリ型燃料電池は、電解質に水酸化カリウムKOHのアルカリ水溶液、電極に多孔性ニッケル、燃料に水素、酸化剤に酸素を用いて、次の反応が進行した。化学式に興味がない人間にとって、これらの無味乾燥に見える式が、レオナルド・ダヴィンチとエジソンが実証した歴史の語る意味から、将来重要な鍵になるはずであった。

水溶液中の2KOH → 陽イオン$2K^+$ ＋ 陰イオン$2OH^-$ へと電離する。

陰極に達した$2OH^-$ ＋ 供給燃料水素 H_2 → $2H_2O$ ＋ $2e^-$

この電子$2e^-$が、外部回路の電線に電流となって流れる。

陽極に達したK^+は、そのままでは電子を受け取ってカリウム原子に還元されるが、そこに酸素を供給すると、酸素が先に電子を奪ってしまうので、カリウムは原子に還元されずに陽イオンの状態を保ち、陽極では次の反応が進行する。

供給酸素O_2 ＋ H_2O ＋ 到着電子$2e^-$ → 過酸化水素HO_2^- ＋ OH^-

過酸化水素HO_2^- ＋ 触媒 → OH^- ＋ $\frac{1}{2}O_2$ へと分解される。

結局、陰極と陽極の反応をすべて足し合わせると、PEM型と同じで、水素と酸素を供給することによって、H_2 ＋ $\frac{1}{2}O_2$ → H_2O の反応だけが起こったことになる。こうして、電気と熱と水が発生したのである。

この反応では、石炭、石油、ガソリン、ガスを燃やすように、化学エネルギー→熱エネルギー→機械エネルギー→電気エネルギーへと変換させる必要がなく、直接電流を取り出すため、エネルギー変換効率を六五〜八五％まで高められるという特性に大きな注目が集まり、燃料電池には、次の四つのすぐれた特性のあることが分った。

(一) 電極の寿命が長い

(二) 電極で発生する化合物が次々と取り除かれるので長時間にわたって運転できる

㈢　小型の装置でも電気出力が大きい
㈣　従来の電池では使えない物質を燃料に利用できる

そして同年、アメリカのアリス・チャーマーズ社がこのアルカリ型ベーコン電池の原理を応用し、高圧水素と酸素ガスを用いて、世界で最初の自動車用燃料電池を開発し、農耕用トラクターに使用した。続いて二年後の六一年、ユナイテッド・エアクラフト（現ユナイテッド・テクノロジーズ）傘下のエンジンメーカーであるプラット＆ホイットニー社の航空機製造部門とコロンビア・ガスが、出力五〇〇ワットの天然ガス燃料電池ＰＣ―５を開発してガス会社の電源としてテスト使用し、さらに翌六二年、プラット＆ホイットニーが月探査を目的としたアポロ宇宙飛行計画用として燃料電池第一号をＮＡＳＡに納入したのである。続いて六四年には、ＧＥがＰＥＭ型として最初の燃料電池をジェミニ飛行計画用として納入し、一時は成果をあげたが、トラブルが続いてＧＥが開発を断念する結果となった。

記念すべき出来事は六九年、世界中が注目するなか、アポロ11号が人類初めての月面着陸をめざして打ちあげられ、七月二〇日にニール・アームストロング船長らが月に到着し、「小さな一歩」を月面に印した快挙であった。この宇宙船に搭載されていたのはＰＥＭ型燃料電池ではなく、プラット＆ホイットニー製のアルカリ型燃料電池であった。

直径二一・六センチメートルの多孔質ニッケル電極と、水酸化カリウム電解質の水性ペーストを使用したこの燃料電池は、住宅用としても使える最大出力二・三キロワットで、同じ体積でバッテリーの数倍のエネルギーを発生する能力を発揮した。宇宙を飛ぶアポロでは、燃料電池が生み出す水を乗員が飲料水として用い、夢の装置としてアメリカでは話題となった。しかし時代は、凄惨なベトナム戦争でアメリカの威信が地に堕ち、月世界旅行も決して全世界から祝福されるものではな

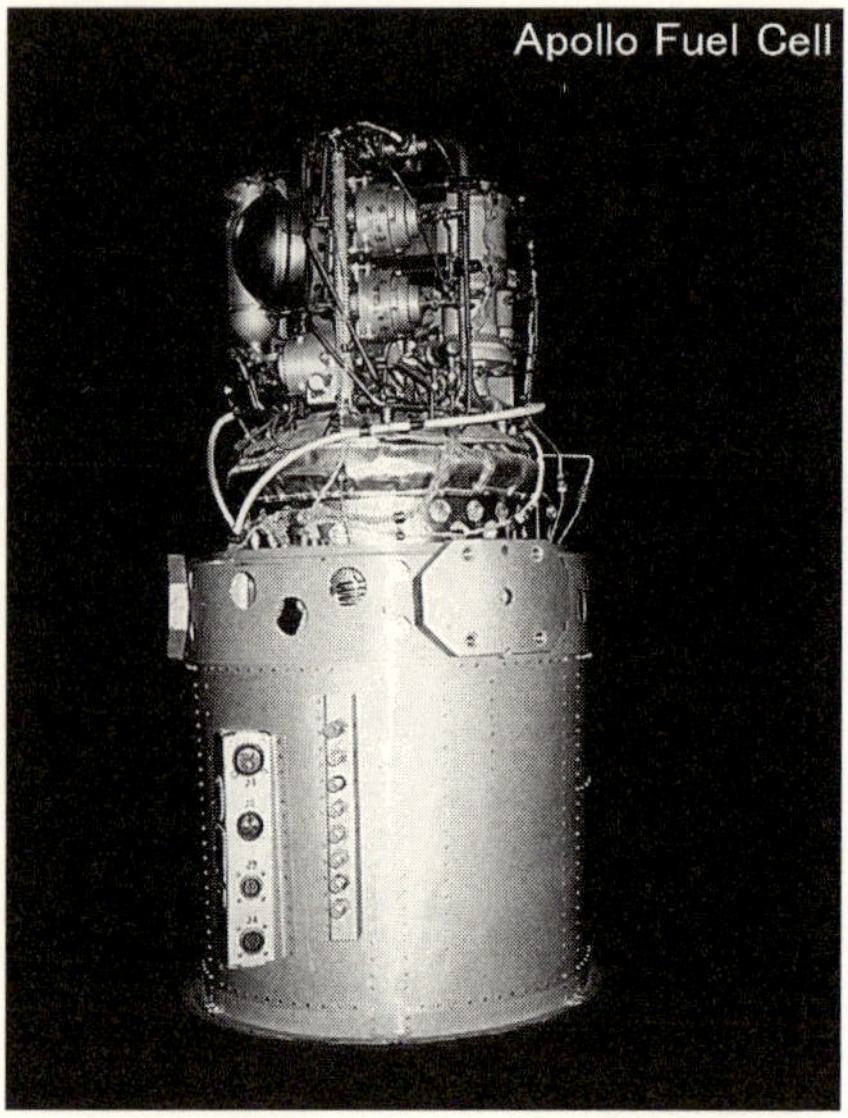

月探査アポロ衛星に搭載された燃料電池

く、アメリカとソ連が核弾頭と宇宙開発でしのぎを削る時期にあった。そうした時期に、宇宙空間でのエネルギー源として、アメリカを中心に小型の燃料電池の開発が急速に進められることになった。

ベーコンが実用化の第一歩を踏み出したのは四〇年も昔の話である。ところがこのアルカリ型燃料電池を実用化したベーコンは、八〇歳の高齢を迎えた八四年に、貴金属商ジョンソン・マッセイに燃料電池コンサルタントとして迎えられたのである。

バラード社がカナダ国防省の委嘱を受けて燃料電池の開発をスタートしたのが、ちょうど同じ時期だったが、それは潜水艦用の燃料電池であった。ベーコンもまた、第二次世界大戦中にドイツと戦うため対潜水艦用兵器の開発に携わっていた。ベーコンの頭脳を迎えて、ジョンソン・マッセイは早くも八〇年代半ばに燃料電池用の白金触媒で全世界を支配する道を見つけていたのである。同社の資本は、全世界の金価格を毎朝決定するロンドン・ロスチャイルド銀行会長のイヴリン・ロスチャイルドと、地球上の白金の大半を生産する南アフリカ（南ア）の金鉱会社アングロ・アメリカン会長のオッペンハイマー一族が握ってきた。つまり北海油田を採掘するシェルと同じ資本であり、バラードがカリフォルニア州のパートナーとして最初に選んだ石油メジャーがシェルであった。そのパートナーシップ結成は、燃料電池の記念すべき出来事が必ず〝九の年〟にめぐってくる歴史を祝うためか、一九九九年が選ばれた。

一八三九年　グローヴ卿が初めて燃料電池の発電メカニズムを発見
一八八九年　モンドが初めてフュエル・セルという言葉を使って実用化を試みる
一九五九年　ベーコンが初めて燃料電池の実用化に成功
一九六九年　アポロ11号が燃料電池を積んで人類最初の月面着陸を成功させる
一九九九年　バラード社を中心にカリフォルニア州燃料電池パートナーシップが結成される

大発明家エジソンは間違っていたか

もしグローヴ卿が燃料電池の原理を発見したあと、その後の科学者、技術者、発明家たちがその原理を忠実に再現して発電機を考えていたなら、人類は、現在よりはるかに効率のよい二〇世紀を過ごしたことになる。その効率の悪い道に人類を連れ込んだのは、一〇〇年前に次々と現在の電気製品を考案し、発電所を実用化した発明王エジソンだったことになる。エジソンをそそのかしてエジソン・ゼネラル・エレクトリック社を設立した金融王Ｊ・Ｐ・モルガンと、石油時代で全世界を支配したロックフェラーに責任があるかのようだ。

ところがエジソンのエジソンたる所以《ゆえん》は、別のところにあった。彼は、技術の改良者だったように見えるが、本質は、夢の発明にあった。

大発見、大発明をするのに、二つの思考法がある。第一は、現在判明しているメカニズムを徹底的に分析して、そこから新原理を発見し、実用化への道を拓く手法である。バラード社が安価な燃料電池を開発したなら、他社はその短所や欠点を洗い出し、そこを改良してさらにすぐれた燃料電池を開発する、という取り組み方である。ノースウェスト・パワーは、水素に目をつけ、そこを突破口に新技術を開発した。日々新しい技術の成功が伝えられ、昨日まで聞かされてきた専門家の講釈が吹き飛ぶ。それが開発の近況である。

ロスアラモス国立研究所は、別の手法で、バラード型燃料電池の概念を変えてしまった。国家プロジェクトとしてPEM型燃料電池の開発にあたっていたロスアラモスのマーロン・ウィルソンは、「燃料電池が四角でなければならない理由はない」という考えから、円筒形のユニークな燃料電池を開発した。さきほど解説した「燃料電池の発電メカニズム」の説明は、ひとつの反応モデルにすぎないのだ。誰がどのように書き換えてもよいのである。

ウィルソンは、丸い筒の真ん中に水素を送り込み、筒の外側から酸素を送り込むデザインを考案すると、九六年から九七年にかけてこのメカニズムを実物で完成し、ウィルソン本人とロスアラモス国立研究所とエネルギー省が共同で特許を取得した。現在主流のバラード型デザインでは、反応をスムーズに進めるため、内部に圧力を加えたり、水分を補給して水素が膜の内部で乾かないようにしなければならないため、エンジニアたちはコンパクト化とエネルギーロス削減のためひどい苦労を重ねてきた。ところがウィルソンが設計した円筒形にすると、体積がコンパクトになり、酸素が外側から中心に向かって入ってゆき、水素〜酸素反応で生まれる水分が逃げられない構造なので、内部は加湿しないでも乾かずに燃料電池反応がスムーズに進み、圧力を加える必要もない。こうして携帯電話に使える一二ワットという超小型のポータブル燃料電池から、一〇キロワットの住宅用まで使える装置を開発したのだ。

この実用化は、携帯電話部門の売上げが記録的な伸びを示す半導体大手のモトローラと共同で進められてきた。普通のエレクトロニクス機器だけでなく、世界中を席捲したノートパソコンや携帯電話に使用できる試作品をすでに発表し、ダイレクトメタノール電解方式のポータブル燃料電池として二〇〇三年に発売する計画が発表された。インクのカートリッジと同じように燃料を補給するだけで長時間使用できるので、これが登場すれば、高価な電池を売ってきた電池業界は、膨大なシェアを奪われるだろうと言われる。

近年のほとんどの近代テクノロジーが狙っている作業は、このような既存の概念を一変させる技術改良である。

過去の代表的な例として、エレクトロニクス技術成功の歴史がある。真空管からトランジスターへと画期的な道が拓かれ、続いて集積回路にそれら電子回路を組み込む小型化へと発展してきた。エレクトロニクス機器の驚異的な進歩は、理論的なテクノロジーの追求によって開拓されてきた。しかしその考え方だけでは、現在ある便利な技術とテクノロジーの世界は、一切誕生しなかった、という重大な落とし穴がある。

真空管が誕生する前には、それと同じ電波増幅機能を持った道具が存在しなかったからである。トランジスターは真空管より、はるかにすぐれている。しかし、一九〇四年に真空管を発明したイギリスのジョン・フレミングと、一九四八年にトランジスターを開発したアメリカのウィリアム・ショックレーと、いずれが偉大であっただろうか。

大発見、大発明をするのに必要な第二の思考法は、夢を見ることにある。これは、月世界旅行や海底探検を夢見たH・G・ウェルズのような天才小説家が得意とした考え方だ。発明者が科学者である必要も、技術者である必要もない。漫画家は、しばしばその夢を描き、スーパーマンを生み出す。想像力は、実在する製品と無関係に、空想の世界にはばたく。「このような道具、このような能力があれば」と夢想する。人間が鳥のように飛べれば……人間が魚のように海中を泳ぎ回れれば……遠くの音が聞こえる耳があれば……月まで旅ができれば……名歌手の声を記録できれば……暗いところで光が得られればと、「この世にないが、あればこの上なく愉快な夢」を頭に思い描く。いかにしてそれを生み出すか、知恵をしぼるのである。自分がそれを実現する科学の知識を持ち合わせないからといって、不幸だと思う必要はない。それは人類最初の試みなのだから、教科書もなければ、その知識を与える学校もない。自分だけが、科学のパイオニアとなり得るのだ。

これが電灯や蓄音機、映写機などを発明し、実用化したエジソンが次々と見た夢であった。学校に行かなかったエジソンだからこそ、発明王になることができた。飛行機や潜水艦の最初の発明家も、この夢想家であった。後世に並ぶ者なきほどの芸術家でありながら、実は科学者で技術者であったレオナルド・ダヴィンチもミケランジェロもそうである。科学者としてより、「考える葦」として思想家の名を残したパスカルが、計算機を発明したのも、ただ父親の仕事を楽にしてやりたかったからである。科学と文学・思想のあいだに、壁はない。人間を、いずれかの領域には規定できない。この魅力あるテーマを、全世界の科学者とエンジニアだけでなく、あらゆる人間に与えたものこそ、燃料電池が教えたエネルギー革命であった。

レオナルド・ダヴィンチの人体解剖

昨今の燃料電池について書かれた多くの文献に惑わされ、いきなり技術論に入った技術者たちは、失敗続きであった。まったく斬新な初歩の科学に立ち返ってゆくところに、際限のない魅力を秘めた分野が燃料電池の開発であった。

現在、ある研究室では、次のような独特の考え方で、画期的なアイデアの発見に取り組んでいる。

——燃料電池とは、生物の営みそのものである。つまり、呼吸する動物である——

人間や動物は、水に含まれる水素と酸素を飲みこみ、有機物の栄養分を食べ、空気中の酸素を呼吸し、炭酸ガスと水分を吐き出しながら体内にエネルギーを生み出す。

燃料電池は、水素と酸素から電気を生み出す装置だ。この小箱は、燃料と呼ばれる物質と空気を吸い込んで、改質器で炭酸ガスを、燃料電池部分で水と熱を吐き出す。ここで燃料と呼ばれるのは、有機物か水素である。

燃料電池を、人の肉体に見立てると、燃料は、動物の体内に吸収される栄養素の役割を果たしている。燃料電池の原理は、動物の生命の原理である。

世界のトップをゆくバラード～ダイムラー・クライスラー連合の開発者は、メタノールを使って燃料電池を動かそうとしてきた。

メタノールとはメチルアルコールのこと。酒のアルコールは、それより大きな分子のエタノールつまりエチルアルコールだ。アルコールと水はなじみやすい。ウィスキーを水割りにし、焼酎をお湯割りで飲むのは、アルコールと水が分離しないからである。これを化学では、親和性が大きいという。アルコールがなぜ、バッカスの時代から人間を酒香に誘惑し、心地よくするのか、いまだ明快な説明は聞かれない。酒は全身をめぐり、血行をよくする。そのとき人間の神経作用は、麻痺する。

人体のメカニズムは、いまだよく分っていないが、燃料電池が動物のメカニズムで作動するなら、人間はなぜアルコールに酔うのか、という疑問から出発して、燃料電池の技術的な難問を解決できる。メタノールの分子構造は実に簡単で、天然ガスの成分であるメタンの水素のひとつが、水素と酸素が結合した水酸基（OH^-）に置き代っただけである。

燃料電池の開発では、高分子膜（ＰＥＭ）のコストや寿命が、高い壁だとされてきた。そのＰＥＭと呼ばれる膜は、食塩の電気分解用として使われてきた製品である。食塩はまた、人体の血液で最も重要な成分である。人間の体は、うまく使えば一〇〇年もつのだから、燃料電池の膜も、それと同じ寿命を開拓できるはずである。

人間の血管は、ごく薄い膜でできている。血液が循環しながら、栄養分を全身に運ぶところに、燃料電池で使われる高分子膜と共通点がある。心臓と肺の作用によって、血液と酸素を得る血管は、すぐれた性能の膜によってできている。しかし老化もすれば、余計なものが詰まって動かなくなることもある。これが、燃料電池のＰＥＭの劣化である。血液の成分は、赤血球と白血球と血漿と血小板が、うまく組み合わされている。血管の膜を境に複雑なものが出入りし、全体がまたコントロールされている。血液が運んでいるのが、酸素と二酸化炭素と栄養分、それにホルモンである。そして全身にエネルギーを与える。まさしく肉体は燃料電池である。

また、触媒と栄養素も共通点を持っている。栄養素の中で二〇世紀になって発見された触媒として、ビタミンがある。ビタミンが発見される前は、食べ物の中の炭水化物と脂肪とタンパク質だけが栄養素として考えられていた。しかし日本の鈴木梅太郎が一九一一年に糠《ぬか》のなかにある成分としてオリザニンの抽出に成功した。これが人類最初のビタミンの発見であった。これは、非常にわずかな量を摂取すればよい。しかもごく微量のビタミンがないと、多くの人が病気になる。これが人体の三大栄養素の営みを助ける触媒である。

心臓は、弁が四つあって、血液というエネルギー源を全身に送り出す。このポンプ作用だけは燃料電池ではなく、ガソリン自動車の四気筒エンジンとそっくりな働きをしている。

空気を呼吸する肺は、酸素を取り込んで、二酸化炭素を排出する。これによって体内で酸化分解がおこなわれ、われわれの体にエネルギーが発生する。これに近い作用をするものが、燃料から水素を取り出したあと二酸化炭素を排出する燃料電池の改質器である。

こうして、人体と非常によく似た作用が、燃料電池という小さな装置の中でおこなわれているのである。燃料電池（fuel cell）のセルという言葉は、人間の細胞を指す時にも使われるが、細胞は細胞膜に包まれ、主にリン酸を含むリン脂質からできている。このメカニズムに、生命の神秘の鍵が秘められている。

また、植物の葉緑体は、太陽の光と炭酸ガス（二酸化炭素）を使って光合成をおこない、酸素とブドウ糖をつくるが、この葉緑体を形づくっている生体膜も、主としてリン酸を含む脂質、つまりリン脂質である。リン脂質によって、葉緑体の糖脂質（主としてモノガラクトシルジアシルグリセロール）が形成され、この糖脂質が葉の内部で光合成をおこなうのだ。燃料電池として実際に商品化された唯一の製品が、リン酸型であった。燃料電池のセルは、動物と植物の細胞そのものだったのである。人間の体内電子を伝導する神経作用と、イオン化された塩の関係、血液中の塩の濃度などから考えて、まさに人体は燃料電池として生きてきた。

幸いなことに、燃料電池は人体よりはるかに単純である。むしろ単純であるほど、コンパクトな製品になる。それには、人体よりずっと原始的な構造の昆虫や貝類が、生命を維持しながら、エネルギーを得ているメカニズムがヒントになる。しかも動物の体温は、現在まで開発されてきた燃料電池よりはるかに低く、バラード型燃料電池の八〇℃に対して、人間の体温はわずか三七℃以下である。なぜ動物は、この温度でエネルギーを出せるのか。

これだけの共通点と類似点と相違点を、生物と燃料電池で対比させ、生物を機械に正確に模写する作業は、レオナルド・ダヴィンチが解剖学を開拓した精神に通じていた。人体の解剖図を描くことによって、運動の力学や圧力を解明しようとしたダヴィンチである。大作〝最後の晩餐〟で一二使徒とイエス・キリストを描いた躍動感ある筆致には、その関心が現われていた。火器の研究をおこない、集熱器を考案し、人力で空を飛ぶ飛行機を製作しようと思索を重ね、人類にとって機械工学の最大の先駆者となったレオナルド・ダヴィンチは、人体のメカニズムに数々の発見をしたのである。

バラード社の成功から、はっとして、多くの技術者がほかにもっと効率のよい発電法があるはずだと、考えはじめた。この革命は、すでに道半ばに達したが、これから、まったく意外な発明と発見が登場するという予感を、夥《おびただ》しい数の産業人に与えはじめたのだ。

第2章　繁盛するエンジン屋とパソコンマニア

熱砂の湾岸戦争

燃料電池ではないもうひとつの技術が発電業界で大きな話題になりはじめたのは、バラード・ブームと同様、九九年を迎えてからであった。

その八年前の九一年一月一七日、イラクの首都バグダッドめがけて、アメリカ・フランス・イギリス軍を主力部隊にした国連軍のミサイルが夜空に放たれ、湾岸戦争がはじまった。コンピューターによるピンポイント攻撃の精度を実戦で確かめるため、恰好の標的とされたのがイラク軍であった。殺人テレビショーと呼ばれ、米軍の一方的な攻撃によって一ヶ月余りの戦争は終結した。

湾岸戦争でこのような戦法をとり、遠くから攻撃を仕掛けたのは、しかしエレクトロニクスによるコントロール精度をテストするだけでなく、アメリカの軍人たちの危惧する弱点があったからである。それは〝砂漠の嵐作戦〟と名付けた実戦部隊の投入によって、米軍が砂漠の中に侵入しなければならなくなった時であった。米軍の戦車部隊は、ガスタービンを抱えて進んで行った。

これらの従来型ガスタービンは、戦車のうしろにぞろぞろと燃料補給タンク車を従えなければ、遠距離の走行ができなかった。不慣れで広大な砂漠の中では、これは非常に不利な条件であった。

燃料を満載したタンク車を一撃されれば、たちまち燃料が大爆発して、戦車が砂漠の真ん中で立ち往生し、部隊が全滅してしまうからである。

結果として戦闘は多国籍軍の一方的な勝利に終ったが、国防総省《ペンタゴン》と軍需産業の内部では、この弱点を克服するための議論が展開された。この問題を解決するには、ガスタービンを小型にして、燃料をできるだけ食わない高性能の動力を装備しなければならないという結論になった。戦闘機など、ほとんどの軍用機は、ガスタービンと同じ原理を使った高性能のガス噴射エンジンを使って空を飛び回っているので、そうした高度技術は陸上戦にも応用できるはずであった。

翌九二年、早速、性能を上げた小型ガスタービンが製造され、デモンストレーションされて注目されることになった。完成してみると、これをさらに改良し、MIAI型戦車の中に収まるよう一層の小型化に精力が注がれた。かくして九四年に小型ガスタービンとして誕生したのが、ライカミング社の一五〇〇馬力二〇キロワットAPU型タービンであった。それを知って、ただちにライカミングのタービン・エンジン部門を買収したのが、湾岸戦争当時、軍用ヘリコプターのエンジンやB2爆撃機用の補助電源をペンタゴンに納入し、売上高の二割を軍需製品が占めるアライドシグナル社であった。

九一年末にソ連という国家が消滅後、アメリカの国防予算は年々縮小され、民生品市場への転換を余儀なくされた軍需メーカーは、どこの企業も戦争用のテクノロジーを活かせる民間マーケットを物色していた。そこで、ガスタービン・エンジンの傑出したテクノロジーを使って、戦車用の高性能マイクロガスタービンが誕生すると、まったく別の着想が生まれた。再び砂漠の猛暑の戦場に突入する場合でも、ユーゴ内戦のように寒い地域で使う場合でも、エンジンの噴射力を利用して戦車の内部で発電機を回すエネルギーとして利用できるなら、本業の自動車用の動力としても、クーラーやヒーターの電源用としても、どこにでも進出できると考えたのだ。これは、ダイムラー・ベンツ生みの親ゴットリープ・ダイムラーが、自分の発明した高速ガソリンエンジンを、自動車ではなくあらゆる製品に応用しようとした発想と同じであった。

しかも彼らは、本業が軍需産業ではなく、発電業でもなかった。石油・ガス会社のシグナルが、六四年に航空・宇宙・自動車部品メーカーのギャレットを買収したので、その優秀なギャレット部隊を主体とする〝エンジン屋〟であった。現在の自動車に使われている往復エンジンは、同じ量のガソリンを燃やして最大の馬力が出るよう、エネルギーをリサイクルして吸入室の圧力を高めるための工夫がこらされている。それは予圧器または過給器（スーパーチャージャー）と呼ばれているが、排ガスのエネルギーを利用して圧力を高めるターボチャージャーがその代表的装置であった。第二次世界大戦中、アメリカの戦闘機はこのターボチャージャーを備えていたので、大きな馬力で一万メートルを超える高空まで飛行でき、日本の戦闘機を圧倒した。これを製造する専門部隊が、彼らギャレットであった。

そのシグナル社が八五年に化学会社のアライド・コープと合併し、ダウ工業株三〇社にランクされる従業員七万人の大会社アライドシグナルとなり、自動車用ターボチャージャーで世界のシェア六割を握り、年間三五〇万台も生産してトップメーカーとなっていた。そのため彼らは、ソ連崩壊後のペンタゴン予算の削減と、デトロイト自動車業界の不況の余波を受けて、ダブルパンチを食らっていた。

ところが逆に、彼らが発電屋でないことが幸いして、独創的なアイデアを生み出したのである。発電機メーカーは、どこの国でも国内の電力会社に納品すれば食ってゆけるので、国際的な競争がほとんどなく、国家予算に群がって大型化から一層大型化へという考えに凝り固まっていた。しかしエンジン屋は、日本から輸入される高性能小型車に対抗するため、GM、フォード、クライスラーのビッグ3から絶えずガソリン消費量の節約、いわゆる燃費向上と小型化を要求される厳しい日々を送ってきた。

こうして九六年には、新たに開発された五〇キロワットのマイクロガスタービンが、フォードとルノーのハイブリッド自動車用エンジンとしてテストされ、翌九七年には、発電用第一号として出力三七キロワットの発電機を生み出した。そして最後に出力を二倍に高め、発電業界では考えられない低コストで、七五キロワットの超小型発電機ターボジェネレーター・パラロン75の商品化に成功したのである。それはちょうど、ダイムラー・ベンツが燃料電池カーの量産を宣言して自動車業界に衝撃を与え、バラード社にメーカーが押しかける姿を、同業の自動車専門のエンジン屋が苦々しい思いで目にしなければならない時期であった。

まさに、食うか食われるかの戦いであった。バラードの燃料電池によってガソリンエンジンがなくなれば、アライドシグナル工場が毎日一万台生産するターボチャージャーという製品が、この世から消えるのである。自動車業界が大革命を起こせば、何万という従業員が路頭に迷うという危機感が、彼らに襲いかかった。グローヴ卿の燃料電池が自分たちの職場をおびやかすなら、自分たちは新しい武器を手にして、燃料電池業界に逆襲しなければならなかった。アメリカでマーケット戦略的に広範な用途として考えられたのは、自動車のようにピストン運動をするレシプロエンジン分野への参入であった。広大なアメリカでは遠隔地での電圧降下などの問題が多く、それに対処するためキャタピラー社のレシプロエンジン型発電機が補助電源として広く使用されてきたが、これは窒素酸化物の排出量が大きく、これにとって代るクリーンな発電機が求められていた。

発電機を完成したタイミングが、彼らに幸運な転機をもたらした。ウォール街の株価が急上昇し

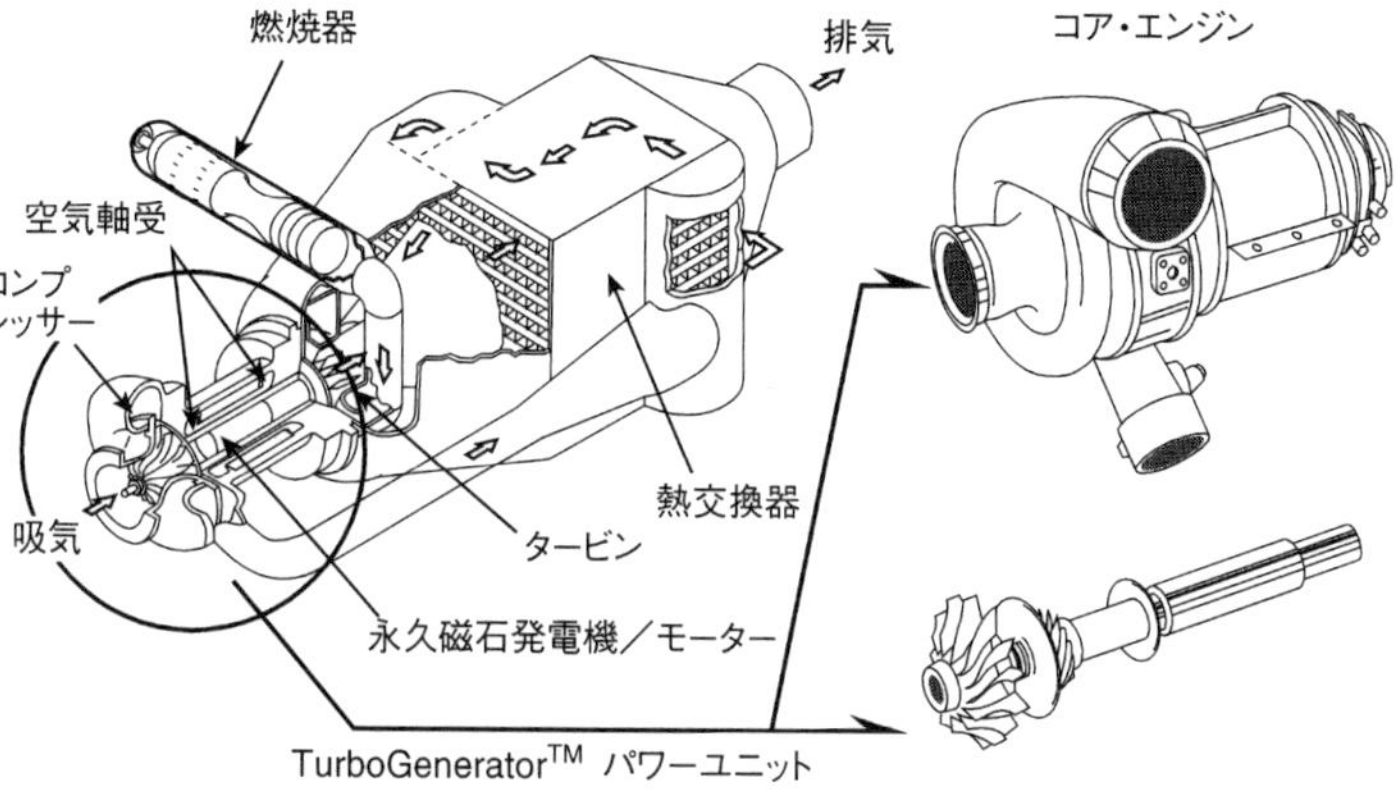

図2　ハネウェル（旧アライドシグナル）の75kWガスタービン発電装置

はじめたアメリカ全土で、膨大な需要の見込まれたのが、企業オフォスやマンションで使えるこのクラスの小型発電機だったからである。しかも量産すれば、現在あるターボチャージャーの製造ラインがそっくり生きるのだ。パラロン75は、住宅用燃料電池より出力がひと回り大きく、当面は縄張り争いをせずに需要を開拓できる分野でもあった。

アライドシグナルの成功を耳にした専門家の多くは、このタービン技術について、「従来からあった自動車のターボチャージャーを改良したにすぎない」と一蹴した。事実その通りであった。五〇年代に航空機用の小型ガスタービンが普及したあと、排熱を捨てることなくリサイクルする技術が自動車とガスタービンに応用され、ガスタービンには再生器（レキュペレーター）が組み込まれ、自動車にはターボチャージャーが組み込まれ、小型で性能のよいメカニズムが追求されてきた。さらにそこに、航空機が離陸するときのスターター用と機内のエアコンに使われていた軽量小型の発電機を組み合わせることによって、超小型の発電機が誕生したにすぎない。

アライドシグナルから家出した社員が、キャプストーン・タービンというベンチャー企業を設立したのは八八年だったが、昔仲間がつくったこの会社が、ここにアライド最大のライバルとなって姿を現わした。彼らもマイクロガスタービンの大量生産に踏み切り、社長アキ・アルムグレンが、こう言ってのけた。

「われわれは、大量生産されている自動車用ターボチャージャーと、ジェットエンジンを結婚させたのさ」

どこにでもあるガスタービンと、自動車と、飛行機と、それぞれからコンパクトな技術を寄せ集めたところ、マイクロガスタービンという低コストの発電機になることに気づいたのだ。超小型を意味するマイクロの名に違わず、現在の大型発電所で使われている一〇〇万キロワット級の蒸気タービンに比べて、その一万分の一以下の出力で発電するガスタービンである。この発想は、重電機専門の発電業界がまったく着想しなかった〝コロンブスの卵〟であった。ノースウェスト・パワーのエドランドたちが見つけたのと同じように、新参者が近道を通って、画期的な製品を生み出したのである。しかしこれは、物語のはじまりだった。

九八年秋に、アライドシグナルがその七五キロワット級マイクロガスタービンの出荷をスタートすると、驚くべき業界から反応が返ってきたからである。

フランス電力が契約した!

翌九九年三月九日、アライドシグナルの発電部門の子会社(AlliedSignal Power Systems)が、フランス電力とヨーロッパと北アフリカでマイクロガスタービンのマーケットを開発して販売するという契約に調印した。そして両者は、今後のマイクロガスタービン開発について、合同技術委員会を設立すると発表したのである。

ヨーロッパ原子力産業の独占的牙城として君臨してきたフランス電力が、こともあろうに、原発からの撤退を宣言するに等しい行動に出たのだから、最も驚いたのは、フランスをモデルと讃えてきた世界各国の原子力産業であった。全世界の原子力産業は、高レベル放射性廃棄物の最終処分場を見つけることができず、ほとんど絶望的な状況に陥っていた。ところがフランスだけは、相変らず発電量の八割近くを原発でまかない、内実はその電力の半分以上をヨーロッパ各国に販売することで、産業を維持していた。

この契約には、歴史的な伏線があった。アライドシグナルの前身は、一九二〇年に創業したアライド・ケミカル&ダイという染料化学会社で、七〇年代の一時期はアメリカのバーンウェル再処理工場を建設していた核・原子力の中枢企業がアライド・ケミカルであった。しかしプルトニウムを利用する民間再処理はトラブル続きで失敗に帰し、カーター政権時代にアメリカが再処理から完全撤退すると、その技術をフランスとイギリスだけが継承してきた。原子力の人脈で、両社は古くから密接な関係を持っていたのである。

そのアメリカ企業側が、画期的な発電用マイクロガスタービンを開発したというので、フランス電力がテストしてみると、驚異的な性能であることを認めざるを得なかった。しかも本体価格が五万ドルという売値なので、一キロワット当たりの発電単価はガスエンジン発電やディーゼル発電より安く、原発の建設と維持から廃棄物処分までに要する莫大な費用は、その七倍にもつくという計算になった。自由化が進むヨーロッパの電力マーケットでは、原発は到底これに太刀打ちできなかった。

それどころかアライドシグナルは、今後は出力を三五〜五〇〇キロワットという機種まで拡大して、あらゆる需要に応えられるよう技術開発を進行中で、そのめども立っており、早々に全世界に輸出するプロジェクトをスタートするというのだ。スウェーデン、ドイツ、スイス、ベルギーなどの各国が矢継ぎ早に「原発と再処理からの撤退」を宣言するヨーロッパで、数年後にマイクロガスタービンが何を起こすかは、フランス電力の首脳の目に火を見るより明らかであった。おそろしい事態が目に浮かんだ。

ヨーロッパでもアメリカでも、通信マーケットが自由化され、電力市場は最後にして最大の自由化とされてきたが、九〇年に自由化の口火を切ったイギリスでは、原発だけが売れ残って自由化できず、九二年のニュージーランド、九四年のオーストラリア、九六年のアメリカ、九八年のデンマーク、スウェーデン、ドイツ、九九年のイタリアへと野火のように電力自由化が広まりつつあり、いよいよフランスでも二〇〇〇年から二〇〇三年にかけて三分の一だけ自由化を実施することになった。日本も二〇〇〇年に市場の三分の一の自由化をスタートした。原発に依存する国ほど自由化が遅れたのは、原発の発電コストが高すぎて市場では勝てないことがはっきりしていたからであった。「原発はコストが安い」と主張してきたにしては、ぶざまな醜態をさらす結果となった。フランス電力が、現在の電力利権を失わないようにするには、他社より先にアライドシグナルの新エネルギーをヨーロッパに販売する契約をとりつけるほか、生きる道は残されていなかったのである。

一方アライドシグナルは、九九年初めにマイクロガスタービンの日本国内の総代理店契約を東京貿易と結んで、すでに日本にも上陸していた。全土の企業オフィスビル、学校にはじまって、コンビニからスーパー、ファーストフードチェーン、さらにはパチンコ屋、中規模工場まで、これからは自家発電によるクリーンな電気が経費を大幅に下げるという話であった。

果たして五月には、電力業界と激しい顧客争奪戦を演じてきた東京ガスが、アライドシグナルとマイクロガスタービンの実用テストをおこなう契約を結んだのである。ガス会社のプロにとって、この発電機はアメリカのエンジン屋が想像する以上に、すぐれた性能を引き出せるはずであった。パラロン75には、熱を効率よく回収するため、ガスタービンで全米トップメーカーのソーラー社から導入した再生器が組み込まれ、発電効率を三〇%近くに高めていたが、アライドが狙う電力市場だけでなく、ガスタービンから排出される熱を給湯や暖房に利用すれば、総合エネルギー効率は、最低でも六〇%に上がり、ホテル、病院、温室、浴場、工場のように大量の湯と熱を使う場所では、八〇%以上という夢のような数字を達成できるのである。電力と熱が同時に発生するという意味から、ガス会社が売り物にするコジェネレーション（co-generation、略してコジェネ——熱電供給）と呼ばれる技術であった。

その上、九九年度の一年間で、日本国内でのパソコン出荷台数は一〇〇〇万台近くに達していた。パソコンの普及によって、停電時に膨大なデータが失われ、ネットワークが全面的にダウンしないよう、バックアップ用として高性能ガスタービンの需要が高まってきた状況を考えれば、この分野でのマイクロガスタービンの販売台数も膨大なものになる可能性を秘めていた。

何より、首都圏を中心に四万キロメートルのガスパイプラインを有する日本最大のガス会社である東京ガスにとって、燃料に都市ガスを使えるところが最大の魅力だった。発電装置をコントロールする制御機器は、フォード系列の大手自動車部品メーカーであるヴィステオン社から導入しているので信頼性が高く、ヴィステオンにいたイーモン・パーシーがバラード社に移籍し、その年九月に副社長に就任しようとしていたのである。

原発の牙城として君臨する東京電力が、フランス電力の内部情報に追随し、自らテストをするためアライドシグナルとキャプストーンの両社からマイクロガスタービンを購入したのは、フランス電力の契約から三ヶ月後の六月であった。

東京ガスは、その六月からテストを開始した。

電力会社の動揺が、経済界と工業界でエネルギー関係者の意識を一変させると、高まる燃料電池の話題と共に波動は次第に増幅され、日本の電力業界を震撼させた。大口電力の自由化が二〇〇〇年三月からスタートする日程は目前であった。いよいよ電力を独占できなくなってコストダウンを迫られるこの時期に、折悪しく、強力な発電装置の先兵が次々と上陸する様相を呈してきたのである。さらに、日本の原子力産業史上最悪の臨界事故が東海村で発生したのは、東京電力がマイクロガスタービンを技術開発センターに設置してテストを開始した九月末のことであった。

並行してアメリカ本国では、まったく別の出来事が進行していた。六月にアライドシグナルが、一五〇億ドルでハネウェルを買収し、一二月一日に新会社を正式発足したのである。従業員七万人の大企業が五万人の大企業を呑み込んで一二万人のマンモス企業となるや、新社名は、買収した側より知名度の高いハネウェル・インターナショナルに衣替えし、マイクロガスタービン開発部門の子会社も、ハネウェル・パワー・システムズとして新たに船出した。

オートメーションなど制御システムの大手メーカーとして名高いハネウェルは、宇宙航空の電子制御に傑出した事業を進め、八〇年代には日本のNECと提携し、燃料電池のパイオニアであるユナイテッド・テクノロジーズと合弁でインターネット事業にも進出してきた。ハネウェル出身のジョン・モーグリッジは、シスコ・システムズの最高経営責任者となってインターネット事業の巨人ともてはやされ、経済誌〝フォーブス〟で大富豪にランクされていた。

この分野を吸収することによって、アライドのマイクロガスタービンは広大な領域に進出する態勢を整えたのである。というのは、ハネウェル社の前身が創業した時代は古く、一九世紀にアンドリュー・カーネギーが鉄鋼王になった時代に、溶鉱炉の制御装置メーカーとしてスタートし、その後、マーク・ハネウェルが考案した湯沸器の事業が合体したのだから、もともと熱を利用することで図抜けた技術を持つ専門会社であった。温度をコントロールするサーモスタットで事業を伸ばし、第二次世界大戦で航空機の自動操縦用電気装置を開発して以来、エレクトロニクス分野に高度技術を誇るようになったのである。アライドとハネウェル、両社の技量を組み合わせると、いずれ燃料電池にも進出するだろうと見られた。

正式合併直前の一〇月、アライドはニューメキシコ州アルバカーキーに、マイクロガスタービンを年間四万台生産できる量産工場を新設し、シティバンクやマクドナルドなどがパラロン75を導入しはじめ、アメリカ国内だけでなく、カナダ、ヨーロッパ、北アフリカ、東南アジア、中南米、オーストラリア、ニュージーランド、インド、中東諸国で販売代理店契約を結ぶ勢いで販売体制を確立した。さらにエネルギー省の環境保護局の研究として、ゴミ廃棄物から発生するガスを使った実用テストが発表され、カナダでは精油所で捨てられるガスでマイクロガスタービンの運転が開始されたのである。

燃料電池と共に、発電業界を一変させる可能性を秘めたエネルギー革命と見られたが、これらの装置は、言われるような地球の温暖化対策として有効だったのであろうか。

冷淡なアメリカの気象学者たち

人間は、猿からの文化と訣別して以来、ものを燃やすのが好きである。

薪、木炭、石炭、石油、ガス、ガソリン、アルコールのように炭素を含んだ物質はすべて、酸素と結合して燃えあがり、二酸化炭素 CO_2 を出す。地球温暖化の最大の原因とされてきた二酸化炭素は、このような燃料の燃焼に伴う排出物であるから、「熱」のほかに、汚い燃料を燃やせば「有害排出ガス」を伴う。したがって、「二酸化炭素の排出量を減らす」ことは重要である。

ところがこのストーリーには落とし穴があった。気象衛星や観測気球を駆使して、人類のなかで最も精密な気象データを知るアメリカの気象学者の半分以上は、地球の温暖化論議に関心を持っていなかった。彼らはむしろ、声高に語られる温室効果説に困惑するか、真っ向からその説を否定していたのである。

二酸化炭素の排出量を減らすことには大筋で賛成したが、「二酸化炭素による地球の温暖化説」が出ると、彼らはうんざりだという顔をした。このような気象学者や生物学の専門家は、最近の新エネルギー技術の登場には好意的であった。いずれも、窒素酸化物（NOx）や硫黄酸化物（SOx）などの「有害排出ガス」と同時に、「排熱」を減らすことこそ、生命体にとって重要だと考えていたからである。ターゲットは二酸化炭素ではなかった。

彼らの議論のなかで導かれた意見や結論の根拠はいくつもあった。

一番問題なのは、気象データを無視して議論が進んでいたことだ。〝二酸化炭素が増えると地球の気温は上昇する〟と思い込んでいる人間のうち、一〇〇万人に一人も、気象学を学んだことがなかった。雲として大量に存在する大気中の水分や、それを運ぶ風の動きと気温の作用についても知らない。まじめにこの問題を考えている人間はごくわずかだが、その結論だけを誰もが知ったつもりになっているというおかしな状況にあった。ほとんどの人間は、温暖化について書かれた本一冊さえ読んだことがない。なぜ、疑うこともしなければ、確信することもなしに、その理論が主役をつとめるようになったのであろうか。

問題になっている大気中の二酸化炭素の濃度は、体積比で百万分の一を示すｐｐｍｖの単位で測定されてきた。その数字は、現在ほど地球規模で工業化が進行していなかった一九六〇年の三一五ｐｐｍｖから、九五年の三六〇ｐｐｍｖへと、四五ｐｐｍｖ増加してきた。この増加グラフは、センセーショナルに見せるためにごく狭い部分をスケール拡大して描かれ、何十倍にもなったかのような錯覚を与えるばかりか、時には〝地球上の二酸化炭素が三％を超えれば人間は窒息する〟という説が、環境保護論者の書物に書かれている。

窒息するとは、大変な話である。しかし水素ガスも、四％を超えれば地球上の大気が一挙に爆発して、地上の生物は死滅するだろう。そんなことは、誰も起こると思ってもいないし、一度も警告されたことはない。あり得ないからだ。二酸化炭素が三％を超える事態も、その仮定と同じ程度にびっくりすればよい話だ。あり得ないストーリーなのだ。一％とは一〇〇〇〇ｐｐｍｖである。三％まで増加させるには、窒息する量から現在量を引いた値、つまり三〇〇〇〇ｐｐｍｖ―三六〇ｐｐｍｖ＝二九六四〇ｐｐｍｖもの二酸化炭素の増加が必要になる。過去三五年間で増加させた総量が四五ｐｐｍｖであるから、年率一・二八五ｐｐｍｖとなり、およそ二万三〇〇〇年分を排出する必要がある。人類の消費がいかに激しくとも、人類が存在するかどうかさえ不明な二万年先を想定しているのだ。

なぜこのような譬話《たとえばなし》がまことしやかに語られるかというところに、気象学者たちは、懐疑の念を抱かざるを得なかった。

地球温暖化説は、温室効果（greenhouse effect）と呼ばれる現象に基づくものである。地球が二酸化炭素やメタンの薄い膜によって覆われれば、地球が温室のようになる。正確に言えば、太陽からの光と紫外線が地球に降り注ぐと、これが反射され、赤外線として放出される。二酸化炭素やメタンは、この赤外線を通しにくい性質を持っている。ちょうどガラス張りの温室が、光と紫外線を透過して取り込み、内部で反射された赤外線をガラスが吸収するのと同じで、物体の温度を上昇させやすい赤外線によって内部は温められる。その結果、地上で発する熱エネルギーが宇宙に逃げられなくなって、どこも万遍なく気温が上昇する現象である。

言い換えれば、〝物を燃焼させた時の排熱が直接地球を温める〟という理論ではない。排熱とは無関係なのだ。二酸化炭素に話を集中させることは、無駄に捨てられる熱量が現実に起こしている重大な自然破壊を無視するという致命的な欠陥を持っている。この直接加熱が、人間と生物の生命サイクルに深刻な影響を与えている事実をなぜ無視して、話を自然保護に持ってゆくのだ。

エネルギーを供給する発電所が捨てる巨大な排熱は、河川か海の水を使って冷却されている。そのため発電所から出される温排水が海藻などを絶滅させ、その植物を食する貝類を絶滅させ、海岸線や河川を死の水域に変えつつある。温排水は容易には水中に拡散せず、ホットスポットと呼ばれる熱の塊となって大陸棚のような浅瀬を浮遊し、その温度変化で幼い稚魚が殺されるため、沿岸漁業衰退の大きな一因となってきた。

種が絶滅の危機に瀕している稀少生物を守ろうという消極的な自然保護は、こうした大量の生物の生命環境を無視している。一見美しく聞こえるが、偽善の塊だ。ここまで自然を破壊した人類がめざすべきは、すべての生命体が生きられる積極的な自然回復でなければならない。

そのためには、工場と発電所と自動車の巨大排熱と有害排ガスをいかにしてなくすか、それを早急に議論する必要がある。人間がエネルギーを使う行為から、熱と有害物の排出量を同時に減らすことを目標とするほうが、二酸化炭素温暖化説を議論するより、的確である。実際に生物を苦しめているのは、窒素酸化物と硫黄酸化物と熱なのだ。これを極限のゼロに近づけることが、エネルギー革命のゴールなのだ、と。

二酸化炭素を悪玉にした地球の温暖化説に、この気象学者たちが嚙みついた根拠は数々あったが、事実は、次のようなことを語っていた。

㈠　一九八〇年代末から「二酸化炭素による地球の温暖化説」が急速に世界的に広まった。「大気中の二酸化炭素は急速に増大しており、一方、地球全体の気温を平均するとやや上昇する傾向にある」という事実があったため、このふたつの現象を単純に組み合わせて、二酸化炭素が地球を温めているという仮説を提唱した人間がいたからだ。しかし、そのデータによれば、気温上昇が一八八〇年代、つまりほとんど二酸化炭素の排出量が問題にならない時代からはじまっているのは、二酸化炭素が無関係であることを実証しているではないか。一〇〇年前から増加しているのは二酸化炭素だけではない。妊娠中絶も増加しているし、離婚も増加している。両方が増えたからといって、「離婚が増えると地球の平均気温が上がる」とは誰も言わない。これは仮説にすぎないのだ。

科学は、数々の事実から結論を導く学問である。異なる意見が向かい合い、自由闊達に議論されなければならない。ところが現在は、この仮説を唯一絶対の結論と決めつけ、多くの自然科学者がこの仮説に合うデータだけを求めるようになった。仮説と合致しない事実はあたかも罪あるもののように排除され、異論を述べることさえできない風潮が蔓延している。この仮説が不完全であった場合、地球の自然環境を守れるのかと、大きな不安を覚える科学者は少なくない。

地球の平均気温として使える正確な温度が採用されたのは、一九二七年の国際度量衡会議が初めて公式の国際温度目盛を採用してからのことだ。それ以前には、今日の精密な温度測定と比較できるような地球全土の普遍的な温度データなど、どこにも存在していない。特に温度比較をおこなうのに重要なアフリカ全土と南極・北極については、まったく古いデータがない。中東には、チャーチルたちが勝手に国境線を引くまで、国家さえ存在しなかったし、ほとんどのアフリカ国家の独立は一九六〇年代以後のことだ。温度計自体、誤差は最も小さくても〇・一℃、通常は〇・三℃の誤差があるものを使っていたのが、二〇世紀前半の時代だ。一〇〇年間で世界の平均気温が〇・三℃上昇したというデータが事実に近いとしても、それは「ほとんど上昇していない」という程度のものだ。工業界が二酸化炭素を大量に放出する前から、地球は、過去に何度もこれ以上の温度上昇を記録してきたし、言われている温度上昇も、一〇〇年以上前からスタートし、一九四〇年代から七〇年代にかけては逆に下降カーブを描いて、二酸化炭素の変化と一致しない。

二酸化炭素温暖化説が出た当時から、この説明と矛盾する気象データが多数あって、この仮説は成立しなかった、というのが真相だ。それを政治的に事実とすり替えたのだ。「アジアでは逆に平均気温が下降する傾向にある」という八九年の報告は、その当時無視された。異常気象の原因が、二酸化炭素による地球の温暖化にあるならば、当然、地球全体の気温がすべての地域で上昇しなければならないところ、気温上昇が部分的であることが明らかにされていた。ビニールハウスの内部で一ヶ所だけが冷えるということはないのだから、異常気象をこの理論に頼ることには、科学的に無理がある。

(二) 二〇〇〇年八月二九日、世界気象機関(WMO)が明らかにしたところでは、前年来の南極上空におけるオゾン層は、一九六四～七六年の平均値に比べて五〇%以上もオゾンが少なくなり、非常に速いスピードでオゾン層の破壊が進行した。その原因は、南極上空の大気がきわめて低くなったことにある。上空の気温が低下すると、オゾン層の破壊を加速する極域成層圏雲が発生しやすくなるためである。つまりこの時点では南極上空は冷えていたのだ。地球が温暖化すると、なぜ南極が冷えるのか理解に苦しむ。温暖化して南極の氷がとけると騒いできたのではなかったのか。二酸化炭素は主として石炭・石油・ガスの化石燃料の燃焼によって発生するので、石炭・石油を燃焼させると、ほかの有害物質の粉塵発生量も増加する。その結果、大気中のチリなどが太陽光を遮断して地球を寒冷化させる作用もある。このように二酸化炭素には、相反する加熱作用と冷却作用があることが知られている。このような微々たる作用以上に、地球の気象は、はるかに大きな熱の移動と水分の移動によって大部分が左右されている。

温暖化説が出て以来、ほとんどの人間は、ちょっとした異常気象があると何でもかんでも原因を二酸化炭素温暖化説に結びつけ、それ以外の自然現象をまったく無視するが、とんでもなく乱暴な説明だ。地球の気象を左右してきたのは、大気中に〇・〇三％の体積しかない二酸化炭素ではない。大気中には水蒸気が重量で一三兆トンもあり、空気の量の〇・二六％を占めているが、湿度の高い所では四％にも達する。この水分が雲をつくって雨と雪を降らせ、蒸発しながら熱を奪い、その水分の保有する巨大な熱量が、気流を起こして風をつくり、全気象を変化させてきたのである。二酸化炭素に赤外線の熱が吸収されても、この熱は膨大な量の水蒸気層に拡散し、一度温まれば水ほど冷えにくい物質はない。熱伝導率が二酸化炭素とほとんど変らない水分である。どちらが気象に影響を与えるかは歴然としている。その水蒸気の流れと相互に大きな影響をおよぼし合うのが、数年に一度、赤道太平洋の水温に急激な変化をもたらすエルニーニョとラニーニャだ。この海水の量は、大気中の水蒸気の一〇万倍もある。

九七年にインドネシアの熱帯雨林が旱魃《かんばつ》に襲われ、広大な範囲に山火事が発生した。これは温暖化のせいではなく、その九七〜九八年にかけて突如南米近海に発生した大量の熱の塊、いわゆるエルニーニョ現象による気温上昇が原因だと分っている。当時、冬のカリフォルニア州南部に強い暴風雨が発生し、さらに太平洋上空に発生した高層の風などが、連鎖的にインドネシアの旱魃と山火事をもたらしたメカニズムなのだ。そのあと九九年に、太平洋に冷たい海水の塊が張り出すラニーニャ現象が拡大し、連鎖的に、寒冷化とハリケーンと大量の熱の移動をもたらした。このように大きな気象変化でさえ、気象学者の誰にも予測ができなかったし、海洋気象学では今後も正確な予測ができないほど複雑だ。二〇〇〇年八月には、ラニーニャとエルニーニョが消滅した状態にあったが、この先の気象はまだ不明である。

ところが、最近の温暖化論者のなかには、エルニーニョまで、二酸化炭素のせいにしてしまう者さえいるので言葉もない。南米のエクアドルからペルーにかけて発生するエルニーニョは、戦後でも一九五七年、六五年、七二年、七六年、八二年とずっと前から続く周期的現象で、七二年の大型エルニーニョがペルーの漁業を壊滅させたように、オーストラリアからインドネシア、カナダに至るまで常に大きな自然災害を起こしてきた。このエルニーニョと見事に対応して起こる数年周期の気圧の変動が、インドネシアの低気圧とクリスマス島の高気圧にあり、この気圧の急変を気象学では古くから「南方振動」と呼んできた。この気象変動が発見されたのは、人類がまだ大量に二酸化炭素を放出しない一九二〇年代のことだ。ヒットラーが出てくる前で、シカゴにギャングが横行したアル・カポネの禁酒法時代だ。あまりいい加減なことを言ってもらっては困る。

二〇〇〇年の冬季には、モンゴルが長期間にわたってマイナス四五℃の寒気に襲われ、三一年ぶりの冷害のため羊や馬など大量の家畜が犠牲となり、動物の死骸が累々と横たわるという悲劇を招いた。地球が温暖化しているという説は、モンゴルで現実に進行した冷害という大被害に対して無責任きわまりない。こうした寒冷気象の事例は、温暖化の事例と同じように、枚挙にいとまがないほどある。また、ヒマラヤの氷河湖は決壊の危機に直面し、温暖化のせいだと騒いでいるが、その氷河湖の溶解がはじまったのは半世紀前で、以後長い歳月を経て決壊の危機に至った。つまり二酸化炭素濃度が現在のように上昇する前から進行してきた現象である。たまたま二〇世紀末に決壊の危機が重なったことをもって、それが温暖化によると理由づけるのは、強引なこじつけである。

(三)　大気中に二酸化炭素よりはるかに大量に存在する水蒸気がつくる雲と気流は、人間の排熱によって温度が大きく変化し、それによって、大都会の異常な気流を誘発する。密閉された船のボイラー室のように、熱を持った水分がこもって、地域的な異常気象を起こしているのだ。大量のエネルギー消費が、ニューヨークシティーのような都市部を島状に加熱するヒートアイランド現象をもたらす。暑い時期にクーラーを使えば使うほど、室内から出される水蒸気と熱が外気を温め、その地域がオーバーヒートし、さらなるクーラーを必要とする悪循環を招く。地域の平均気温を上昇させる原因となったのは、温室効果より、人類が直接排出する熱のほうがはるかに顕著で、その総和として、地球全体の平均気温が計算上あがったにすぎない。これは、世界の平均値を出すための気象データのうち、顕著な温度上昇の記録が、冬の都市部に集中していることから明白である。この都市化が、山岳地帯から南極・北極まで、自然界のあらゆる地域にまで侵入・拡大したため、現在の温度データは、多くの地域で大なり小なりヒートアイランド現象の影響を受けている。

(四)　ＩＰＣＣ（気候変動に関する政府間パネル）によれば、一〇〇年後の二一〇〇年の二酸化炭素排出量が一九九〇年の三倍弱になるケースでは、地球の平均気温が二度上昇し、海面は五〇センチメートル上昇すると予測し、二〇〇〇年一一月の新しい解析では最大八〇センチメートル上昇の危険性を警告した。二度か三度の温度上昇が起こるだけで、南極や北極の氷がとけ、そのため海面が上昇して島国や低地国オランダが水没するという説が広く語られてきた。が、南極や北極の海水温度および気温は〇℃よりはるかに低く、気温が〇℃を超えることは、ごく局所的な、きわめて稀な現象である。たとえば氷の温度が、マイナス一三℃から三度上昇してマイナス一〇℃になっても、氷がとける融点は〇℃であるから、氷はとけない。南極の氷がすべてとけると海面が七〇センチメートル上昇すると言うが、南極の氷を全部とかすには、数十度も気温が上昇しなければならない。そこで最近は、「南極の氷はとけないが、温度上昇で海水が膨張するために海面が上昇する」と、突如理論を変えはじめた。間違いを指摘されると原因説を変えるとは無責任な理論だ。しかし新説が本当なら、二酸化炭素による温室効果より、人間が海に直接排出する膨大な排熱のほうがはるかに深刻だと、分ってもよさそうなものだ。

「北極点の氷が一部融解している」というニュースが二〇〇〇年八月一九日の〝ニューヨーク・タイムズ〟に報道され、これは従来にない地球温暖化の証拠であると主張されたが、そもそも北極点は南極と違って大陸ではなく、海上に浮かぶ氷塊である。一九〇九年四月六日にアメリカのロバート・ピアリーらが犬ぞりで北極点に立って以来、周辺では、今世紀初頭から北極圏踏査がはじまり、二〇〇〇年八月に沈没したロシアの原子力潜水艦クルスクだけでなく、原子力砕氷船など大量の艦船が行き交い、原子炉から膨大な熱が排出されてきた。また、環境ホルモンが北極海に集中する現象で明らかなように、深層の海流によって海洋のさまざまな人工汚染物質が北極に流れ寄せ、海水に溶けている成分の濃度が高まることによって、氷の融点を「純水の融点〇℃」以下に下げる。南極も、人類の調査対象として、世界各国の基地が建設された排熱地帯だ。こうした直接加熱の熱量および深層海流が極地に運ぶ物質による作用をどれほど計算したのか、温暖化説は一切説明せずに、避けている。

また氷山の崩壊は、温度よりも、機械的な亀裂によってはるかに進行しやすくなる。南極の氷をとかさないために一番いい方法は、誰も南極に近づかないことだ。砕氷船が最も悪い。南極で大量の熱を出している焼却炉や暖房装置は、すぐに撤去するべきである。

㈤　海水面の上昇が一部で報告されているが、これらの変化が、海水の体積増加に起因しているという科学的な根拠を確認することは容易ではない。なぜなら、地震を誘発する地球表面層の地殻プレートは絶えず移動し、氷河期が終ってからの反動現象は現在も続いている。地下水の汲みあげによる海岸線の陸土の沈下は、アメリカ東海岸などで、はっきりデータとして確認されている。過去七〇年間に年間平均一センチメートルのプラスとマイナスの上下変動を記録し、その差が七〇センチメートルに達している地域もある。プラスとマイナスがあるのだ。海面からの標高データは、このような地殻の運動など多くの変化によって影響を受けるため、ある地点を基準としてあくまで相対的に測定されるものである。海水面の上下動変化の絶対値を求めるには、地球の中心からの距離をもって測定しなければならない。しかしその精密測定は、歴史的データもなく、地球の巨大な直径一万二〇〇〇キロメートルと海水面の変化一〇センチメートルを比べれば、あまりにも大きな誤差が生ずるので比較不能である。最も精密な軍事用衛星を使った全地球測位システム（GPS―Global Positioning System）でさえ、測定誤差が水平方向で五〜一〇メートルあり、そのデータは最近のものしかない。何よりも、アメリカ東海岸では、一九三〇年代から六〇年代にかけて潮位が大きく上昇したが、二酸化炭素が大量に出されるようになったそのあとに上昇がストップして、ニューヨーク、チャールストン、ハンプトンロード、イーストポイントなど多数の海岸では逆に海面が下がっているのだ。

(六)　砂漠化が、しばしば温暖化に起因する現象として関連づけられる。では、ブラジルの熱帯雨林の減少は、温暖化によるものなのか。とんでもない。これは大部分が未開地に入植した人間による道路建設や樹木伐採という直接行為によってもたらされた自然破壊である。中国内陸部の新疆《しんきょう》ウイグル自治区のタリム川流域では、広大な範囲にわたって砂漠化が深刻化している。ところが、この流域の中流から下流に至る分岐点の流量記録によれば、急激な川の水の減少が起こったのは、二酸化炭素が大量に放出されるようになった七〇年代以前、すなわち五〇年代から七〇年代にかけてであり、その原因は、大量の農民が入植して植物の乱獲をおこなったためであることが判明している。内モンゴルでも森林伐採などによって同様の砂漠化が進行して、中国政府が草原の退化を招くような植物の採取を禁止する通達を出した。アメリカやインドにおける農業用水の大量汲み上げと、オーストラリア農地における灌漑用水がもたらす大地の塩害は、植物の成長に深刻な影響を与えてきた。酸性雨によって広大な森林を枯れ死に追いやったのは、質の悪い石炭と石油を燃焼させたときに発生する硫黄酸化物である。砂漠化を憂えるなら、人間の直接的な加害行為による被害をくい止めなければならないのだ。植物の成長に必要な二酸化炭素は、関係のないところで冤罪を受けている。

以上のことは、まぎれもない科学的事実であった。気象学者がいらだったのは、二酸化炭素がいわれのない冤罪を受けることによって、真犯人が自由に地球を破壊し続けるところにあった。生物が受けてきた重大な被害をまとめると、二酸化炭素（炭酸ガス）は、その原因としてどこにも登場しない。〝温室効果による被害〟とされる実害はすべて正しく存在し、その原因とされる説明はすべて間違っていた。極言すれば、「二酸化炭素温暖化論が自然破壊に手を貸している」という結論になる。

〈生物が受けてきた被害〉

●気温の変化→気流発生・異常気象

〈その代表的な原因〉

直接排熱・加熱（ヒートアイランド現象）

エルニーニョ・ラニーニャ・南方振動現象

ダイポールモード現象

太陽の黒点変化・噴火の火山灰

●酸性雨→森林の死滅　硫黄酸化物（SOx）・噴火の火山灰とガス
●スモッグ　窒素酸化物（NOx）
●砂漠化→洪水・水害・近海生物激減　植物の伐採・地下水の大量汲み上げ
　温度上昇　開発工事
●生物の死滅　放射能被曝・環境汚染物質の放出
　大量乱獲・重油流出・重金属汚染
●生物の生殖機能破壊　環境ホルモン・放射能被曝
●生態系の破壊　道路建設・開発工事・遺伝子組み換え
　クローン生物・放射能汚染
●喘息性疾患　浮遊粒子状物質（自動車排ガス）
●発癌性疾患・アトピー症　食品添加物・農薬・除草剤・医薬品
●発癌性疾患　放射能被曝
●騒音・振動　自動車・航空機・建設工事・土木工事
●全被害　戦争・原水爆・核実験

ここに指摘された科学的事実は、アメリカやヨーロッパだけでなく、日本においても明白であった。過去半世紀におよぶアジアの異常気象が、エルニーニョと同じダイポールモード現象と呼ばれるインド洋の海洋温度変化と見事に一致することが、日本の学者によって明らかにされ、すでにコンピューターでの正確な再現に成功していた。

また、しばしば異常気象ではないかと錯覚を与えるヒートアイランド現象は、日本でも実証データが年々蓄積されつつある。過去一〇〇年間に、全世界では平均気温が〇・三〜〇・六度上昇し、日本では約一・〇度上昇したというデータがある一方、名古屋では二・四度、東京では二・九度も上昇し、大都市部での熱量の蓄積と気温上昇が、地球全体よりも日本全体よりもはるかに巨大であることを証していた。水蒸気と熱気によるこのヒートアイランドのため、夏に上昇気流が発生し、局地的な豪雨が深刻な実害をもたらしてきたのである。二〇〇〇年冬季にモンゴルを冷害が襲った時にも、日本の関東地方で平均気温が例年より高かったのは、人口四〇〇〇万人の密集する首都圏が日本最大の熱量消費地帯だからであった。日本の降雪量が八〇年代後半から減少しはじめたのは、ちょうどそのころから中国が急激な経済成長に突入し、大量の熱を生み出しはじめた影響ではないかとの説もあるが、まだ十数年の観察にすぎないので、これは不明である。

もうひとつの気象データがこの熱の蓄積を裏付けた。東京における真夏日と熱帯夜の統計である。最高気温が三〇℃以上の「真夏日」は、暑さの指標である。一方、最低気温が二五℃より下がらない「熱帯夜」は、冷えない指標である。地球全体が高温になれば、当然、最近の東京は昔と違って真夏日がはるかに多いはずである。ところが真夏日が過去最大の日数を記録したのは一九九四年の六六日だが、その三三年前の六一年にも同じ日数の六六日が記録され、五〇年の六五日がそれに続き、第四位の真夏日六四日という記録は今を去る一〇〇年以上前の一八九四年（明治二七年）のことであった。実は昔も暑かったのである。戦後、真夏日が最も多かった年代は、最近の九〇年代ではなく、六〇〜七〇年代にかけてである。

これに対して、人間が樹木を切り倒してコンクリートを敷きつめ、冷房の大量使用で街全体を加熱しながら水蒸気で満たし、さらにその寝苦しい夜を冷やそうとするため、ヒートアイランド地域に熱帯夜が生み出される。この日数は、戦後年を追うにつれて増加の一途をたどり、圧倒的に八〇年代以後、特に九〇年代が最も多くなっている。気象に大きな影響を与える要因は、地球全体の気温上昇ではなく、局所的な温度上昇にあるのだ。

しかしアメリカの気象学者と気象生物学者とエンジニアは、こうした発言を控えていた。すぐれた技術に取り組むことによって、問題を解決するほうが早いことを知っていたし、被害の状況からそうすることを迫られていたからである。その解答が、燃料電池とマイクロガスタービンによって出されようとしていたのである。

コンパック・コンピューターのローゼン会長

世界トップを走るハネウェル製とキャプストーン製のマイクロガスタービンは、エンジン屋だけでなく、コンピューター・エレクトロニクス関係のエンジニアがシステム設計に参加して、コンパクト化に知恵をしぼった結晶でもあった。取材に押し寄せたジャーナリストたちが驚かされたのは、素人である記者が「やってごらんなさい」と言われた時であった。テーブルの上に置かれているハネウェル製のパソコン画面のスタートボタンをクリックすると、発電機が二〜三分で始動し、キャプストーン製は装置前面のボタンを二個押すだけで、たちまち発電を開始したのである。

日本企業が続々とこの製品を導入して試験に突入すると、発電機の作動・停止・トラブルなどの状況は、オンラインでアメリカのハネウェル担当者にモニターされ、一切のデータが日本とアメリカで同時に共有されていた。ハネウェルが太平洋の彼方アルバカーキーからコンピューター画面で状況を絶えずモニターしたのは、重要な販売戦略であった。自家発電が世界的に普及しはじめるここ二〜三年のうちに、マイクロガスタービンを設置した病院やホテル、スーパーなどでの緊急メンテナンスを考え、インターネットと同じように電話回線を使った「バーチャル・コントロール・センター」と呼ばれる部門が、迅速にトラブルに対応できるようにするためであった。

電気制御システムの内部回線には、パソコンで見慣れたコネクター類が随所にあることから、メーカーの背後にビル・ゲイツたちのパソコンマニアがいることを想像する人も少なくなかったが、事実、ゲイツと共にマイクロソフト社を創業したポール・アレンのグループが、キャプストーンの株主として名前を連ねていたのである。

アライドシグナルからスピンアウトした人間が設立したキャプストーン・タービン社は、社員の二割がこのようなコンピューターマニアで占められていたが、一体どのようなベンチャー企業であったのか。

八八年、カリフォルニア州ロサンジェルスのウッドランドヒルズにキャプストーンが設立された時には、ほんの小さな研究開発会社であった。物語はさらに、その三四年前に遡る。

五四年にカリフォルニア工科大学を出て、軍需産業レイセオン社とスペリー社などのエンジニアを転職したベンジャミン・ローゼンは、七五年に四二歳の若さで証券会社モルガン・スタンレーの副社長まで出世する敏腕を示したが、五年後の八〇年に思い切りよく巨大企業を退職すると、自らローゼン・リサーチというベンチャー企業の研究開発会社をニューヨークに設立した。

時代はレーガン政権が生まれた不安定な社会状況にあったが、シリコンバレーのエレクトロニクス産業は活気づき、個人用コンピューターの開発が本格的に始動して電子工学のエンジニアたちが頭脳を結集している時であった。この世界から八二年に誕生したのが、今日アメリカのパソコンメーカーとして世界トップのコンパック・コンピューターである。創業者の一人として翌年会長に就任したローゼンは、コンパックを携帯用および卓上型のコンピューター大手に育てあげ、八六年にはインテルのマイクロプロセッサーを内蔵した画期的なパーソナルコンピューターを発売して、インテルの演算チップなしにはパソコンが動かない時代を先取りすると、ＩＢＭ、ヒューレット・パッカードと並ぶ世界三大コンピューター・メーカーにのしあげた。今日もエクセルと並んでコンピューター表計算ソフトとして普及するロータスというソフトも、ローゼン・グループが生み出した頭脳であった。

さらに九二年、ＩＢＭと袂を分ったビル・ゲイツが経済誌〝フォーブス〟で全米富豪四〇〇人の頂点に立ち、歴代最年少でアメリカ大陸一の資産家となったその年に、ローゼンはコンパックやマイクロソフトの後を継ぐ者を育てるため、ベンチャー企業への出資を目的としたヴァルカン・ベンチャーズ社を設立した。ベンチャーとは、スリリングな冒険のことだが、同時に金欲しさに一発狙いの投機も意味する綱渡りの仕事である。そこにマイクロソフト共同創業者のポール・アレンが参加して、パソコン業界の有志を結集させたのである。

こうしてローゼンとアレンたちの資金が、「マイクロガスタービンを製造したい」というキャプストーンに投資されることになったのだ。ローゼンとアレンは、二〇〇〇年九月二八日に、呼吸を合わせてそれぞれコンパック会長とマイクロソフト取締役を辞任したが、彼らには新しい目標があった。当初からこれほどの頭脳集団であるから、必要な人材はシリコンバレーからいくらでも集められた。エンジン屋から話を聞いたパソコン野郎たちは、これまでの小型発電機で頭を悩ませていた問題を、徹底的に分析する作業にかかった。

これまでの発電装置は、㈠ガスタービンや蒸気タービンの羽根が回転する。㈡その軸《シャフト》に接続された別のシャフトが発電機のモーターを回す。㈢磁場によって電気が生まれる、という三段階の仕組みになっていた。その最初に羽根を回す力が、ボイラーか原子炉の水蒸気であれば蒸気タービン、ガスを燃焼させた噴射力であればガスタービン、水の落下エネルギーであれば水力発電、風の力であれば風力発電となるが、いずれも基本的には同じである。駆動部分と発電部分が、分かれている。

そのため動力を伝えるギアが必要になる。

「駆動と発電を、一体にすれば、小型化できるはずだ」と、彼らは考えた。

マイクロガスタービンでは、タービンと発電機が別々ではなく、一体の設計が誕生した。しかも不思議な発電機であった。超高速で回転するというのに、回転するシャフトを支える金属のボールベアリングがないのである。

金属のボールベアリングなしに、回転するシャフトを何で支えたかと言えば、空気であった。ロケットがガスを噴射して地上から飛び立つ光景を思い浮かべれば分る。物体の下から気体が強く吐き出されれば、物体は浮きあがる。この原理は、海面の上を浮きながら疾走するホーヴァークラフトという面白い船に使われ、エアークッションによって、物体が浮きあがった状態に保たれる。

タービンにこのメカニズムを利用する場合、シャフトとそれを支える筒のあいだに、ベアリングの代りにフォイルと呼ばれる薄い突起のようなものを設けて、シャフトを筒に接触させておく。ガスが燃焼して気体が噴射されると、羽根がそのエネルギーを受けてシャフトが高速で回転し、シャフトのまわりに激しい気流が発生しはじめる。するとフォイルは、あるスピードを超えたところで気流によって完全に倒されてしまい、シャフトとそれを支える筒のあいだが中空状態になる。ところが同時に、気流によって中空部分に生み出されるエアークッションがシャフトを浮きあがらせたまま、ベアリングなしに回転状態を正しく保つのである。

この特異な空気ベアリング（foil air-bearing）は、アライドシグナルの特許技術で、航空機用として年間二〇〇〇台、累計一万五〇〇〇台の生産実績を持っていた。それをキャプストーンも導入し、両社間で特許の係争をおこなわない協定が結ばれている。しかし空気ベアリングの基本特許は、すでにオープンにされて、広範な分野で応用されてきたので、これをガスタービンに応用したところに新技術として特許のポイントがあった。狡賢く考えれば、ほかのメーカーがこの基本特許を応用して、別の製造特許を取得する新技術の可能性が残されているのだ。

このメカニズムによって、エンジン内部で動く部分はひとつしかなくてすみ、一本のシャフトにコンプレッサー、タービン、発電機を取りつけられる構造を考え出したのである。空気ベアリングであるから、摩擦抵抗が生じないので超高速回転が可能で、しかも寿命が長く、潤滑油もギアも不要で、メンテナンス・コストが安くなり、信頼性も高く、雨ざらしでも使えるという結構ずくめの発電機であった。発電の出力は、電流×磁束×周波数であるから、超高速回転によって高周波の発電をおこなうと、周波数が高い分だけ磁束の流れる断面積を小さくでき、小型化が可能になるのだ。

つまり最大の特長は、構造的に全体が軸方向に圧縮され、周波数の面でもコンパクト化の効果があり、超小型化が可能になったことにあった。このマイクロガスタービンが達成した一分間の回転速度は、アライドシグナル（ハネウェル）が六万五〇〇〇回転、キャプストーンが九万六〇〇〇回転だから、それぞれ一秒に一〇〇〇回転と一六〇〇回転という信じがたい速度である。

こうして最初に市場に投入されたのが、アライドシグナルの七五キロワット型、キャプストーンの二八キロワット型であった。この発電能力は、家庭で使う最大電力の三〜七キロワットよりかなり大きいので、住宅では一〇〜二五軒分ぐらいに相当する電力が発生する。小型なのでこれを必要な台数並べれば、マンションでも公共施設でも、電力消費の大きなスーパー、病院、ホテルなど、どこでも使えるのだ。

燃料としては、灯油（ケロシン）、メタン（天然ガス、都市ガス）、ディーゼル燃料、ガソリン、ナフサ、軽油、プロパン（ＬＰＧ）、工場廃ガスなど、ほとんどのガス燃料と液体燃料が使用可能であった。現在まで、重油だけは順調な性能が得られないが、その改良技術も進められている。

マイクロガスタービン最大の売り物は、窒素酸化物の排出量がゼロに近いことにあった。空気と燃料の混合比率と、燃焼メカニズムを精密にコントロールすることによって、窒素が酸素と結合する高い温度領域に入らないよう設計されているため、ほとんどの燃料では二五ｐｐｍ以下というクリーンな排気ガスとなり、灯油でも一〇ｐｐｍ、液化天然ガスからつくられる都市ガスを使った実績では一～二ｐｐｍという成果が出た。発電用ディーゼルが二〇〇〇ｐｐｍの汚い排気ガスを出してきたことを思えば、その一〇〇〇分の一であるから、文字通り驚異的な頭脳の勝利であった。硫黄酸化物に至っては、ほとんどゼロであった。

こうしてパソコン技術を応用してアメリカの気象・生物学者が求めた性能が実現し、コンピューターでリモートコントロールできる高性能の超小型発電機が完成したのである。

キャプストーンは二〇〇〇年に、地元ロサンジェルスの廃棄物埋め立て処分場から発生するメタンガスを燃料に、二八キロワットのマイクロガスタービンを一三〇〇時間運転する実績をあげ、この〝汚い原料〟を使って窒素酸化物の排出量が一・三ｐｐｍという極限の低い数値を出した。下水処理場や畜産農家は、汚泥や糞尿からメタンが発生するので困っていたが、きれいな燃料を求めてきたガス専門家の目に、これから「あらゆる分野にこの発電機が利用できることを実証した」と映ったのも無理はない。

キャプストーンの背後に、世界最大のエネルギー企業で、テキサス州の天然ガス支配者エンロンの会長ケネス・レイがコンパック重役として控えていたのは、こうした理由からであった。エンロンと組んで日本国内の独立発電事業に進出したオリックスは、待っていたように九九年一一月、キャプストーンのマイクロガスタービン販売代理店アクティブパワーの大株主として姿を現わし、この発電機を駆使する立場に立った。エンロン・オリックス連合の発電会社Ｅパワーが日本に設立されたのは、その前の月だったのである。

キャプストーンの戦略はそれにとどまらなかった。注目すべき株主として、カナダでバラードと無縁でないハイドロ・ケベック社がこのベンチャーに出資したが、天然ガスの燃料を供給するクウェート国立銀行もキャプストーンの株主として名を連ねた。イラクがクウェートに侵攻し、湾岸戦争が勃発してマイクロガスタービンが生まれためぐり合わせを考えれば、最も皮肉な因縁であった。

この新興頭脳集団のエンジン屋は、二〇〇〇年六月にロサンジェルスのウッドランドヒルズに新工場を完成し、九月から年間一万台の本格的な量産体制に入ることを宣言した。そして発電分野で成功すると、古巣の自動車のマーケット進出を狙いはじめ、バスに高性能ガスタービンを搭載してハイブリッドカーを実用化し、出力の大きなトラック用エンジン市場に標的を広げた。かくして大統領選たけなわとなると、共和党のブッシュをかつぐエンロン会長のケネス・レイが挑戦状代りに考案したのか、民主党全国大会でデモンストレーション用のバスを走らせることになったのである。燃料コストは普通のディーゼルバスの三分の一で、窒素酸化物が二五分の一しか排出されず、資源節約・コストダウン・排熱減少・有害排出物減少という四つの効果を体現するバスであった。

日本の一企業がキャプストーンの技術に目をつけたのは、こうしたブームが起こるかなり前であった。大阪・尼崎にある機械メーカーとして、排熱を冷房に利用する装置の開発に力を入れていたタクマの専門家は、この発電装置に興味を持ってかねてからキャプストーンと接触していたが、製品の出荷を待って、九九年四月に日本向けキャプストーン製品を共同開発する覚書に調印した。タクマが狙ったのは、東京ガスと同様、排熱をフルに活かしたコジェネシステムであった。

ほぼこの時期を境に、二〇〇〇年夏までに大阪ガス、東京ガス、明電舎、三菱電機、東京大学工学系研究科、日本製鋼所、東芝、岩谷産業、昭和シェル石油などが続々とキャプストーンのマイクロガスタービンを試験的に導入してコジェネシステム普及への開発に踏み切り、東京電力、九州電力、電源開発、中国電力の電力各社もライバル台頭に対抗して導入、アライドシグナル製と競って、日本国内のエネルギー企業がいっせいに色めき立った。そこにオリックス系のアクティブパワー、建機レンタル業のカナモト、三菱商事、住友商事、伊藤忠商事、丸紅らがそれぞれマーケッティングする提携関係をキャプストーンと結んだのである。なかでも二〇〇〇年四月二四日、明電舎が日本経済新聞に――エネルギーは「買う」から「つくる」時代へ――とキャプストーン社のマイクロガスタービン販売を謳《うた》って全面広告をうったコピーは、的確に時代を象徴する名文句であった。

このブーム到来に最も驚き、開発スピードをあげなければならなくなったのは、先鞭をつけた当のタクマであった。日本はアジア各国から安価な工業製品だけでなく食糧や木材を大量に輸入してきたので、トウモロコシ、砂糖、米などの生産現場にはコーン滓《くず》、木屑、もみ殻、パーム廃棄物などが発生する。それらを燃料として有効利用しようと、アジアでのバイオマス燃料開発を実践してきたタクマだが、将来はそこまで射程に入れたマイクロガスタービンのアジア全土への普及さえ夢ではなくなった。インドネシアやフィリピンのように数多くの島から成り立つ国では、いまだに電力と送電線が充分になく、どこにでも設置できる小型の発電機を求める声は、各地に広がっている。

アメリカや日本のように発展しきった工業国以上に、アジア、中南米、アフリカ、中東、中国内陸部の住民が、当たり前の生活を送れるようエネルギーを効率よく支えることこそ、この発電機の宿命となることが日本のメーカー各社の頭に浮かんだ。二〇〇〇年五月には、ハネウェルのパラロン75が南アのヨハネスブルグで送電線に接続されて運転に成功し、どっと歓声があがっていたからである。アフリカ南部のエネルギー、通信、産業技術関係の代表者が見守るなかでの発電は、電力の不安定なアフリカ全土にとって大きな朗報であったし、白金触媒を大量に産出する南アの鉱山業界が、地底採掘用の高性能エネルギーを手にしたことは、全世界への朗報でもあった。

中国の三峡ダムは、九四年一二月、総出力一八〇〇万キロワットを目標に長江（揚子江）の大河をせき止める工事に正式着工し、二〇〇三年に発電を開始、二〇〇九年に完成する予定の世界最大の発電用ダムである。日本の本州の半分を呑み込むほどの全長六〇〇キロメートルにおよぶ巨大なダム湖とは、どのようなものであろうか。広大な自然が破壊され、大地がダムの底に埋没しつつあり、下流では流れがなくなり、すでにダム湖の汚染が上流からはじまっている。急斜面を削り取ったダムであるため、周囲の土砂が流出し、九八年には長江の大洪水が一帯を襲ったのだ。洪水は、五四年以来の大氾濫となって、七月以後一ヶ月以上も水が引かず、延べ二億四〇〇〇万人以上が被害に遭う空前の人災となった。死者は公表四〇〇〇人を突破したが、実際にはその一〇倍と言われる。そのため中国全土でのトウモロコシの在庫が一〇年前に比べて二割を切るまで大幅に落ち込み、農民の苦痛は極限に達した。

現在も、山崩れの危険が各地に迫っており、上流の重慶市では、移住者一〇三万人のうち、耕地を求める住民が三五万人にも達し、近隣に移住する予定だった住民には、行き場もなければ、農地もない。総工費七兆円近くで建設が進められてきたが、洪水の被害総額三兆円と合わせて一〇兆円である。これと同じ一八〇〇万キロワットの電力をまかなおうとすれば、キャプストーンのマイクロガスタービン六四万台を設置して、ほぼ一兆円ですむのである。工業化が進む中国全土の工場地帯から大気中に排出される有害物質は、人口が一〇億人だけに巨大であり、キャプストーンは中国への接触をスタートした。

タクマ、大阪ガス、東京ガスが取り組んだのは、マイクロガスタービンの唯一の欠点である高周波騒音を消すことと、熱エネルギーの有効利用であった。

超高速回転によって、数キロヘルツの高周波で発電するのがマイクロガスタービンである。キーンという高音は、一メートル離れたところでも八五デシベルなので、これを箱に閉じ込めて聞こえなくしなければならない。だが、音に無頓着な大陸国アメリカのエンジニアが、その対策をまったくとっていなかっただけであった。タクマが見事な防音処理をほどこすと、隣に立っても、発電機が回っているかどうかさえ分らないほど静かになってしまったのである。

ヴォルヴォが走り出した

「アメリカ人は、二酸化炭素に興味がないので困る」

ヨーロッパ人は、こう言って愚痴をこぼしたが、マイクロガスタービンによって現実問題を解決したのがアメリカの技術者であることは、認めざるを得なかった。

アメリカ人が開発したガスタービンを使って、そこに熱利用技術を付け加えれば、ヨーロッパ用の理想的な発電機が生まれるはずであった。

排熱をコジェネシステムとして利用する意識に関しては、日本人と比較にならないほど実績をあげてきたヨーロッパ人である。そこで、マイクロガスタービンの開発に名乗りをあげたのが、スウェーデンとスイスの多国籍企業ABBアセア・ブラウン・ボヴェリであった。一時はGEを抜いて世界最大の重電機メーカーとして君臨した会社であるから、ABBが超小型発電機に進出するというので、フランス電力がマイクロガスタービンの契約をしたと同じほどの衝撃がヨーロッパ産業界を襲った。

スウェーデン・ゼネラル・エレクトリックを意味するアセアが、エッシャー・ウィスなど精密工業界を背景に持つスイス重電機メーカーのブラウン・ボヴェリと合併してABBアセア・ブラウン・ボヴェリが誕生したのは八八年で、重電部門ではGE、ウェスティングハウス、日立製作所、東芝を抜いて当時世界最大のメーカーとなり、ただちにドイツの名門電機メーカーAEGの蒸気タービン部門と、イタリアの大手重電機メーカーのフランコ・トシを相次いで買収し、イタリア最大のアンサルドと発電施設・エンジニアリングなどの合弁会社を設立、九三年には日本の川崎重工業と発電用ガスタービン製造のための合弁会社を神戸に設立すると発表する勢いであった。

このようにもっぱら大型化を進めてきた巨人ABBだが、アメリカでマイクロガスタービンが出荷されたニュースを耳にした時、大きな異変が内部に起こった。九九年早々に、アライドシグナルの間隙をぬって新技術を開拓しようと、石川島播磨重工業とターボチャージャー製造の合弁会社を設立し、石川島播磨重工業に新型ガスタービン用の精密鋳造部品である動翼と静翼を発注したのである。

ここからABBは、二段階の複雑な戦略に出た。最初は九九年七月に、フランスの発電・原子力企業であるアルストムの発電部門を買収合併すると、主力のガスタービン・蒸気タービン部門を分離独立させて、ABBアルストム・パワーという子会社を設立した。新会社は蒸気タービンとボイラーで世界第一位、小型ガスタービンでは第二位、大型ガスタービンでは第三位という圧倒的な実力を誇り、ここまでは、相変らずの重電機メーカーらしい動きに見えたが、ABBの本当の狙いはそこにはなかった。

わずか半年後の二〇〇〇年三月に、ABBが突然、新会社ABBアルストム・パワーの保有株を、全額フランスのアルストム社に売却して、主力事業のガスタービン・蒸気タービンから完全撤退するという大転換が発表されたのである。さらに六月には、原子力部門をイギリスの核燃料公社BNFLに売却して、原発からも完全撤退してしまったのだ。

スウェーデンは人口が一〇〇〇万人に満たない国であるから、ノーベルのダイナマイト・トラスト以来、工業界が一体になって組織され、その実態は、五割がヴァーレンベリ・ファミリーの傘下にあった。ＡＢＢの資本は自動車メーカーのヴォルヴォと兄弟関係にあり、両社の合弁会社が秘かにマイクロガスタービンの開発を進めていたのだ。この会社は、九九年末にターベックと社名変更し、アライドシグナルの一歩先をゆく高性能コジェネシステムによって、一〇〇キロワット級マイクロガスタービンの製造を進めていた。

ＡＢＢアセア・ブラウン・ボヴェリ、その名は、今や重電機メーカーの片鱗さえも残さなかった。彼らが全精力を注いだのは、「風力発電」と、「マイクロガスタービン」と、デュポンと共同で進めてきた「ＰＥＭ型燃料電池」の本格的開発であった。これら未来の三大エネルギーの特長を組み合わせ、目の前の北海にある油田とガス田でも使える海上発電機を開発して、直流のまま高圧で送電するという画期的な二一世紀プロジェクトを立ち上げたのである。この直流送電法は、発明王エジソンが一〇〇年前に主流になると考えながら、ウェスティングハウスの交流に敗れて使われなかった手法である。

大変化を遂げたＡＢＢのターベック製マイクロガスタービンは、排熱利用にほとんど関心のないアメリカのメーカーと違って、最初からコジェネユニットＴ一〇〇として製作されている点で、エネルギー効率の向上をめざす日本とヨーロッパで普及するのに有望と見られた。これを試験的に導入した東京ガスによる評価は、「自動車メーカーのヴォルヴォのエンジニアが主体になっているので、ハイブリッドエンジンの技術を駆使した心臓部が高性能で、しっかりしたつくりである」と、かなり高かった。

アメリカの二社、ハネウェルとキャプストーンが先頭を独走態勢でリードしていると言われてきたが、伏兵として、九七年以来一万時間の運転実績を持つターベックが登場して、レースは混沌としてきた。ヨーロッパでは、これを独立系発電業者が導入して、広範なコジェネシステムに応用してゆくと見られた。ドイツでは、キャプストーンのパートナーとしてガス・エネルギー・テクニック社が組み、イギリスでも、ブリティッシュ・ガスの子会社BGテクノロジーズが、キャプストーンのマイクロガスタービンをコジェネパッケージ〝ミニジェン〟として発売し、実証テストがきわめて良好な成果を収めたのだ。

こうしたエネルギー革命を進めるヨーロッパの関係者が真剣に議論していたのは、原発が生み出す放射性物質の深刻さと、地球のエネルギー資源の問題であった。ヨーロッパにおける自然保護運動の出発点は、自然界と人間生活を脅かす危険性を取り除くことにあった。その第一が、ロシア副首相が二〇〇〇年四月に発表したように、八六年のチェルノブイリ原発事故の処理にあたった作業員八六万人のうち、実に五万五〇〇〇人以上がこれまでに死亡し、残る生存者も八七%が発病しているという事実で明らかになった、とてつもない放射能の脅威からの脱却であった。しかも膨大な数の子供たちが、現在もなお次々と白血病と甲状腺癌のために死亡しつつある。その原発廃絶運動の次の段階として、化石燃料が生み出す有害物質へと、議論が進んできた。したがって、「二酸化炭素を出さない原発は温暖化対策に有効である」などと、放射能の危険性を語らない本末転倒の意見は、そもそもヨーロッパではまったく通用しなかった。

原発を廃絶するとともに、石油、石炭、天然ガスの地下資源を長く使えるような社会的システムを確立することは、二一世紀を迎えた現代人が早急に解決しなければならない重要な課題である。すべてのエネルギー資源は、最後には熱という形で捨てられるので、排熱量を減らすことは、将来の世代に残さなければならない地下資源の節約という大目標を達成することになる。

ヨーロッパの海洋気象・生物学者とエネルギー企業の主役を演じるエンジニアたちは、さらに一歩踏み込んで、次のような姿勢で新エネルギーの燃料電池とマイクロガスタービンの開発に取り組んだ。

「産業構造上、有害物の排出量を減らすことは、同時に二酸化炭素の排出量を減らす。結果としては同じように見えるが、これまでの議論では、排熱を減らす必要性を論じていない。そのため、イギリスやフランスの原子力産業は、原子炉のように危険性が高く、しかも大きな排熱源が、あたかも地球環境を守るかのごとき偽善的説明を口にする。これは許しがたい」と指摘されているのだ。

日本においても、原発周辺で漁民が磯焼けと呼ぶ深刻な自然破壊が進行しながら、二酸化炭素による温室効果説では無視され、論じられもしない。ところが二〇〇〇年八月二七日、原子力発電を推進してきた通産省・資源エネルギー庁が、ついにその事実を以下のように公式に認めた。

㈠　原子力発電所や火力発電所が建設されると、埋め立てによって魚の産卵の場だった植物が失われる。

㈡　発電所が発電用に海水を取り入れたあと、水を再び排出するため、周辺の潮の流れが変りやすい。

㈢　発電所の排水は海水より温かいため、発電所から半径一〜一〇キロメートル前後の海域で、水温が一〜五度上昇する。

このような温排水の作用によって、生態系が崩れ、魚が減るといった弊害が出ている。そこで資源エネルギー庁は、発電所周辺の海域の防波堤の配置や人工磯など、さまざまな対策を打ち出したのだが、エネルギーが排熱として捨てられるという問題は、防波堤では何も解決しない致命的欠陥である。しかも彼らが第一項に挙げた説明は、間違いであった。魚の産卵の場だった植物が失われるのは、埋め立てだけによるのではない。第三項で指摘している排熱によって、海藻類が死滅するのである。

こうした事実については、すでに七〇年代にＯＥＣＤ（経済協力開発機構）が警告を発した通り、日本全国の原発のまわりで、海藻が消失して、ウニなどが消えてゆき、真っ白な無生物の死の浜がつくられているのである。海水温度の上昇は、クラゲの大量発生によって、沿岸漁業に大きな打撃も与えている。この現実にほとんど目を向けず、議論もせずに無害な二酸化炭素を問題にするのは、奇怪きわまりないえせ自然保護論であったのだ。

マイエレキの時代がやってきた

エジソンとウェスティングハウスによって本格的な発電所が建設されて以来、世界は過去一〇〇年間、ひたすら大型発電所による集中化を進め、それによって発電効率を高めようとしてきたが、二一世紀から逆の時代を迎えることになる。それぞれ電気を使用する場所に小型・中型の発電機を設置し、最終的には家庭に一台ずつ発電機を持つ。マイカーと同じように、マイエレキの時代がやってきたのである。あちこちに発電機が置かれるので、これを分散型電源と呼んでいる。

マイエレキと言っても、その新製品が別の大量消費と公害を促すのではないか、という危惧がある。現在でも分散型電源は、停電に備えた非常用の予備発電機や、災害現地用のポータブル発電機として使われているが、それらは往復運動を利用したレシプロエンジンで、排気ガスが多いなど数々の問題を抱えている。よほどエネルギー効率が高くなければ、これまでの発電所のほうがよいということになり、不細工なマイエレキが大量に分散すれば、社会全体ではマイナスになる。

ところが、二〇世紀末に誕生したマイクロガスタービンの試作機を使ってみると、これまでの発電機では到底およばないクリーンな排気と、ほぼ二倍のエネルギー効率を実現できることが分り、アメリカとヨーロッパを中心に量産と市販という本格的なエネルギー革命に踏み出したのである。

　これまでの発電法と新エネルギー技術を、全エネルギーの利用率で比較すると、その差が歴然としていた。排熱量は、GEなどの重電機メーカーが開発したガス・コンバインドサイクルを含めて比較すると、次の結果となる。

	〈電力〉	〈捨てられる熱〉	〈エネルギー利用の特徴〉
原子力・旧式火力	三三%	六七%	蒸気タービンのみ
新型火力	四〇%	六〇%	蒸気タービンのみ
コンバインドサイクル	五〇%	五〇%	蒸気・ガスタービン併用
マイクロガスタービン	八〇%	二〇%	コジェネ、ガスタービン利用
燃料電池	八〇%	二〇%	コジェネ、電気化学反応利用

　このように、原発では発電によるエネルギー利用効率がほぼ三三%であるため、残り六七%、つまり使う量の二倍という膨大なエネルギーが排熱となって捨てられてきた。ずっと昔の火力もほぼ同じだったが、現在の火力はこれが四〇%に向上した。それでも六〇%の熱を捨てることに変りはない。この三〇~四〇%の電力だけで、照明から動力、エレクトロニクス機器、冷暖房、給湯までまかなってきた効率の悪いエネルギー業界である。その原因は、発電所と消費者が遠く離れているため、発電所で発生する熱を利用できないところにあった。

　マイクロガスタービンや燃料電池を使えば、電気を使う場所で発電するので、排熱の大部分を使えるようになる。電力で照明、動力、エレクトロニクス機器を動かし、排熱で冷暖房と給湯をおこなう効率的なシステムになる。その結果、家庭では冷暖房用のエアコンと、バスルームとキッチンの給湯設備がいらなくなってしまう。それによって、エネルギー消費量を半分以下に減らすことができるのである。

電気のほかに熱を有効利用するコジェネによって、発生したエネルギーの八〇％を使えるようになれば、エネルギー一〇〇を得るために必要な燃料は、次のようになるからである。

（消費エネルギー）＝（必要な消費燃料）×（エネルギー効率）

従来法　一〇〇 ＝ 三〇三 × 〇・三三

コジェネ　一〇〇 ＝ 一二五 × 〇・八〇

同じエネルギーを消費するのに必要な燃料が、一二五÷三〇三＝四一％となり、これまでの四割の燃料で、同じ量のエネルギーを生産できる。

これを言い換えると、原油と天然ガスの価格が暴騰するなかで、これまでの四割の燃料コストで、必要量のエネルギーが生まれる。また、同じ仕事量のために過去に排出していたガスと排熱を六割減少させることができる、という意味でもある。バラードを筆頭に、ノースウェスト・パワー、ハネウェル、キャプストーン、ターベックなど世界中の技術陣が続々と生み出す開発製品は、資源節約と、低コストと、環境回復の三つの効果をもたらす。

従来のコジェネは、東京の新宿高層ビル街などで使われてきたように、一定の地域を対象にし、相当に広範囲のスチーム配管を必要とし、共同社会的な協力関係がなければ実現できないためか、それとも国民性によるものか、日本ではコジェネの普及がアメリカやヨーロッパに比べて、著しく遅れていた。それでも、九八年度末までの日本の都市ガス型コジェネの普及率は一〇三〇件を記録し、大型原発ほぼ二基分の一八〇万キロワットにも達するまでになった。また二〇〇〇年四月には、奈良ワシントンホテルプラザがＪＲ奈良駅前にオープンし、日本で初めて一〇キロワットを切る九・八キロワットの小型で効率のよい天然ガス・コジェネシステムが性能を発揮し、注目を集めた。

エネルギー効率の面でも、二〇〇〇年六月に、大阪ガスが日産ディーゼル工業のガスエンジンを使って開発したコジェネシステムでは、二一〇キロワットで八七・五%の総合効率を達成した。捨てられた熱量が、わずかに一二・五%というところまできたのである。

マイクロガスタービンは、マンション一棟ぐらいの規模でも、ひとつの建物の内部で完結するシステムなので、こうしたコジェネシステムが小型で簡単に設置可能になる。産業界ではオフィスや工場、ホテルにも使え、学校や公民館サイズにも適している。

大型の集中発電所と、これから普及する分散型電源を比較すると、四つの点で、その優劣がはっきりする。

第一がいま述べた熱エネルギーの利用率と資源の消費量

第二が経済性

第三が送電線で電気を送るためのエネルギーロス

第四が自然破壊、である。

第二の経済性は、とりわけ日本で進められてきた原子力発電所の場合に顕著である。危険であるという理由から都市部には建設しないという方針のもとに、最も送電ロスが大きくなる遠隔地の発電所から、大消費地の東京・横浜、大阪、名古屋、博多、仙台などへ向けて送電するシステムとなっている。またそのような事情から、原発現地には、地域振興の名目で巨額の税金を投入しなければならないので、国家的な電力コストの大きな上昇要因となってきた。

危険を負担する地元では、推進・反対をめぐって住民が二分され、建設を進めるために国民から消費税（電源開発促進税）を徴収して電気料金に上乗せし、それを建設地に配分しながら、なお地域の振興がますます遅滞するという不条理な結果を導いてきた。九七年に世界最大の原発基地とな

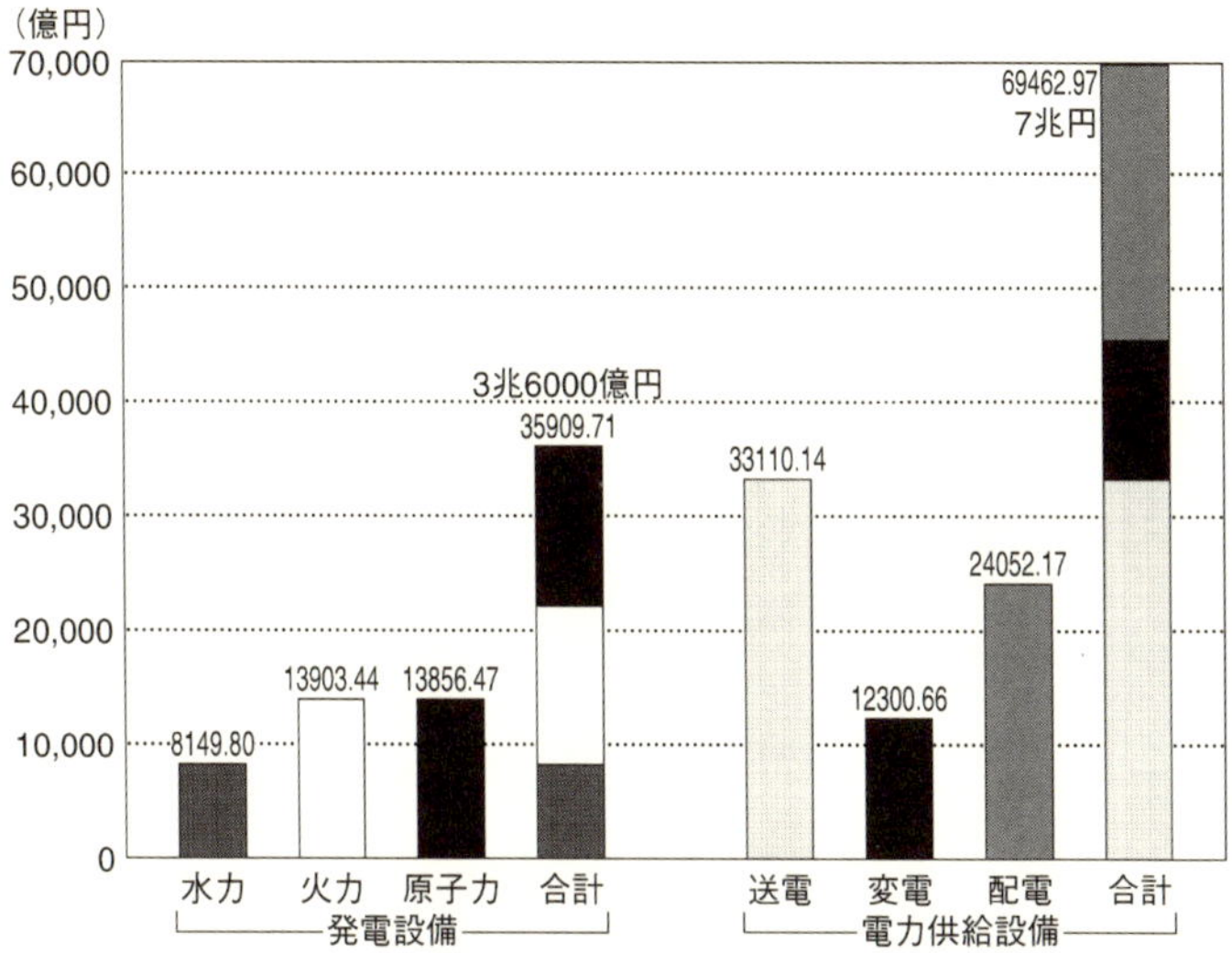

図3　東京電力の固定資産（2000年3月31日現在）

り、活性化するはずだった新潟県柏崎市は深刻である。二〇〇〇年三月末で、県内で人口の減少が最も大きかった市部が柏崎市となり、過去一〇年間で最低という八万七〇七八人まで落ち込んだ。また町村部で人口の減少が最も大きかったのが、巻町だった。いずれも運転中と計画中の原発を抱える土地なので、明らかに悪影響が出ているのである。

このように遠隔地から電力を送る日本の送電系統は、発電所で電気を起こし→変電所で〔五〇万V〕に昇圧し、送電ロスを減らして送電→消費地近くの変電所で〔二七万V〕に降圧→〔一五万V〕→〔六〜二万V〕→町内の送電線〔六〇〇〇V〕→ビルなどに給電→電柱の変圧器で〔一〇〇V〕→家庭に給電、という何段階もの仕組みになっている。ほとんど知られないが、この送電・配電・給電のために必要な施設は、図3に示すように、原発を含めたすべての発電所の二倍という巨額の資本を投下して建設され、電気料金の巨大な部分を食ってきたのである。

この発電所と送電・配電・給電施設に要するコストだけで、それぞれのビルや家庭に、マイクロガスタービンや燃料電池を普及できるのだ。日本の代表的実例では、パソコンのプリンター業界を席捲するセイコーエプソンで、水晶デバイスの生産拠点となってきた長野県の伊那事業所がある。ここでは、二〇〇〇年二月から液化天然ガス（LNG）を使ったリン酸型燃料電池二台で四〇〇キロワットの発電を開始したが、二〇〇一年度中にさらに二台を増設して八〇〇キロワットにすることを決定した。この経費はおよそ六億円だが、電力会社から電力を購入するには「特別高圧受電設備」の設置が必要で、五億円の設備投資が必要となる。燃料電池を使えば、煙突のない工場に生まれ変ると同時に、排熱で工場内のボイラーが不要になって長期的にコストダウンができるので、燃料電池を増設することになったのである。

発電機を買い込んだ上、消費者側の設備コストの計算でこれだけの差益が出るなら、電力会社側の前記コスト（日本全体でほぼ三〇兆円）は、すべて国民と企業に還元される道理である。

第三の送電中のエネルギーロスによって失われる電力は、膨大な量に達する。九九年にロスは五％まで下がったとされるが、これは火力も含めた平均値であり、柏崎・福島・若狭などの原発から送電される途中のエネルギーロスは一〇％に達していた。柏崎原発を抱える新潟県では、日本全体のわずか〇・三七％しか原発の電力を消費しないからである。同様に、福島県では〇・三〇％、福井県では一・〇八％の消費量である。まして〇・一八％と、ほとんどゼロ消費の青森県で計画されている巨大原発基地・東通《ひがしどおり》原発や大間《おおま》原発では、首都圏・東京までの六〇〇キロメートルの長距離送電で二〇％の電力ロスになる。原発の出力は、柏崎が八二一万キロワット、福島が九〇九万キロワット、若狭が一一二八万キロワットもあり、全国の原発の出力合計四五〇〇万キロワットの一割が送電線で失われるとすれば、四五〇万キロワットと巨大である。

そこで第四の問題が起こる。この電力ロスを小さくするため、一〇〇万ボルト送電という超高圧の建設が進められ、各地で電磁波障害を起こし、多くの反対運動が起こっている。二〇〇〇年九月の台風では、熊本県の不知火《しらぬい》で、五〇万ボルト用の巨大送電線の鉄塔が連続倒壊するなど、野生生物の世界に自然破壊の大きな問題を起こしているのだ。これはすべて、遠隔地に大型発電所を建設するために生じる問題である。

また最近では、四国で送電線の鉄塔ボルトが何者かによって抜かれて倒壊し、自衛隊機の墜落で東京都内の広域停電が起こり、若狭原発の異常で、関西電力管内に大停電が起こった。二〇〇〇年九月の台風一四号では、秋雨前線と重なって東海地方に集中豪雨が発生すると、名古屋市で新川の堤防が決壊して市内が大洪水となったが、一五万世帯に避難勧告が出された被災地では、変電所が浸水して停電になり、新幹線が五万人を乗せたまま立ち往生し、乗客は長時間にわたって車中泊を強いられた。このような被災地にマイクロガスタービンや燃料電池が普及していれば、地震・噴火などの災害時にも、住民は家庭の電灯をともすことができ、早い救済が可能になるのである。雨ざらしで使えるマイクロガスタービンは、災害時に特に大きな威力を発揮する。

しかし、このような結構ずくめのストーリーだけで話が終るのであろうか。そうではなかった。消費者が恩恵を受ける未来とは、冷暖房用のエアコンを売りまくってきた全世界の家電メーカーにとって、存亡の危機が目前に迫ってきたことを意味したのである。マイクロガスタービンと燃料電池が普及する時代には、誰もエアコンを買わなくなる。電力会社も、大量の消費者を根こそぎマイクロガスタービンと燃料電池に奪われるおそれがある。工業界がこの開発レースに乗り遅れれば、将来売る製品がなくなるのだ。

こうして大手ガス会社も、このシステムを導入し、天然ガスを使う都市ガスの消費拡大によって、社会的なエネルギー効率の上昇を図る積極的な活動に入った。ABBほどの巨大メーカーが、原発と大型発電機から、マイクロガスタービンと燃料電池に転身を図ったのは、ヨーロッパにおけるエネルギー論の将来を読めば、資本主義のビジネス原理として当然とらなければならない行動だったのである。

ハネウェルとキャプストーンを追う日本のエンジニア

果たして、日本の工業界を動かすエンジニアたちは、これほどの地球規模の変革を目にして、座視したまま従来の発電業界に依存し、生きてゆけるのか。

そのように惰性的な将来は、今後はあり得ないので、いっせいに、日本全土の工業界が技術者を結集して、数百を数えるメーカー各社内に研究開発部門が組織されはじめた。二〇〇〇年三月に大口電力が自由化されることによって、世界最大のエネルギー企業エンロンを筆頭に、石油メジャーが日本の電力市場に参入し、日本の電力会社が苦境に立たされることは火を見るより明らかだったからである。

それこそが、アメリカ政府の意向であった。これまでエレクトロニクスと自動車で、日本の産業界の改良テクノロジーに圧倒されてきた分野を静かに逆転しながら、エネルギーという基幹産業に進出する絶好のチャンスが、バラードを軸としたカリフォルニア州燃料電池パートナーシップの成功にあるはずだった。日本の技術者が開拓していない燃料電池とマイクロガスタービンという武器は、必ずや消費者の心をつかんで、自由な電力市場の独占を可能にするであろう。

そう噂される二〇〇〇年九月一日、アメリカ通商代表部のシャーリーン・バーシェフスキー代表の夫エドワード・コーエン弁護士が、本田技研工業のアメリカ法人「ホンダ・ノース・アメリカ」のワシントン駐在の副社長に就任した（本田技研工業の社名は、二〇〇一年一月からホンダと変るので、以後ホンダに統一する。なお登記上の社名は変らない）。しかもその本社は、ゼロ・エミッションで焦点となっているカリフォルニア州にあった。コーエンは八〇年代末からアメリカ政府との規制関係問題を扱うホンダの弁護士をつとめていたが、クリントン政権発足後、内務省の法律顧問副代表として政府の仕事をしてきた。それが突如、新エネルギーに関わる自動車業界への本格的転身を図ったのだ。この就任後、夫婦とも利権に関知しないポストにつくと釈明したが、対日自動車交渉を取り仕切ってきたバーシェフスキー代表の強硬な言動の裏にあった個人的動機が、ここに露顕したのである。

続いて月末の九月二八日、ホンダが燃料電池カーとして三作目の試作車ＦＣＸ―Ｖ３を公開した。これに使われた燃料電池スタックはバラード製で、燃料には高圧水素を用いていた。最高時速は一年前に発表した試作車と同じ一三〇キロメートルだが、一回の燃料補給での走行距離は一八〇キロメートルに伸び、バッテリーの代りにコンデンサーを使って加速性能を高め、エンジンの起動時間を一〇分から一〇秒に短縮するという飛躍的な性能向上を実証した。そして一一月から、カリフォルニア州での走行テストを開始するという段取りになっていたのだ。

国際的な感覚にすぐれた〝ホンダ〟が、このカリフォルニア市場で成功すれば、日本の燃料電池市場に朗報をもたらすことは確実だった。産業界では、偏狭なナショナリズムより重要なのは、この地球上で何が一番すぐれているか、という議論であった。

「マイクロガスタービンと燃料電池のエネルギー効率は高い」と宣伝されてきたが、日本のエンジニアが最初に突き当たった壁は、効率の看板に偽りはないのかという疑問であった。マイクロガスタービン本体の発電効率は、ほとんどのメーカーのものが、約三〇％にとどまっているのである。第一にこれを四〇％に高め、第二に残りの排熱エネルギーのうち四〇％を有効利用できなければ、宣伝文句の八〇％という総合効率には達しないはずである。そうでなければ、電気三〇％に排熱五〇％を利用するほか手はなかったが、それには、常時大量の熱を使う場所が必要になる。

第一の発電効率は、タービンの羽根をセラミック化することによって高温での燃焼が可能になり、効率を四〇％まで高められるので、セラミック技術では世界トップの日本に熱い期待が寄せられた。すでに川崎重工業は、セラミックの第一人者である京セラと提携して、住友精密工業の熱交換器を使って三〇〇キロワット級セラミック・ガスタービンで世界最高の熱効率四二％を九九年初めに達成し、マイクロガスタービン用として応用可能な技術を開発していた。しかも川崎重工業は、太陽光発電とガスタービンを組み合わせたコジェネシステムを完成し、東京本社があるJR浜松町駅前の世界貿易センタービルに二〇〇一年二月に設置する受注契約を結んだ。川崎重工業が提携を強化したABBが「風力と新エネルギー」を組み合わせた知恵に倣って、「太陽光と新エネルギー」を組み合わせることによって、八〇キロワットの能力を持つこの装置が総合エネルギー効率を高める。このコンビネーションは、世界初の実用化の成功であった。

発電効率は、セラミックの利用だけでなく、電磁気学的にも向上させる余地がある。マイクロガスタービンのような高周波領域でのエネルギー損失を減らすには、磁気特性の高い磁性材料を使えばよいからである。国内の鉄鋼需要低迷のため、過剰設備に苦しんできたNKK（日本鋼管）が、マイクロガスタービン用に高い効率を生み出す磁性材料NKスーパーEコアとHFコアを開発したのはそのためであった。そして、「電力会社による大規模集中発電は限界である」と明言し、二〇〇〇年に入って、川崎市の京浜製鉄所にある四〇万キロワットの自家発電設備で余った電力を、近隣の企業に供給する電力小売り事業のプロジェクトを立ちあげた。これは、電力会社に卸売りする独立系発電業者IPPとは異なり、電力を直接に小売りする日本で初めてのケースであった。しかも三月に、それを可能にする大口電力自由化がスタートすると、六月には、電力小売り参入を表明した三菱商事に対して、電力を供給することで基本合意した。

その歴史的な成果が、八月一〇日に電力業界を襲った。その日、通産省が本省ビルを対象に、中央省庁として三月の自由化以来初めての電力入札をおこない、ダイヤモンドパワーが、東京電力の年間電気料金を四%も下回る二億七九四五万円で落札したのである。同時に入札した東京電力は、価格を下げるとほかの顧客から値下げ要求が出るため、下げるに下げられずに敗れ、電気料金の高さが証明されたのだ。

このダイヤモンドパワーこそ、NKKから電力の供給を受けた三菱商事が一〇〇%出資で設立した電力小売り会社で、八月に入って東京駅周辺の三菱地所のビル八棟などに電力小売りをスタートしていた。しかも前述の、大阪ガスが八七・五%のコジェネシステムに成功した高度技術の蔭にも、このNKKグループがいたのである。大口電力自由化とは、単なる発電ビジネスの市場開放ではなく、こうした新エネルギー開発を意味する出来事であった。

したがって発電効率の向上は、もはや時間の問題であった。ところがこれが、次の難問に関わってきた。

第二の熱利用は、エンジニアにとってかなり苦しい壁だったからである。台所で料理をして風呂に毎日入る家族もあれば、料理もしなければ風呂にも入らない無精な独り者もいる。両者は、熱の使い方がまるで違うからである。コジェネの効果を謳うには、ユーザーがお湯や冷暖房で排熱を充分に利用しなければならないので、それができないとなれば過大な評価はできないのだ。大きな電力が消費される肝心の夏場に、無精な独り者にも熱を利用させるのは不可能だ、という重大問題があった。

一年中お湯をたくさん使う病院やホテルには向いている。が、オフィスのように夏場に熱を嫌う場所では、燃料電池やマイクロガスタービンの熱を、温める目的ではなく、逆に冷やす目的に使うことが必要だ。夏場の冷房用に利用できるよう、吸熱式冷凍機を併用して、その効果を高めなければならないのである。真夏の電力消費ピーク時には、電力の四割がクーラーに食われているからである。無精な独り者に熱利用のクーラーを使わせるにはどうすればよいか。

熱を使って冷やすには、ある程度大きな熱が出ないと、大量に普及している電気式の冷房にはコストで勝てない。大相撲の蔵前国技館への導入を皮切りに、帝国ホテル、警視庁本部庁舎、東京ドーム、長野オリンピック記念アリーナ・エムウェーブのほか、倉庫などの冷凍庫分野にかなり普及してきたのは、いずれも大きな出力の吸熱式冷凍機である。家庭に普及した小型クーラーの分野では、ことは容易ではなかった。

吸熱式冷凍機とは、フロンなどを使わず、昔からあるアンモニアを使った冷蔵庫と同じ冷却原理を応用したクーラーで、無害な臭化リチウムによって冷やす方法を主流としている。臭化リチウムの水溶液から「熱」によって水を蒸発させる→水蒸気を凝縮して水に戻す→もう一度水が蒸発するときに気化熱を奪って冷やす→最後に水蒸気を臭化リチウム水溶液に吸収させて戻す、というサイクルである。このメカニズムが、小型クーラーに利用できるコストになれば、冷房用エアコンが大量普及して夏場の電気を消費している日本で、クーラーのコジェネ革命が本格化するであろう。このコスト問題が、量産によって解決されることが望まれた。

吸熱式冷凍機のメーカーには、荏原製作所、石川島播磨重工業、タクマ、三洋電機（空調部門を独立した三洋電機空調）、クボタなどがあり、東京ガスは、温水投入型の吸収式冷凍機〝ジェネリンク〟をコジェネシステムに利用する技術を持っていた。そうしたところ、二〇〇〇年六月、日本製鋼所がキャプストーンと共同で、二八キロワット型マイクロガスタービンに「水素吸蔵合金を使った冷凍機」を組み合わせ、コジェネシステムを開発して分散型電源ビジネスに参入する方針を表明したのである。冷凍や冷蔵の需要が大きいレストランやホテル、病院、倉庫などをターゲットに、排熱を使って、マイナス一〇℃〜プラス八〇℃の広い温度範囲に使えるというのだから、これでマイクロガスタービンの冷房・冷蔵分野が大きく広がる可能性が高まった。すでに日本製鋼所は冷凍機を組み合わせたコジェネの試作機を開発ずみで、エネルギー効率七〇％が可能と発表した。

また、コジェネでは熱と電気の両方が得られることから、一般にその効率を足し算して表わすが、実際には、熱エネルギーと電気エネルギーは性格が異なるので、単純に足し算するのは間違いである。家庭などで電気から熱を利用する場合は、発電所の熱→電気→送電ロス→熱という使い方をしているのでロスが大きく、マイクロガスタービンや燃料電池で直接に熱利用すれば、はるかに効率が高くなる。

冷蔵・冷凍への熱エネルギー利用が広がることによって救われるのが、コンビニ〜スーパー〜デパート業界であった。コンビニエンスストア業界のビッグ3であるセブン－イレブン・ジャパン、ローソン、ファミリーマートのいずれも、デパートなどに比べて売上げが特別悪いわけではないが、二〇〇〇年には株価が低迷して、大型小売り店業界から商社に至るまで、経営に悪影響が出ていた。

というのは、三菱商事は、ローソンに一七〇〇億円を投じ、スーパーのジャスコ、ライフコーポレーションとも提携していた。伊藤忠商事は借金までして一三五〇億円でファミリーマート株を取得し、七五億円を出資して西武百貨店と提携していた。住友商事はスーパーの西友とマミーマートの筆頭株主となり、一〇〇%子会社のサミットを抱え、丸紅は九四年にスーパーのダイエーと包括的な業務提携を結んでいたからである。しかもこの四社はいずれも、マイクロガスタービンの販売に進出した商社であった。ダイヤモンドパワーを設立して電力小売りに参入した三菱商事は、キャプストーン社製のマイクロガスタービンを購入してグループ内の三菱電機に納入し、エネルギー効率七六%以上のコジェネシステムとして販売する態勢に入ったところであった。

住友商事も三月に、キャプストーンのマイクロガスタービン発電装置の国内販売代理権を明電舎と共に取得した。七月には伊藤忠が、キャプストーンのマイクロガスタービン輸入・販売代理店であるアクティブパワーに資本参加し、取引先へのマイクロガスタービン販売に乗り出したのだ。さらに三井物産も、イギリスのボーマン・パワー・システムズのマイクロガスタービン導入に踏み出し、残る丸紅はABBと共同で海外発電プラントを展開し、すでに風力と水力に進出していたが、九月には、昭和シェル石油およびオリックスと合弁でキャプストーンのマイクロガスタービンを使った電力小売り会社オンサイトパワーを設立することを発表した。丸紅連合は、東京電力より一割安い価格で電力販売をおこなうという計画であった。

これら五大商社は、大手デパートそごうの経営破綻と、ローソンの全株を売却しなければならない窮地に追い詰められたダイエーに敏感にならざるを得なかった。スーパー最大手のダイエーが二月末に二兆八〇〇〇億円という巨額の負債で経営危機に陥ってローソン株の売却を余儀なくされ、トップの座から落ちて一〇月に中内功会長辞任という状況を目の当たりにして、冷蔵・冷凍の電力消費が大きいスーパー、コンビニ、デパートへのマイクロガスタービンの設置と、冷却エネルギーの有効利用を急ぐ必要があった。ものが売れない時期には、出費を大幅に圧縮しなければならないからである。かくして一一月一日から、三菱系のダイヤモンドパワーがダイエーや高島屋などに電力会社より安い料金で電力販売を開始し、首都圏のオフィスビルや大型店舗への小売りを強化する方針を打ち出した。日本マクドナルドも、東京ガスの技術を使って、二〇〇一年一月からキャプストーン製マイクロガスタービンのコジェネシステムを導入することになった。

一方、自然エネルギーを活用することによって、大幅な省電力化を実現する産業用冷水供給システムが、オリオン機械によって開発された。これは水の蒸発潜熱と外気温度を利用したもので、従来のシステムに比べて、省電力化六〇％を達成し、季節によっては九〇％もの省電力化が可能になる製品である。

こうした開発の主力は、タクマ、明電舎、オリオン機械、三浦工業、クボタ、東洋ラジエーターなど、日本の工業を支えてきた中堅企業にある。三菱商事・三菱電機グループが発売したキャプストーンのコジェネシステムで、排熱を回収する温水ボイラーを製作したのは、愛媛県松山市にある日本トップクラスの三浦工業だった。が、皮肉にも東京ガスと石川島播磨重工業で納品テストをしたそのライバルのアライド（ハネウェル）製マイクロガスタービンのボイラー部分を製造したのも、同じ三浦工業であった。

三浦工業は、一九二七年（昭和二年）に精米機の製造販売会社として設立され、戦後五九年に全自動制御のZボイラーを開発して、日本でトップクラスのボイラーメーカーとなった。現在ベンチャーと呼ばれる企業の先駆けである。ガス燃焼でエネルギー効率九六％という高性能ボイラーのほか、医療用の滅菌装置などの製造も含めて、熱処理と熱制御にすぐれた技術を持っていた。〇℃以下でも凍らない過冷却水を製造する特殊技術は、食品業界での食品の鮮度維持などに活用されてきたが、地元松山の優良企業として知られ、先年この世を去った三浦保社長は多才な粋人であったと言われる。ボイラーで湯をわかすだけでなく、お茶会にも自作の雅味ある抹茶碗を出品して評判となるほど、茶の湯をわかす心の持ち主だったからである。畳大もある大作の陶板画をニューヨークで制作し、松山本社に隣接する美術館には、彼の作品が展示されているほどである。

吸熱式冷凍機のメーカー荏原製作所も、燃料電池の開発でバラードと提携する一方、マイクロガスタービンの製造にも着手して、大いに注目される中堅企業であった。しかしこの会社は、手放しで礼讃できない重大問題を数々起こした。荏原が製造した東京電力・福島第二原発三号機の再循環ポンプが八九年一月に破壊し、メルトダウンに至る大事故をかろうじて免れたのである。さらに自治体からのゴミ焼却炉の受注をめぐって九九年に談合が発覚、公正取引委員会から独占禁止法違反で勧告を受けると、翌二〇〇〇年三月には、バラードとの技術開発を進める神奈川県藤沢工場がダイオキシン汚染を起こしたからである。

環境庁の発表によれば、藤沢市が実施した測定によって、その藤沢工場近くの引地《ひきじ》川の水一リットル当たり最高で八一〇〇ピコグラム、つまり環境基準一ピコグラムの八一〇〇倍という超高濃度のダイオキシン類が検出された（ピコは一兆分の一）。過去最高は九八年に三重県津市の岩田川で検出された二五ピコグラムだったので、それをはるかにしのぐ最悪の汚染となった。しかも荏原は、焼却炉の排出管を浄化施設を通さずに、雨水用排水管に直接つないでいたため、七年近くダイオキシンを川に放流していた。荏原は、ゼロ・エミッションの環境技術を売り物にする会社だが、これをゼロ・エミッションとは言えまい。焼却炉の大メーカーが、自社で製造した工場内焼却炉で廃プラスチックを燃やしてダイオキシンが発生したため、その一部が排水に流れ込んだのである。したがって言われるような「配管の単純な接続ミス」という話ではなく、ダイオキシンを発生する焼却炉を使用していたという、あってはならない低水準の技術が原因であった。

一方で、荏原が以下のような数々のすぐれた技術開発を進める企業でもあることは、読者に『ジキル博士とハイド氏』の二重人格物語を想起させるに違いない。これらの研究開発の内実を追跡して浮かびあがるのは、一企業を構成する担当部門と社員がみな異なる性格を持っているという事実である。マイクロガスタービンのコジェネシステムと燃料電池を開発する三菱電機が、火災発生を承知で欠陥テレビを回収せず、ダイムラークライスラーと提携して窮地を脱するかと期待された三菱自動車工業が、欠陥自動車をリコールせずに販売し続けたように、社会に害毒をおよぼす劣悪な技術モラルと、理想を求める高度な技術が、工業界のみならずほとんどの同一企業内部に共存しているのである。アメリカやヨーロッパがいっせいに原子力産業から離れて無公害技術に走りはじめたように、この前者から後者への動きを加速するのが、エネルギー革命の動機とならなければ、ほとんど意味もないことだ。荏原の場合は、悪評高いゴミ焼却炉の担当部門と、期待される燃料電池・マイクロガスタービンの担当部門が、重なり合ってくるのである。

彼らの実績は記録され、いずれが本物であったか、後世に評価されるであろう。

ペンシルヴァニア州ジュネット市に本社を置くエリオット社は、従業員二〇〇〇人規模で、石油・ガス関連の大型コンプレッサーや蒸気タービンで世界的に屈指のメーカーだが、荏原は六八年という早期に同社から技術を導入し、九六年から東京電力向けの独立発電事業に入札した。ちょうどその年に、バラードと提携して合弁会社バラード・ジェネレーション・システムズ（バラードＧＳ）を設立し、発電用大型燃料電池の開発をスタートしたのである。したがって荏原の自家発電は、「エリオットのガスタービン」と「バラードの燃料電池」という二本の柱によって成立するシナリオであり、いずれも日本国内でブームになる前に技術を導入したことは、かなり先見の明のある戦略であった。

この提携はバラード側にとっても重要な戦略で、荏原の吸熱冷凍機と組み合わせた燃料電池のコジェネシステムを完成し、エネルギー効率を大幅に高めることに狙いがあった。二年後の九八年には荏原バラードが設立され、日本国内でのバラードの発電用PEM型燃料電池の独占販売権を荏原が取得し、「二〇〇〇年に出力二五〇キロワットの燃料電池システムの実用テストを開始し、二〇〇三年には市販する」という計画が発表された。

さらに翌九九年一一月には、日本のエネルギー業界を変革させる決定的な動きが起こった。この実用テストに通信の巨人NTTが参加し、共同でテストを実施することに合意すると、その運転に、バラードと提携した東京ガスが参加することになったのである。燃料電池メーカー＋燃料供給会社＋コジェネ専門家＋最大の電力需要家の組み合わせであるから、これ以上はないという強力な技術連合が組織されたのだ。時まさに、バラード会長フィロッ・ラスールが、燃料電池開発リーダーであるダイムラークライスラー副社長のフェルディナンド・パニクと共に来日し、東京の六本木・全日空ホテルで燃料電池シンポジウムを開催する直前のことであった。

一一月末のシンポジウム会場は、一〇〇〇人の産業人、報道陣で埋め尽くされた。詳細な技術紹介のあと、「失敗すればユーザーが離れてしまうので、完璧な製品が完成してから初めて市場に出したい。そのためにはたとえ計画が遅れても、われわれは充分に時間をかける。最終的には、ゴミから燃料の水素などを抽出する技術を完成する目標を持っており、すでにその研究に取り組んでいる」といったプランが、次々と語られた。

その後、荏原は、二〇〇〇年七月にバラードGSへの出資比率を二倍に高めると、これまで進めてきた大型発電用ではなく、NTT、東京ガスと組んで家庭用燃料電池の一キロワット製品に主軸を移し、商品として二〇〇四年に市販する方針を明らかにした。また、二〇〇一年春までに、北海道・苫小牧《とまこまい》市の下水処理施設に燃料電池を設置し、下水の汚泥から発生するガスを燃料にして発電するシステムを、世界で初めて実用規模で実施するプロジェクトも立ちあげた。

この燃料電池プロジェクトを進める一方で、荏原は提携先のエリオットに対する持ち株比率を年々高めてゆき、二〇〇〇年二月までにエリオットを一〇〇%の完全子会社化すると、五月には新会社の荏原マイクロガスタービンを東京・蒲田に設立した。アライドシグナル（ハネウェル）とキャプストーンのマイクロガスタービンが急速にマスメディアをにぎわしはじめ、予想をはるかに超えてエリオットの技術が有望となってきたからである。

エリオット製マイクロガスタービンは、ハネウェルやキャプストーンの製品と異なって軸受けに潤滑油を使うが、ギアボックスなしで一分間に一一万六〇〇〇回という高速で回転させながら、そのまま発電する高周波発電を看板にしていた。窒素酸化物の発生濃度は、都市ガスを燃料にして二〇ppmを切る性能である。さらにこの製品を、ヨット屋が数十人で操業するイギリスのボーマン・パワー・システムズが導入して、ジェット機のターボジェット技術を加えたマイクロガスタービンを生み出した。つまり欧米日の頭脳が連携したボーマン〜エリオット〜荏原製のガスタービンシステムである。

当初の計画では四五キロワット型だったが、八〇キロワット型、二〇〇キロワット型などに開発をシフトしつつあり、エリオットがフロリダの工場で本格的な量産に乗り出す一方、荏原が日本国内市場でコジェネシステムを販売する。しかも、ゴミ焼却炉の熱をガスタービンに投入する計画が進められることになった。

談合とダイオキシン問題でみそをつけたゴミ焼却炉が、ダイオキシン問題を解消できるなら、名誉回復のチャンスは与えられてよい。「マイクロガスタービン」を「燃料電池」と組み合わせるという画期的なテクニックの確立が、荏原の目標だったからである。彼らが電力不足の東南アジアにこれを普及しようとしている姿勢も、大いに支援したいが、荏原製の福島原発再循環ポンプが破壊した大事故をめぐる裁判で原告だった筆者の目にはまだ、すべての評価は、成果が出た暁の話である。

もう一社、アメリカのニューハンプシャー州にあるＮＲＥＣ社（Northern Research Engineering Company）も、三〇〜二〇〇キロワットクラスのマイクロガスタービンの開発で追撃して注目を集めた。この開発に資本を投下したのが、アメリカ・ガス協会傘下のガス研究所ＧＲＩ（現 Gas Technology Institute）と、ニューヨーク・ガスと、一時は住宅用燃料電池でトップを走っていたプラグ・パワーの大株主サザン・カリフォルニア・ガスという、アメリカ・エネルギー業界の大御所だったからである。実用試作機は、ハネウェルなどのマイクロガスタービンとまったく異なる設計で、タービン二台を内蔵する二軸構造であった。しかもアメリカ製としては珍しく、ガス会社がバックについたため、冷凍機と排熱ボイラーなどを装備したコジェネシステムとして設計されていた。

その後、この会社の親会社であるコンプレッサー・メーカーのインガーソル・ランドが、マイクロガスタービン部門だけを残してＮＲＥＣ社を売却してしまい、インガーソル・ランド・エナージー・システムズという子会社が開発を進めることになった。市販は二〇〇一年半ばとされていた。

かくして、アメリカとヨーロッパの各社が競えば、日本の大手が黙っているはずはなかった。

トヨタが腰をあげ、ＧＥが動いた

日本のマイクロガスタービンと燃料電池の市場では、都市ガスとプロパンガスを燃料にするだけでなく、広く使われている灯油を燃料にできるかどうかが、新エネルギーの普及にとって大きな鍵を握る。九五年の日本家庭におけるエネルギーの源は、電気四〇％、灯油二六％、都市ガス一八％、プロパン一四％と、四分の一を灯油が占めているからである。

しかも値段の安い灯油だが、ガスタービンの中では、ガスのようにきれいには燃えない。バーナーの口を変えれば燃焼そのものには問題ないが、燃焼したあとのカーボンの煤《すす》がタービン内部の熱交換部の細管をふさいでしまうので、長時間の運転ではそれを解決しなければならない。しかしすでに石油会社がマイクロガスタービンの実用化テストに着手し、灯油燃焼のプロもこの技術改良に進出してきた。

一方、家庭のエネルギーの四割を占める電気は、すべて大型発電所から生まれるので、それを灯油と都市ガスとプロパンに置き換えることが、マイクロガスタービンと燃料電池に課せられた宿命である。先年来、一部の専門家は、この将来性についてしばしば「可能か、不可能か」と論じてきたが、予想屋のように講釈する問題ではない。

先に述べたように、エネルギー効率を上昇させることは、地球の生命を維持するために、絶対的な必要条件だからである。高いハードルがあるなら、いかにしてそれを飛び越えられるかの議論が必要になる。燃料電池の開発について、否定的な専門家の予言が外れたのは、事態を認識していないからであった。メーカーの技術者は、カリフォルニア州のゼロ・エミッション規制によって、どうあっても突破しなければならない難問を突きつけられたおかげで、技術的な問題を次々と解決してきた。

小型の燃焼装置を扱わせて日本のプロは、トヨタ自動車とホンダと日産自動車に代表される自動車メーカーである。アライドシグナルのエンジン屋が高性能のマイクロガスタービンを開発し、ヴォルヴォがそれを追撃したなら、小型自動車でアメリカを凌駕した日本のメーカーが、この舞台に登

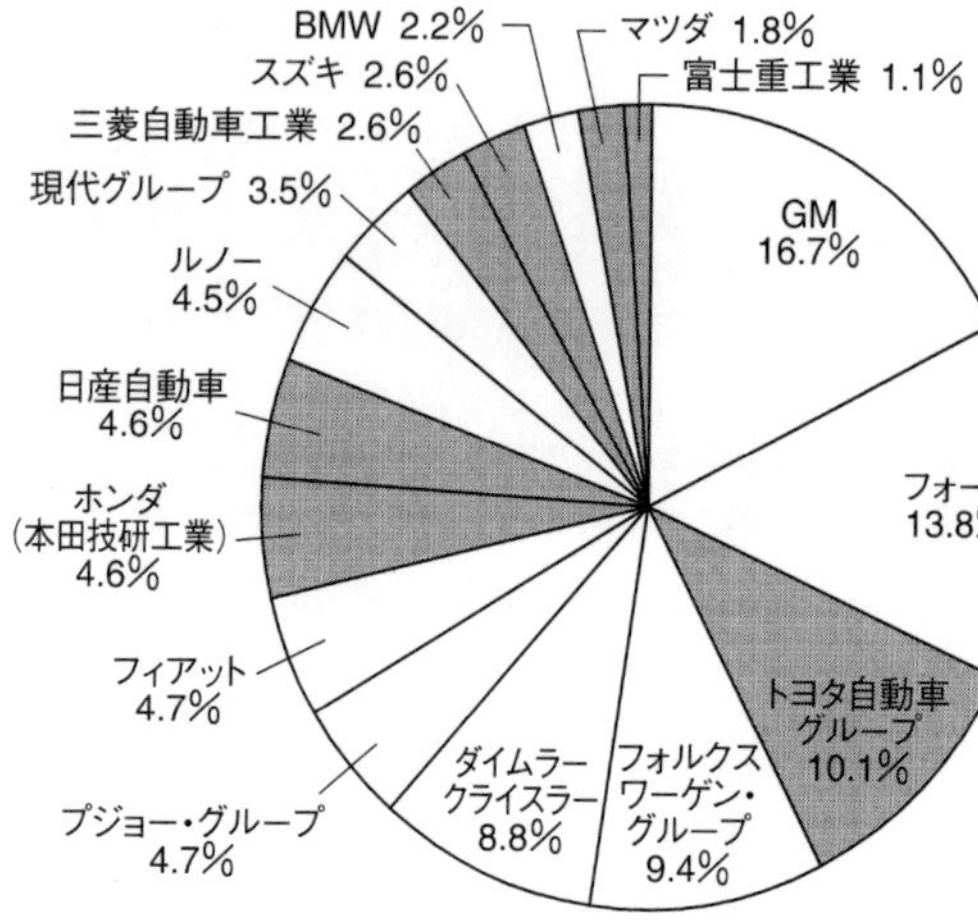

図4　自動車大手メーカーの世界シェア
(1999年自動車産業調査会社「フォーイン」調べ)

場しないはずはなかった。超小型発電機の開発という面からみれば、燃焼の基礎について高度な技術を持ち、人材と潤沢な資金を有する本命が、トヨタであることに誰も異論はなかった。

自動車メーカーをグループ別に分類すると、すでに日本の単独資本で経営される大手はトヨタとホンダだけになったが、企業別に見れば、図4のように九九年の世界シェアでは、七社の合計で二七・四%にも達するのが日本である。これは、トップのGMとフォードを合計した三〇・五%に肉薄する数字だ。

このトヨタが、グループ企業の技術を結集して、ガスタービンとコジェネの開発会社としてトヨタタービン&システムを設立したのは、九八年四月であった。ついにマイクロガスタービンへの進出を宣言したのである。翌九九年八月には、このトヨタタービンが、日本の三大ガス会社である東京ガス、大阪ガス、東邦ガスと提携し、都市ガスを燃料とする国産として最も小さい二九〇キロワットのマイクロガスタービン・コジェネシステムの開発に着手した。

トヨタ本体は、燃料電池の開発で自動車トップのGM、燃料電池メーカートップのバラードと提携し、石油メジャートップのエクソン・モービルとも提携していたが、あくまで燃料電池を自社開発する意欲に燃え、総勢三五〇人の人材を結集して研究開発に力を注いでいた。これはトヨタ自身にそうしなければならない内部事情があったからである。

手を組んだGMは意中最大のライバルであり、たとえ技術でGMに勝てても、マーケットシェア競争で勝つには製造コストを下げなければならない。ところが工場ラインで消費するエネルギーを、主に中部電力からの購入に頼ってきたため、電力コストがトヨタ本体で五〇〇億円、グループ合計では六〇〇億円にも達していた。アメリカの自動車会社に比べて二〇〇億円近くも大きな出費を強いられてきたのだ。このような無駄金を捨てていたのでは勝てないので、工場の足腰を基本から強くする必要がある。

開発中の燃料電池を自動車に搭載できるなら、当然それを使って工場内の自家発電を充実させることが、最重要課題であった。しかもキャプストーンらが、自動車のターボチャージャーを応用して発電用マイクロガスタービンを開発し、それを自動車分野にも拡販しようと迫ってきたのである。二〇〇〇年一〇月には、民間として日本初の電力入札をトヨタが導入し、中部電力以外の電力小売り会社を募ったが、将来は自分で発電したほうが有利になることは目に見えていた。

トヨタ傘下の子会社アイシン精機は、自動車用とコジェネ用として燃料電池を開発する中核企業と位置づけられ、PEM型燃料電池の試作が続けられる一方、トヨタタービンにも参画してマイクロガスタービンにも取り組むことになった。さらに傘下のグループ内には、日野自動車のほか、電気エネルギーで車輪を駆動させる技術にすぐれたダイハツ工業、自動車部品メーカーとして世界トップレベルのデンソーがあり、バラードと燃料電池で提携したヤマハ発動機にもトヨタが五％出資していて、あらゆる技術を結集できるはずであった。電力業界のライバルであるガス三社がバックについて、こうしてマイクロガスタービンの開発がスタートしたのである。

ところがトヨタの当初の試作品は、ハネウェルやキャプストーンの製品に比べて、いかにも古めかしい発電機で、窒素酸化物の排出量が三五ppmと高く、旧式技術の域を出ていなかった。業界ではトヨタが本気かどうかを疑う声もあり、「こんな不細工なものをトヨタがつくるはずはない。これはダミーだ」という噂がしきりと聞かれた。本格技術を隠してフェイントをかける手口は、ライバルに奇襲をかける製造業界の常道だからである。

そうした折、二〇〇〇年九月になって、トヨタタービンが五〇キロワット級マイクロガスタービンの本格開発に着手したというニュースが流れた。今度は、クーラー用熱交換機で業界トップの東洋ラジエーターと共同で、灯油と都市ガスを燃料にして、二〇〇一年内にキャプストーン級の製品を販売するという。東洋ラジエーターは、ハネウェル製マイクロガスタービンのエネルギー効率を大幅に上昇させる再生器を開発した会社であった。

さらにトヨタの孫会社であるダイハツディーゼルは、マイクロガスタービンより大型の一五〇〇キロワット級ガスタービンOP―16を開発し、ガスを燃料にすれば窒素酸化物を一〇ppm以下にする技術を完成して、そこから五〇〇キロワット級に開発の手を広げてきた。しかもトヨタタービンから五〇～三〇〇キロワット級コジェネシステムの供給を受けているので、そこにトヨタの秘密兵器が潜んでいる可能性もあると推測されていた。いずれにしろ「トヨタは自動車業界で一人勝ちだ。自動車の売れ行きは好調だ」という経営に甘んじていられないことだけは確かである。自社工場と自動車が出す排ガスだけではなく、そこに使われる電気の質が問われる時代になったからである。

これに対してホンダは九九年に、排気量一六三CCの単気筒ガスエンジンで発電する世界最小の家庭用コジェネシステムを試作した。マイクロガスタービンより一桁小さい一・八キロワットである。これも八〇℃のお湯がふんだんに使え、総合エネルギー効率八〇%を達成した。

こうした動きに心穏やかでないのは、電力会社と、防衛庁に依存しすっかり影の薄くなった重電機メーカーである。川崎重工業は、現在になって二〇〇キロワット以上のガスタービンの販売に乗り出したが、すでに二〇年前からそれよりはるかに小型の二四キロワットを二〇〇台以上、八八キロワットも数十台販売した実績を持っていた。これらの出力は文字通りマイクロガスタービンである。それがなぜハネウェルやキャプストーンのように「マイクロガスタービン・ブーム」を起こさず、まるで注目されなかったかと言えば、防衛庁向けの移動電源や通信用であり、庶民生活に顔を向けていなかったからである。発電効率も悪く、価格が高すぎて、民間では使用できない製品であった。それでも国から金が入ってくる世界であった。経営危機のためルノーに買収された日産自動車も、ハネウェルよりずっと早く、ターボチャージャーを使ったマイクロガスタービンを三〇〇台近く販売してきたが、これも防衛庁向け移動テント用で、やはり価格が高すぎて民間では誰も買わない製品であった。技術があっても、それを活かす知恵が必要だったのだ。

原発に依存してきた御三家の東芝、日立、三菱重工業の場合、東芝系の石川島播磨重工業は、ABBとの提携を強めると共に、自動車用ターボチャージャーの技術を活かして、アメリカの技術を導入して五〇キロワットを切るマイクロガスタービンの開発をスタートした。しかし勝てないと見るや、ハネウェル製マイクロガスタービンを導入し、やはり原発メーカーの日立製作所と共同で高いエネルギー効率のコジェネシステムとして製作することになった。日立が吸収式冷凍機と組み合わせた冷暖房用を完成し、石播がボイラーを担当して熱利用を図り、総合効率七〇~八〇%のシステムとして販売することになったのである。三菱重工業もハネウェルをそっくり真似て、自動車用ターボチャージャーに、空気ベアリングとガスタービンを組み合わせ、出力七五キロワットのマイクロガスタービンを完成すると宣言した。

しかし通産省が、「二〇一〇年には電力の四五%を原発でまかなう」と、原発増設計画を撤回しないため、自治体公共事業の世界が旧態依然の〝たかり屋〟に甘んじる気風は変らず、これら重電機メーカーはそこに納品し続ける。損害を受けるのは、誰であろうか。もう数年もすれば、こうした大型プラントがコストで勝てない時代がくることは分っていた。血税を投入して完成した巨大発電所が、産業界や国民生活に寄与しないまま、電気を売れなくなるのである。状況の変化に追いつめられた電力会社が、通産省の発表した「安い原発コスト」に異議を唱え、「原発はそれほど安くない」とびっくりするような発言をしたのは、こうした理由からであった。

しかもマイクロガスタービンをつくるのに、石川島播磨重工業や三菱重工業のような大メーカーである必要はまったくない。これらタービン本体のメーカー内部では、重電機部門が開発に携わっているのではなく、ほとんどが自動車のターボチャージャー部門のエンジニアが開発を担当しているので、従来の発電機製造メンバーとは異なるところに特徴があった。寒冷地に居を構える新潟鉄工所のように、自動車用ターボチャージャーを製造する中堅メーカーが、続々と新しいマーケットに参入するチャンスがめぐってきたのである。冬に大量の熱を消費する北海道では、苫小牧《とまこまい》市勇払《ゆうふつ》地区で大型ガス田が発見され、北海道ガスがその純国産エネルギーを使ってマイカル小樽、ドコモ北海道第二ビル、市立函館病院、千歳と札幌の大型ショッピングセンター、ホテルなどでコジェネの普及につとめてきた。この熱利用効率は、総合で七〇〜八〇%にも達したが、この北海道ガスもキャプストーンと提携して、マイクロガスタービンの実証試験をスタートしたのだ。

こうして、ビルの世界で着実にマイクロガスタービンの普及が進行するなか、二〇〇〇年一〇月一九日、ハネウェル・インターナショナルをユナイテッド・テクノロジーズが買収する交渉を続けているというニュースがNBCニュースに流れた。すでに合弁事業でインターネット分野に進出してきた両社が合併すれば、従業員二七万人近い企業が、ユナイテッドの「燃料電池」とハネウェルの「マイクロガスタービン」という最強の武器ふたつを手にすると見られた。

ところが翌日、GEがハネウェル買収に乗り出し、ただちにユナイテッドが買収交渉をストップし、話はすべて御破算になった。そして二二日、GEがハネウェルを買収することが正式に発表されたのである。この買収逆転劇を演じたのは、GE会長ジャック・ウェルチと、元アライドシグナル会長で最高経営責任者だったローレンス・ボシディーの二人であった。

ボシディーは一九五七年にGEに入社後、コネティカット州フェアフィールドのGE本社でウェルチと同僚生活を送った仲であった。同じ三五年、同じマサチュセッツ州生まれの親友でもあった。八一年にウェルチがGEトップの会長兼最高経営責任者に就任すると同時に、ボシディーも四〇代半ばで、GEの発電部門の子会社GEパワー・システムズと、投資部門の子会社GEキャピタルの副会長に抜擢され、ウェルチの右腕として活動しながら、重電機メーカーGEから金融会社GEへと大きく飛躍する時代を共に築いた。

特に、のちのGE金融帝国の礎石を築くにあたって、八六年に買収した投資銀行キダー・ピーボディーの指揮官ボシディーが果たした役割は大きかった。キダー買収は失敗したと言われたが、実際には、そこから投資技術を盗んだ彼の腕がなければ、GEキャピタルの成功もなかったのである。同時に、通信エレクトロニクスのハイテク領域でも、RCAとNBC放送を買収してGEコミュニケーションズ部門を大きく育てあげ、ビル・ゲイツと提携してニュース専門局〝マイクロソフトNBC〟を生み出す素地をつくったのも、ボシディーであった。

ビジネス界で敏腕を誇ったそのボシディーが、九一年に実力を買われてアライドシグナルの会長兼最高経営責任者に迎えられた。GE時代に、ラッド・ペトロリアムという天然ガス部門を統括していたボシディーが見ていたガス時代の潮流は本物で、見事にアライドシグナルでマイクロガスタービンの開発を成功に導き、九九年に電光石火のごとくハネウェルを買収したのである。インターネット・エレクトロニクス事業と、マイクロガスタービン事業と、自動車・宇宙航空部門に傑出する新生ハネウェル・インターナショナルは、ウェルチにとって魅力的で、GEの幹部ミーティングに旧友ボシディーを招いて講演させてきた仲であれば、買収を交渉せずにはいられなかった。

二〇〇一年四月に引退すると表明していた会長ウェルチは、ボシディーの説得で引退を年末に延期することを決意し、新時代を拓くためにハネウェル買収に踏み切った。一八九二年に発明王エジソンのエジソン・ゼネラル・エレクトリック社を吸収してGEが発足してから、一〇八年におよぶGEの歴史上で最高額の四五〇億ドル、およそ四兆九〇〇〇億円という買収額を投資してまで実行された、この合併の真の目的は一体どこにあったのか。

祭に活気をもたらす香具師《やし》の兄さんたちが、電灯をともして、景気よい掛け声で、おでんやタコ焼きを屋台で売る。祭に欠かせない役者たちだ。そのかたわらには、ブンブンと音を立てて小さな発電機が回りながら、くさい匂いをまき散らしている。「いよいよ、あの発電機がすっかり静かになるぜ。テキ屋は、出費が減るだろうよ。もうかるんだぜ」と噂されているのだ。しかしそれは、マイクロガスタービンではなく、また別の新エネルギー——燃料電池だという……。

第3章　石油王国テキサスでブッシュ知事が署名した

テキサス州のクリーンエネルギー

九九年六月のことであった。テキサス州シェイリーランドは、六〇〇〇エーカーのタマネギ畑が、新しい開発住宅区に生まれ変わろうとしていたが、そこに送電線が必要かどうかの問題で揺れ動いていた。

テキサス州のハント・ファミリーは、その夏にも、彼らのこの開発地域を新天地にしようと骨折っていた。一代で石油王国を築いたハロルドソン・L・ハントが数々の女性に産ませた一四人の子供のうち、ラマー・ハントはフットボール・リーグを創設するかと思えば、テニスの世界チャンピオン戦を取り仕切り、バスケットのシカゴ・ブルズの経営にまで携わって、全米に話題を提供してきたが、一族の誰もが派手だったわけではない。ラマーの甥にあたるハンター・L・ハントは、これまでジェームズ・ディーンが『ジャイアンツ』で演じた祖父の成金像とは正反対に、この新興地を誰もが望むような理想郷に変えようと、図面を描いていたのである。

新会社として設立された現地のシェイリーランド電力では、彼が社長に就任してから、推定居住者三万五〇〇〇人に対して、従来の送電線で電力を供給するのでなく、燃料電池つき住宅の選択権《オプション》を提供するという青写真をもって、テキサス州電力委員会にその旨を申請していた。何とか燃料電池を電源として〝クリーンな居住区〟という看板を売り物にしたかった。彼自身にとっても、送電線と配電ネットワークがいらない燃料電池は、開発業者として経済的に有利であった。現地の電力システムは、今後一五年間で一億ドルのコストがかかるという見積もりだったが、燃料電池オプションが普及すれば、その費用を大幅に縮小できるからである。その決定が出るまでハントは不安でならなかったが、このプロジェクトは彼が期待した以上に、全米に波紋を呼び起こすことになった。

そのころ、自動車業界における燃料電池フィーバーは、石油メジャーと電力会社、ガス会社を驚かせただけでなく、家電メーカーから電機業界、石油精製、プラスチック、半導体、セラミック、ゴミ処理など、あらゆる業界を揺さぶりはじめていた。

特に、GM、フォード、ダイムラークライスラーが燃料電池の量産を実現するという可能性を知った家電・エレクトロニクス機器メーカーは、これまでコストの壁だった高性能の高分子膜（PEM）を、自動車マーケットから安価に入手できることに気づいた。そうなれば、燃料電池による発電装置が、これまで予測されていたよりはるかに安く製造でき、しかも小型化できるため、一挙に家庭用、さらにはオフィスなどの発電用として、広く普及できる見通しが立ったのである。

そうした折も折、大富豪ハント・ファミリーが大きなプロジェクトを進めているということがダウ・ジョーンズのニュースで報道されると、テキサス州の動きが注目されることになった。テキサス南部のようにガスが安価で、電力が高い地域では、一〇〇〇台の燃料電池が売れれば、電力会社と競争できるのだ。まだ一台も市場に出されていない燃料電池が、ここで数百台から数千台、最終的に一万台近くも実売されることになれば、コストダウンを加速して、エネルギー革命の起爆剤になることは間違いなかった。しかも住宅用の燃料電池は、グッゲンハイム社長のノースウェスト・

パワー・システムズが成功したほかは、数百人規模の小さな会社であるプラグ・パワーが実験住宅に設置して順調な運転を続け、「冷蔵庫サイズで一〇〇万台売り出す」という二〜三年後の計画が話題になっていた。

ハントがつくった新電力会社は、地元の電力二社とすでにこのプロジェクトについて合意に達していた。天然ガスの供給パイプラインかプロパンガスのタンクさえあれば、燃料電池を各家庭に六〇〇〇ドル（ほぼ七〇万円）で設置して、電力会社の負担が小さくなり、大気汚染がまったくなく、停電に対しても強くなるからである。

住宅用とオフィス用の燃料電池は、自動車用より商品化が近いのではないか、という見方さえ出はじめた。そしてノースウェスト・パワーとプラグ・パワーに続いて、燃料電池メーカー数社が、翌年にも商業規模でフル生産に入るというニュースがそちこちに報じられた。

なかでもワシントン州スポケーンにある電力・ガス会社のアヴィスタは、「テキサス州内の五〇〇〇軒の家に燃料電池の設置スタートを予定している」と社長が発言しながら、その町の名前を明かさないので、ハントの住宅地に違いないと憶測を呼んでいた。地元では、二〇社以上がハント・プロジェクトに名乗りをあげてきたのである。

ハントは、ひたすらテキサス当局の「承認」決定を待っていた。

初めての新しい小売り電力システムに対して、テキサス電力委員会の決定が七月一日に下された。委員会は、ハントの電力会社が新しいシステムを建設し、現地のすべての顧客に電力を供給する技術的・経済的能力を有するとの判断を下し、「二〇年間にわたって認可する」という朗報であった。

そして地元の電力二社とハント側とテキサス州の四者が、「顧客の同意文書なしに新電力会社への切り換えをおこなわない」との条件つきで合意に達したのである。

翌八月には、テキサスの基幹産業である天然ガスについてのヒアリングが開催され、
「新しい発電業者に対して、いかにして州内の天然ガスを使わせるようにできるか」
「テキサス州産の天然ガスが、燃焼用化石燃料としてきわめてクリーンであるという事実を広め、州産天然ガスによる電力を〝グリーン〟電力と呼ぶようにできないか」

といった意見が次々と出された。

燃料電池と天然ガスは、テキサス州にとって、環境保護の救世主であると同時に、地元の重要な経済力として育てる必要があったからである。

さらに九月九日には、テキサス州内の電力消費者が、エネルギー効率と信頼性の高い燃料電池のような小型発電機を所有できるようにするため、電力委員会がさらに具体的に踏み込んだ決定を下した。

これは、消費者に〝電力を使用する場所で発電する分散型発電〟を奨励するという画期的な規定であった。ショッピングセンター、病院、オフィスビル、個人住宅に、小規模の電力を供給する発電装置として、いくつかのテクノロジーが指定された。その発電機として、風力や太陽パネルのような再生可能エネルギーだけでなく、マイクロガスタービンおよび燃料電池のような天然ガス発電機を使用することを奨励する、としたのである。消費者は、これら装置を従来の送電線に接続して電力会社に電力を販売することもでき、これによって停電の問題から解放され、電気代を節約でき、排ガスを減らすことができる。

このテキサス州条例案は、電力産業再編成法として年内に州議会で承認され、知事のジョージ・ハーバート・ウォーカー・ブッシュJr知事が署名する上院法に従うことになった。ブッシュJrがゴア副大統領との大統領選に突入する直前の出来事であった。この条例は一一月一八日に発効し、テ

キサスの電力消費者は、自分で発電することによって信頼性の高い電力を安価に手に入れることが可能になった。また電力会社が消費者に対して送電線の接続責任を有することを定めるだけでなく、電力会社に不利益が出ないよう、この条例には、消費者が分散型電源に対して自己責任を持つことも明記された。こうして、自然エネルギーおよびマイクロガスタービン、燃料電池などを奨励する条項が州議会で正式に採択され、知事ブッシュJrが署名したのである。

この知事は、もともと南部ではなく、オハイオ州コロンバスに生まれたプレスコット・ブッシュを祖父に持つ北部の一家であった。祖父の義兄弟は、ネバダの銀山やエリー鉄道のほか、鉄鋼王カーネギーの事業をおこなう大物一族で、プレスコットも鉄道装置などの製造業者として裕福な家庭に育ち、その関係で、鉄道王ハリマン家の投資銀行W・A・ハリマン社の社長ジョージ・ハーバート・ウォーカーの娘と結婚した。二一世紀の最初に就任した大統領が長い名前を持つのは、現在もウォール街二三番地のJ・P・モルガン銀行に隣接するハリマン社の育ての親である曾祖父の威光を継承するためであった。

プレスコット・ブッシュは、アメリカ三大ネットワークであるCBS放送の創業者ウィリアム・ペイリーの仲間となってCBS重役となり、第二次世界大戦中には戦時融資キャンペーン議長として活躍したが、戦後は黒人のための大学基金活動でリーダーとなったほか、上院議員となって赤狩りのマッカーシー議員を非難する決議に投票するなど、かなり進歩的な活動をおこなっていた。ブッシュ家が保守的と見られるようになったのは、対ソ冷戦の軍事強化政策に熱中して以来のことで、息子ジョージに石油事業を後継させた時代からであった。

そのジョージ・ブッシュが、テキサス州ヒューストンにザパタ石油を創業し、石油王一族ネルソン・ロックフェラー副大統領のもとでCIA長官に引き立てられてから、レーガン政権の副大統領、続いて大統領選に勝利し、湾岸戦争を強行した。この経過には、すべて石油というキーワードがついてまわった。

親子二代目大統領となったブッシュJrも、北部コネチカット州生まれながら、独立系の石油・ガス探査会社を設立し、テキサスに移って、大リーグ野球のテキサス・レンジャーズを買収する富豪の投資団に参加して共同オーナーとなるなど人気をかせいでから、九四年にテキサス州知事となった。しかし時代の主役は、テキサスでさえ石油から天然ガスに着実に変りつつあった。石油メジャーが燃料電池の開発を真剣に検討しはじめてから、まったく違う世界がアメリカに生まれたのだ。

ブッシュJrが署名した新条例は、最も進歩的な自然保護とエネルギー問題解決の手段であり、〝燃料電池の開発を進める環境保護に熱心な男〟と評価されるゴアの政策より、具体的な成果をもたらす可能性が高かった。テキサス新条例では、燃料電池とマイクロガスタービンを奨励するほか、現在州内にある二〇万世帯分の八八万キロワットの再生可能エネルギーによる発電量を、二〇〇九年までに二〇〇万キロワット増加して二八八万キロワットにしなければならないという州の義務が定められ、二〇〇二年一月一日から電力販売の入札が開始されることになった。この再生可能エネルギーは、石炭、石油、天然ガスおよびそれらの廃棄物などの化石燃料を含まず、太陽や風力の自然エネルギーを対象にしていた。その目的は、以下の五原則から成っていた。

㈠ 再生可能エネルギー・プロジェクトの建設を奨励する。
㈡ 石油・石炭の化石燃料発電による大気汚染を減少させる。
㈢ クリーンエネルギーに高い金を支払うべきとするテキサス州民の要望に応える。
㈣ テキサス州内での再生可能エネルギーの供給量を増加する。
㈤ テキサス州民のコスト負担が少なくなるようにこれらの目的を達成する。

テキサス電力委員会は二〇〇〇年に入って、再生可能エネルギーとマイクロガスタービンと燃料電池を大いに奨励する活動を強めた。また、公正な市場競争が進められるよう、委員会から独立した組織のテキサス州電力信頼性協議会がこれらを監視し、インターネットを主要な手段として、州民の疑問に答え、燃料電池や太陽電池、マイクロガスタービンなどについてのさまざまな基礎知識を提供し、設置について指導するシステムがつくられた。詳細な情報と広報が、州当局から即時オンラインで提供されはじめた。

そこには、次のような説明が見られた。

「再生可能エネルギーの紹介――テキサス州の電力消費量は全米で最大であり、そのほとんどは天然ガス、石炭、亜炭の燃焼によっている。電力委員会の新条例は、州民に再生可能エネルギーを購入するオプションを可能とした。これによって州民には選択の自由が与えられ、電力会社は再生可能エネルギーへの投資意欲を持てるようになり、産業が電力小売り競売に参加するようになるという利点がある。

その結果、テキサス全体として、州の経済力が高まり、大気汚染が減り、化石燃料への依存度を低くすることができる。過去二年間、州内の民営電力八社が州民にアンケートをとったところ、環境を第一に考え、再生可能エネルギーにもっと支出してもよいという回答が最も多かった。現在はまだ再生可能エネルギーは一%未満であり、化石燃料より全般的に高くつく。新条例によって、電力会社は、電力を取得するコストと、マーケッティングおよび維持管理に要するコストをカバーできる価格で、再生可能エネルギーを販売することが可能になる。ただし最初の二年間は、マーケッティングと維持管理に要するコストを最大二〇%に制限し、以後は一〇%に制限する。電力会社に購入が許される再生可能エネルギーは、テキサスおよび隣接州にある風力、太陽、地熱からの電力だけである。これにより新たな雇用が生まれる」

漠然と想像される保守的な南部の石油王国テキサスおよびブッシュJrのイメージとはまったく異なり、少なくとも、このエネルギー問題と州内の自然保護に関して、州民と行政は、意識が高いだけでなく、ものごとを実現するための行動力も大きかった。ブッシュJrが計画していたのは、二酸化炭素問題ではなく、どうすれば石炭をクリーンなエネルギーとして利用できるかという現実的な技術であった。大統領選挙人の数では、カリフォルニア州の五四人を筆頭に、ニューヨーク州が三三人、三番目がこのテキサス州の三二人であったから、いずれも燃料電池の開発州であった。

燃料電池株を買いに出たビル・ゲイツ

ブッシュ家のお膝元テキサスに乗り込んだノースウェスト・パワーが、社名をアイダテックと変え、ハント・ファミリーと交渉するグッゲンハイム社長の前に、新たにアヴィスタ社が競争相手として登場してきた。先年まで「ワシントン水力発電」を社名としていた電力会社で、ワシントン州、アイダホ州、オレゴン州からカリフォルニア州に至るまで、太平洋岸を中心に電力と天然ガスを供給し、eコマースなどのニュービジネスにも進出していた。

しかも二〇〇〇年一月に、同じワシントン州を本社とするマイクロソフトのビル・ゲイツが、個人所有の投資会社を通じてアヴィスタ株を五％購入したというニュースがウォール街に流れると、株価が一七ドルから一時は六〇ドルまで上昇するほど、アヴィスタの燃料電池メーカーとしての評価は高かった。

燃料電池でパソコンを操作中に燃料が切れても、絶対にパソコンがダウンしないメカニズムを開発していたからだ。特許のカートリッジを使って、燃料電池が作動している時には常に自動メンテナンスがおこなわれ、性能に悪影響を与える湿度と温度をモニターするシステムによって、各部の作動状況がチェックされ、異常発生前に修復回路が作動するメカニズムとなっていた。実質的に停電が起こらない構造を持っていたのである。また万一燃料電池に故障が発生しても、使っている電気製品の電気を切る必要がなく、カートリッジを交換するだけで大丈夫だった。

アヴィスタがこのような機能を組み込んだのは、携帯電話用の超小型燃料電池を開発中だったからである。ビル・ゲイツは、「エレクトロニクス機器をはじめとするほとんどの電気製品には直流が使われているので、この無停電タイプの超小型燃料電池は、パソコンなどのエレクトロニクス機器用として、ここ数年以内にトップに躍り出る」と読んだ。将来は、エレクトロニクス製品のほとんどが、初めから燃料電池を内蔵した製品として販売され、電気のコンセントを使わずにすむようになるのだ。

エレクトロニクス機器に燃料電池が内蔵されると、社会的に、エネルギー効率が非常に高くなることが分っていた。交流のコンセントから電気をとる大部分の電気製品は、内部の変換器で交流を直流に変えているが、燃料電池の電気はもともと水素電極から酸素電極に向かって一方向に流れる直流なので、変換による電気のロスがなくなるからである。しかも燃料電池が生み出す直流は、従来の電力会社のものに比べてきわめて電圧が安定し、ゲイツたちが支配するエレクトロニクス機器に最適であった。アメリカでも日本でも、この分野の電力が最大の消費の伸びを記録する現代にあって、ネットの消費電力を減らすという根本からエネルギー革命を起こすのである。

アヴィスタの燃料電池は、初めからこのようなポータブル用として開発されたため、内蔵型としての機能を高めることに精力が注がれ、その小型化が、これまでの燃料電池の壁となっていた技術上の問題を次々と克服させることになった。アヴィスタ研究所が取り組んだ研究開発で最も興味深いことは、燃料分野の業界リーダーやエンジニアリング会社といったプロと提携するだけでなく、九六年から、地元の大学共同研究所（Spokane Intercollegiate Research & Technology Institute）と提携して、ワシントン州周辺の電気専攻の大学生たちを研究開発に参加させてきた戦略であった。これこそまさに、学生だったビル・ゲイツとポール・アレンがマイクロソフトを創業し、世界を支配した成功に倣って、若い頭脳の結集を図る知恵だったのである。学生たちも、続々とここに集まってきた。

従来の各メーカーの燃料電池の欠点は、電気を生み出す本体部分が小さいのに、そこにガスを送り込むコンプレッサー、ポンプ、浄化装置、液体冷却システムなどが必要で、これら補助機器のために、全体がおそろしく大きなものになるというところにあった。そこでアヴィスタは、効率のよいファンを使ってこれらすべてを不要にしてしまい、それ以外には動く部分がない燃料電池製品をつくり出したのだ。

また、バラードが採用していたグラファイトの薄板を重ねた構造は、高価で、使用中のメンテナンスが困難であるばかりか、補修時にシステム全体の回路を停止させなければならなかった。アヴィスタでは、グラファイト構造をなくし、安価な材料を使って小型化、軽量化、コストダウンを達成し、過酷な条件で使用現場での実用試験を大量にくり返した。その結果が良好であったため、ポータブル用だけではなく、住宅用から大型発電用まで、広範囲の燃料電池を二〇〇一年に市場に出すという計画を公表するまでになったのである。この開発を強力にバックアップした巨大な組織こそ、アメリカ政府であった。

燃料電池として、これまで市販されてきた唯一の民間商品は、バラードのようなＰＥＭ型ではなく、インターナショナル・フュエル・セルズ（国際燃料電池社、ＩＦＣ）が開発したリン酸型であった。ＩＦＣは、月世界旅行計画のアポロ11号にアルカリ型燃料電池を提供したユナイテッド・エアクラフト（現ユナイテッド・テクノロジーズ）のプラット&ホイットニー航空機部門から独立した子会社で、ＮＡＳＡに宇宙用燃料電池を納入してきたトップメーカーである。同社が東芝と組んで設立した合弁会社が、「使用現場で発電する」ことを意味するオンサイト（on-site）つまり分散型電源を社名にしたＯＮＳＩ《オンシ》であった。

　ＩＦＣ／東芝／ＯＮＳＩグループの共同開発による二〇〇キロワットのリン酸型燃料電池は、九九年には、在日アメリカ大使館などの施設用として、東芝がアメリカ国務省から四台を受注していた。この発電機は、五酸化リンをシリコンに吸着した薄い膜を電解質として使い、ＰＥＭ型より高い一二〇〜二〇〇℃で作動する。出力が大きいのでアメリカ、日本、ヨーロッパの工場やオフィスビル、ホテルなどに設置され、高性能を誇ってきた。燃料には、都市ガスやプロパンのほか、工場排ガスなどあらゆるものを使うことができ、コストは一九八〇年に一キロワット当たり一〇〇〇万円だったものが、九〇年代末には二〇分の一の五〇万円台にまで下がり、世界中で二〇〇台以上を販売した実績を持つ実用機であった。

　このリン酸型で中心的役割をになってきたＩＦＣ／ユナイテッド・テクノロジーズの巨大グループが、ＧＥやプラグ・パワーとも提携して、新しいジャンルの燃料電池の開発に進出してきた。

　それが、本命のＰＥＭ型燃料電池であった。ガソリンから水素を取り出す技術では世界のトップと言われたＩＦＣだが、技術者がバラードに引き抜かれる事件もあって、反撃するため、新たに住宅用の一キロワット級ＰＥＭ型の開発を専門とする合弁会社を東芝／ＩＦＣグループが二〇〇一年四月に設立することになった。さらに一〇月、ハネウェル・インターナショナルを買収合併して、従業員三〇万人近いコングロマリットを形成する重大な戦略が打ち出された。ユナイテッド・テクノロジーズが燃料電池とマイクロガスタービンの両者を手にして、最強の分散型発電機を掌中にしたかに見えた。ところが前述のように、GEにハネウェルを横どりされたのである。このユナイテッドの経営陣には、マイクロガスタービンでヨーロッパ屈指のメーカーとなったヴォルヴォの会長ペール・ジレンハマーと、PEMのダウ膜を開発したダウ・ケミカル会長のフランク・ポポフの両雄が参加し、社名通りすべてのテクノロジーを統合するアポロ計画以来のエネルギー革命の実現に踏み出していた。

このONSI製の商用燃料電池の一台が、ワシントン州スポケーンの新装ホテル・センターに設置されたのは九七年六月で、これが、アメリカ北西部では最初の燃料電池であった。このプロジェクトにエネルギー省が加わって国家的支援を与えたが、そのとき、プラントを設置した会社がワシントン水力発電だったのである。二〇〇キロワットで夜間の電力の大部分と日中の電力の三～四割がまかなえるほか、洗濯場、厨房、暖房などにお湯が利用される成果を見たワシントン水力発電が、開発に熱を入れた結果、PEM型燃料電池として新製品を生み出すことになった。九九年一月から社名を現アヴィスタに変えると、前述のように、六月には「テキサスの町の五〇〇〇軒の家に燃料電池を設置する」という衝撃的な計画が世に出たのだ。

アヴィスタ研究所の所長は、「住宅用のゴールは二〇〇〇年だ。販売価格は、設置までの全コストを含めて五〇〇〇～六〇〇〇ドル（六〇万円前後）にしたい。わが社は必ず二〇〇〇年に完成する。翌年とは言わない」と強気だったが、誰しも半信半疑であった。アヴィスタが苦労したのは、燃料電池本体ではなく、天然ガスやプロパンから水素を取り出す改質器にあったので、それを開発したノースウェスト・パワーが組めば、テキサスできわめて信頼性の高いシステムが実現すると見られた。そうなれば、ノースウェストと提携した新潟のコロナにも朗報となる。地球上にはすでに、個々の完成技術が存在しながら、各社がそれを分散して持っているだけなのだ。「ワシントン州東部で電気の販売量を増やすのは限界だが、この地球上には、まだ電気を使っていない人が二〇億人いる」というアヴィスタ社長のトム・マシューズの言葉は、重みを持っていた。アヴィスタが、アラスカやハワイ向けに燃料電池プロジェクトを立ちあげたのは、そうした理由からであった。しかし燃料電池にはPEM型だけでなく、大きく分けて五種類のものがある。いずれがすぐれているのかという議論は、メーカーによってみな異なっていた。

二〇〇〇年のノーベル化学賞は、日本の白川英樹氏とアメリカの二人の学者が受賞したが、それは、偶然にアセチレンの高分子膜ができたことがきっかけとなって、導電性のある高分子プラスチックを開発した功績によるものであった。PEMと呼ばれる高分子も、これと似たように、重要な開発の歴史を持っている。

プラット&ホイットニーが開発したアポロ11号の燃料電池は、ニッケル系触媒と、水酸化カリウム電解質を使用するアルカリ型だったが、その前の五四年にGEが開発した燃料電池は、最初の高分子膜(PEM——proton exchange membrane・陽子交換膜)型であった。これが、今日バラードによって注目される高分子の陽イオン交換膜として第一号製品となった。それが改良され、六五年には人工衛星ジェミニ5号に搭載され、白金触媒を使って水素と酸素を反応させる燃料電池が、出力一キロワットの電気を宇宙で生み出した。しかし当時使われた高分子膜のポリスチレン系は、劣化が早いために普及しなかった。ポリスチレンとは、梱包材の白い発泡スチロールとして誰もが知る高分子化合物だ。

続いて化学メーカーのデュポンが、高分子膜の研究をするなかで、イオン導電性の高いスルフォン酸系の高分子化合物ナフィオン膜を開発した。これは、フッ素を加えた高分子化合物で、次のような基本的分子構造を持つ電解質であった。

$$-(CF_2CF_2)_x(CFCF_2)_y-$$
$$|$$
$$O-(C_3F_6)-O-CF_2CF_2-SO_3^-\ Na^+$$

このような構造で、なぜ水素イオンを動かす、しかも薄くて丈夫な電解質が生まれたのか。

すべての原子は、原子核を構成する陽子（＋）と同じ数の電子（－）を持ち、電気的にバランスがとれている。金属では、その電子が自由に動けるので電気が流れ、特に貴金属の金銀銅は、高い導電性を持っている。プラスチックのような高分子は、炭素、窒素、水素、酸素の原子・分子同士の結合に無駄がないよう合成され、ぎっしり電子がつまっているので、電子は動けずに絶縁体になる。ノーベル賞を受けた白川氏らが導電性プラスチックを生み出したのは、そこにハロゲン族のヨウ素を加える手法だった。ハロゲン族とは、原子を小さいほうから順番に並べた化学の周期律表で言えば、原子の最も外側の電子軌道が、満杯よりひとつ欠けた状態の原子グループを指す。最も身近なハロゲン族は、体内にある食塩水の塩素である。

そのような原子が高分子の内部に不純物として入ると、マイナスの電子が欠けた穴、つまりプラスが生まれて、電子が動けるようになる。半導体と同じ原理である。燃料電池のＰＥＭに使われたナフィオン膜は、ハロゲン族のフッ素を構造体として使いながら、そこにマイナスのスルフォ基（前記の分子構造図の$-SO_3^-$）を木の枝のように出し、それが水素のプラスイオンを引きつけることによって電解を可能にしたのである。デュポンの研究者がこれに成功したのは、白川グループの成功に先立つ一〇年前のことであった。

しかし多くのすぐれた技術がそうであるように、ナフィオン膜は、燃料電池の実用化に大きな道を拓きながら、当時は商業的に注目されなかった。六七年には、アメリカで主なガス会社二七社が参加して天然ガス燃料電池の共同開発をめざすターゲット計画が始動し、プラット&ホイットニーに研究開発を委託して、商業用燃料電池の研究開発がはじまると、七二年には日本から東京ガスと大阪ガスがこの大型プロジェクトに参加した。その翌年に全世界を襲ったのがオイルショックであった。ここで新エネルギーとして開発の主力が注がれたのは、アポロのアルカリ型とジェミニのPEM型ではなく、IFCが完成したリン酸型であった。

この九ヶ年プロジェクトは、計画通り七七年に終了したが、アメリカ・ガス協会のガス研究所（現 Gas Technology Institute）が研究体制を引き継いだ。ところが八〇年代に入って、デュポンがナフィオン膜の量産を開始し、燃料電池には応用されなくとも、食塩の電解質用のイオン交換膜として広く使われるようになった。そして八五年にデュポンがナフィオンの溶液を市販し、これによって、世界の燃料電池メーカーが新しい電解質膜を自分で改良する技術に進出できるようになった。それが、バラードが開発に登場してきた時代であった。PEM型燃料電池がのちに脚光を浴びるようになったのは、カナダ政府とバラード社が、すでに特許の切れたGEの基本技術を使って性能とコスト問題を大幅に改善し、デュポンのPEMを組み込んだからであった。

デュポンを追撃するゴアテックスとダイス・アナリティックの登場

八六年には、アメリカの化学会社ダウ・ケミカルが、新しい電解質膜としてナフィオンと同様な構造のフッ素系樹脂イオン交換膜（ダウ膜）の開発を発表した。ナフィオンより大きな出力が得られるこのPEMの登場によって、燃料電池の実用化の可能性が急速に高まるはずだったが、強度が弱かったため実用化されず、結局は、デュポンが世界のPEM市場でシェアを独占するようになった。

九二年一〇月には、アメリカ政府がエネルギー政策法を制定し、電気製品の製造だけではなく、建築物も含めて、全分野でエネルギーの利用効率を高め、省エネルギーを達成する目標が定められた。この政策に、電力業界と自動車・鉄道・航空業界を管轄するエネルギー省と運輸省を筆頭に、商務省、環境保護局、NASAが関わり、ウォール街と連動する財務省の予算が投入され、一大国家プロジェクトが動き出したのである。翌九三年一〇月には、アメリカ政府がもう一歩踏み込み、「燃費を三倍改善する自動車の新しい動力を二〇〇四年までに開発する」という数値目標を立て、「次世代自動車のためのパートナーシップ」という商業政策をスタートした。ここから、PEM型燃料電池車の本格的開発が、ガス会社から自動車メーカーに大きくシフトし、一躍すべての産業を巻き込むターゲットとなったのだ。したがって、真の技術力を持っていたのは、脚光を浴びた新参者の自動車メーカーではなく、ガス会社や化学会社、燃料電池メーカーであった。

問題はPEMの高いコストにあった。九八年には、デュポンの担当者が、「燃料電池車が年間一五万台売れるようになれば、ナフィオンも大量生産して一〇分の一の価格になる」と発言して期待を抱かせた。しかも、PEMの単位面積当たりの電気出力が将来はかなり上がると予測され、最終的には家庭用クーラーを動かせる一キロワットで一〇〇〇円のPEMという安い単価になる。しばらくは、メーカーが一万円で購入する時期を耐えしのげば、必ずマスプロダクションの時代がくる。

しかしナフィオン膜の製品価格が高くとも、原料費はその五〇分の一であるから、大幅なコストダウンの余地があった。デュポンとバラードを抜いてレースに勝とうとするメーカーは、ナフィオンの原料ポリマー（高分子）溶液を購入して、自分で製造する方法に目をつけた。デュポンと同じ技術を獲得して薄い膜をつくれば、一キロワットで一五〇〇円レベルになるからである。

日本ではデュポンのPEMとほぼ同じ組成で、旭硝子がフレミオン膜、旭化成工業がアシプレックス膜を、食塩電解用の高分子膜として発売し、世界の三大メーカーとなっていた。ガラスメーカーがPEMの製造に進出するのは、窓ガラスに使われる最も一般的なソーダガラスの原料が苛性ソーダ（水酸化ナトリウム）だからである。その生産には、かつては水銀法が広く使われたが、潜在的に水俣病を起こす危険性のある水銀法が日本で完全に廃止され、現在は、イオン交換膜を用いて食塩水を電気分解し、塩素と水酸化ナトリウムと水素を製造する隔膜法が広く普及するようになっている。

九九年から、その旭硝子によるデュポン追撃のPEM研究開発はかなり進んできたが、さらにスリーエム、ヘキスト、BASFなど各国のメーカーが新しい製品を追いかけ、二〇〇〇年末には積水化学工業が一六〇℃の高温でも作動する高性能PEMの開発に成功した。これらの膜は、できるだけ薄くて強いものが好ましい。燃料電池を小型化でき、寿命が長くなるからだ。当初は一〇分の一ミリメートルでも驚異的と考えられたが、二〇〇〇年には「五〇〜二〇μが可能」とまで言われるところまで進歩した。一μ（ミクロン）は、一〇〇〇分の一ミリメートルである。

そこに、意外な伏兵が現われたのだ。

アメリカの合成繊維メーカーであるゴア社（W. L. Gore & Associates）である。創業者のウィルバート・リー・ゴアは、ユタ大学で化学を専攻したのち、鉱山王グッゲンハイム家が操業するユタ州のガーフィールド鉱山でエンジニアとなった。戦後はデュポンに移って研究所の幹部となったが、そこで得た技術をもとに五七年にゴア社を設立した。副大統領アルバート・ゴアは知られていたが、ゴア社のウィルバート・ゴアは無名に近かった。二〇〇〇年秋に経済誌〝フォーブス〟が「アメリカの四〇〇富豪」を特集した号では、個人ランクと別にリッチ・ファミリーとして四〇家族が選ばれ、一位がデュポン家、二位がメロン家、三位がロックフェラー家……いずれも富豪の顔ぶれは変らない。ところが二八位に、ゴアテックスの創業者一族ゴア家が登場してきた。デュポン出身者が、いまその最大のライバルとして業界に浮上し、資産でも富豪の仲間入りを果たしたのだ。創業者のウィルバート・ゴアが八六年に死去したあと、未亡人のジュヌヴィエーヴが事業をきりもりして、すぐれた工業用の合成繊維を次々と世に送り出してきた。それほど売れっ子となったゴア社のＰＥＭは、次のようなものであった。

ゴア社は七六年に、エチレンにフッ素を四個結合させ、四フッ化エチレンの高分子材料を開発した。現在どこにでも使われているポリエチレンの原料が、この単純な分子エチレン（$CH_2=CH_2$）である。これが、ゴアテックス繊維として発売されると、雨をはじくが、汗を蒸発させるゴルフウェアとしてたちまち有名になった。

この繊維は、一平方センチメートルに一五〇億個の小さな穴を持ち、この大きさに意味があった。その穴の二万倍の大きさを持つ雨のしずくは、はじき返される。ところがこの穴の大きさは、汗の水蒸気分子の七〇〇倍の大きさなので、汗は外に蒸発できる。大粒の雨と、人間の体から出る水蒸気の小粒さを利用すれば、スポーツウェアとして便利になるという着想から生まれた製品である。

ゴアテックスは、風雪や雨をよける米軍用の生地としても使われてきたが、この合成繊維技術を使って、デュポンのナフィオンを二次加工し、水素の陽イオンがうまく通過できるよう改良したゴアセレクト膜が、燃料電池用のＰＥＭとして発売されたのである。

ゴアセレクト膜は、九八年六月、プラグ・パワーがニューヨーク州オルバニーの住宅に設置した原型第一号機の七キロワット燃料電池に組み込まれて話題となったが、導電性と強度の両方を向上させながら、さらにその後、二〇μという超薄膜の製造に成功するまで進歩した。カーボン電極を組み合わせた膜〜電極アセンブリー（商品名ＰＲＩＭＥＡ《プライメア》）としても、厚さが四〇μにまでなったので、デュポンを抜き、広範なメーカーに使われるようになった。強靭で触媒の作用も良好で、日本ではジャパンゴアテックス社から、デュポンのナフィオンと同じ面積でほぼ同価格で発売され、大阪ガスが試験的に使用した結果でも、すぐれた性能を発揮した。

　これらフッ素系の材料が家庭用の燃料電池として普及した場合に、人体への影響はないのであろうか。ゴア社は、それらの危険性を示すデータを隠さずに提供してきた。それによれば、ゴアセレクト膜のフッ素系高分子は、二七五℃以上で長時間加熱すると、ガス化が起こりはじめる。したがって火災のように異常な過熱時や燃焼時には、ほぼ三八〇℃を超えると、フッ化水素や一酸化炭素、低分子のフッ化炭素など有害ガスの発生が起こると警告しているが、このような火災時の有毒ガスは、建物内にあるほかの製品からのもののほうが、はるかに大量で、燃料電池特有の問題ではない。またゴアテックスは、歯科の材料としても口内で使われてきた。

　したがって燃料電池は、従来型電池のように腐食して重金属汚染を起こす危険性は非常に小さいが、廃棄物として焼却せずに、リサイクルを義務づけることが望ましい。しかし幸いにも、燃料電池メーカーによれば、「消費者以上にリサイクルを望んでいるのは、われわれである。ＰＥＭに使用される高価な白金触媒を回収することによって、大きな利益が出るので、資本主義の原理から、燃料電池本体はほぼ一〇〇％リサイクルの方向に進む」という。基本的には大きな問題を生じないであろう。

　一方、アメリカのダイス・アナリティック社は、これらとまったく異なる組成で、シェル化学の素材を原料にして、独自のＰＥＭ（商品名ダイス・イオノマー）を低コストで開発した。スチレン・［エチレン〜ブチレン］・スチレンから成る三層構造のポリマー（商品名クラトン）の一部に、デュ

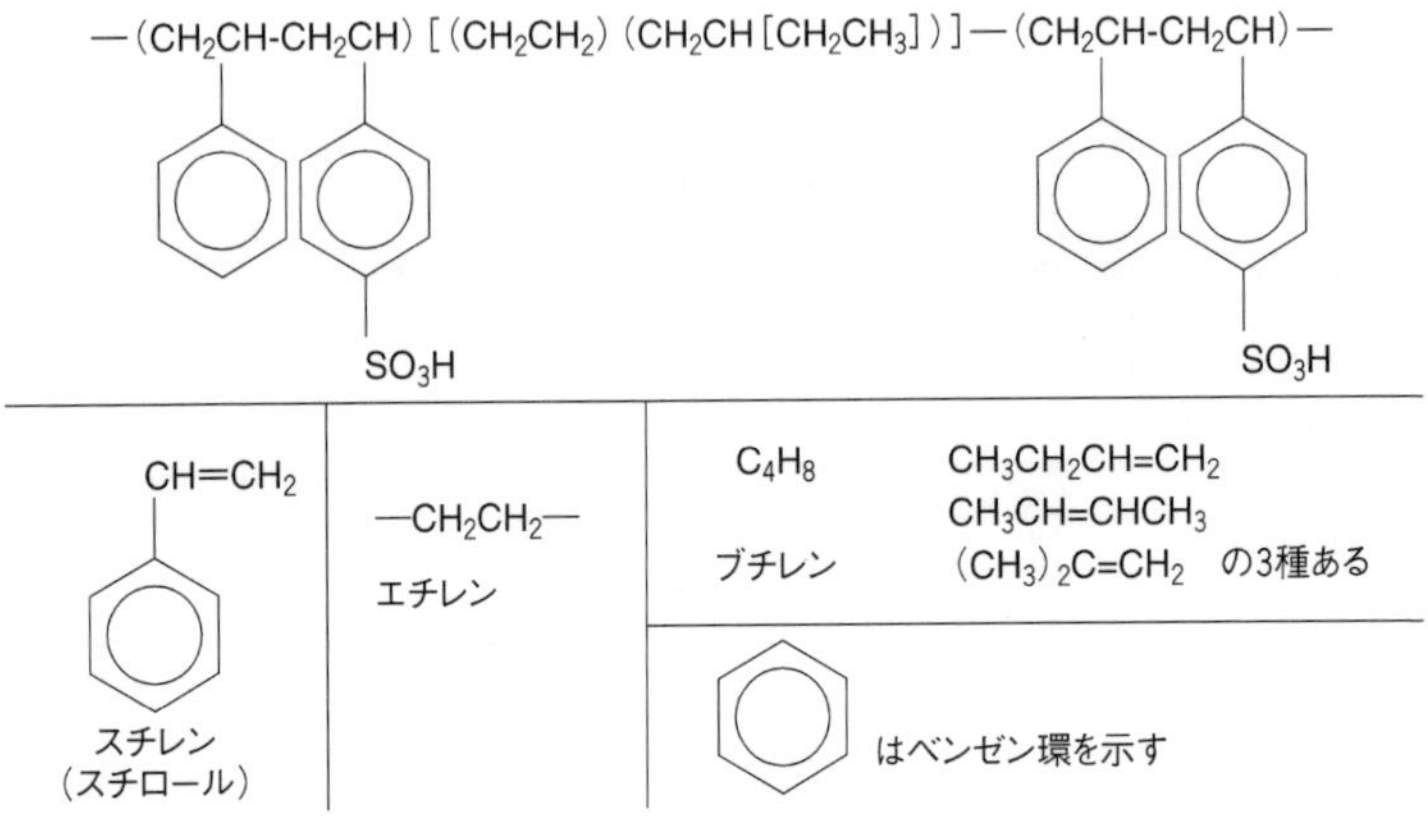

図5　Dais-Analytic社製　部分的にスルフォン化したポリマーPEMの分子構造

ポンのナフィオン膜と同じようにスルフォン基（—SO_3H）を結合させたのである。しかしダイス社は、高価なフッ素系のポリマーを使わずに、六五年のジェミニ宇宙船用にGEが最初にPEMとして開発したスチレンすなわちスチロールを使った。どこにでもある発泡スチロールの材料ポリスチレンは、九九年初めの価格が日本で一キログラムわずか一〇〇円、二〇〇〇年の原油暴騰後でも一四〇円なので、塩化ビニールとほとんど変らない。これほど安価な原料を使ったものなので、従来の「値段の高い高分子膜」という概念を完全に崩したのである。

しかもスルフォン化レベルが一定量を超えると、同様の条件下でナフィオンより導電性が高くなった。このような炭化水素を基本とした材料は、ナフィオンに比べて化学的安定性に劣るが、一〇〇℃前後の温度で作動するPEM型燃料電池では、それほど過大な安定性を必要としない。現在まで連続運転で五〇〇〇時間に耐えられるという成果をあげており、結合させる最適条件さえ選べば、イオン導電性と機械的性質の両方がバランスする領域で使えることが分ったのである。

この会社は、九九年にダイス社とアナリティック・パワー社が合併して誕生したが、以前から業界で「アナリティック製燃料電池」は有名で、北米の五大燃料電池メーカーに数えられてきた。

この会社の開発方針は、徹底してコストダウンを狙うところにあり、それが、デュポンのＰＥＭを基本とする他社と大きく異なる製品を生み出した鍵であった。彼らは、現在の電力会社の発電コストの七％以内におさえるという高い目標を掲げて、研究開発を進めたのである。なぜ七％という極端に低い製造価格を狙ったのか、それは不明だが、バラードを意識したことは間違いなかった。

このコストダウンのため、ノースウェスト・パワーと同様、すでに量産化されている原料を用いることを開発の基本姿勢とし、三キロワットの家庭用燃料電池を安価に製造することに成功したのだ。二〇〇〇年六月時点で非上場の個人企業だが、ドイツのハンブルク・ガスと提携してヨーロッパにも販路を持ち、プラグ・パワーを支援してきたニューヨーク州エネルギー研究開発局ばかりか、九九年三月には拳銃メーカーとして有名なスミス＆ウェッソンとも提携して共同研究を進めてきた。ポータブル燃料電池では、小型の水素発生装置が必要なので、固体燃料カートリッジを用いる部分に、拳銃の弾丸装填メカニズムを利用しようというアメリカ人ならではの発想である。

この会社が燃料電池の開発をおこなったのは、海兵隊の気象観測用気球に水素を供給する技術の開発に携わってきた関係で、気象観測ステーションへの電力供給を目的として、三キロワットの燃料電池を開発したのが出発点であった。つまり彼らは、将来の燃料として最も期待されている水素製造のプロであった。すでに水素、天然ガス（都市ガス）、プロパンのいずれも燃料に使えることが確認されているが、同社では、燃料電池用として、もうひとつユニークな装置を開発した。重さとして二割近くの水素を含んでいるアンモニアから水素を取り出す改質器として、独特のアンモニア・クラッカーを完成したのである。

熱分解することをクラッキングというが、木炭を敷きつめたところに無水アンモニアNH_3のガスを流すと、水素と窒素に分解される方法を利用したもので、「二酸化炭素が地球を温暖化する」と主張する人間たちに、炭素をまったく含まない燃料として注目されているのだ。灯油、プロパン、天然ガスなど、あらゆる低分子量の炭化水素から、硫黄を除去して水素を取り出すことができるディーゼル燃料の脱硫改質器も開発してきた。水素技術だけでなく、電気化学的な冷却・冷凍技術を持っている点でも、燃料電池をコジェネシステムに応用する能力では、かなり高度な立場にある。一五〇～二〇〇キロワットという大型燃料電池の試作も終え、驚くべきことに発電効率五六～七七%を達成したという。

ベンチャー企業プラグ・パワー設立のミステリー

家庭用および小さなオフィス用、自動車用のＰＥＭ型燃料電池の開発・製造会社として、バラードと並んでトップランナーだったプラグ・パワーの現状は、二〇〇〇年末まで謎に包まれたままであった。

九七年六月に、わずか二二人でニューヨークに会社を創業したベンチャー企業がプラグ・パワーであった。アメリカのベンチャー企業は、キャプストーン・タービンがそうであったように、背後には巨大な技術と資本がある。ベンチャーの実態は、大会社の内部で有望な技術が誕生すると、大企業が抱える大量の社員に利益を吸収されないように、その部門を静かに切り離して独立会社とし、一部の人間が移籍しながら、株式市場に上場する前に投資して、個人的な野望を満たすシステムであったのだ。

プラグもまた、燃料電池のパイオニアであるメカニカル・テクノロジーと、ミシガン州最大の電力会社DTEエナージーが三二・五％ずつ出資して設立した会社であった。DTEとは、ミシガン州の自動車王国デトロイトに君臨する電力会社デトロイト・エジソンの略で、母体をエジソンに持つGEの同族会社である。そのデトロイト・エジソンは、アメリカ最初の商業用高速増殖炉エンリコ・フェルミ一号炉を建設しながら、六六年一〇月にメルトダウン事故を起こして失敗し、以来、回復するまでに苦難の道を歩んできた。

同社と組んだメカニカル・テクノロジーは、三〇年来、エネルギー効率の高いコジェネガスタービンなどの発電技術と、ハイブリッド自動車の設計、各種プラントのセンサーおよびコンピューターシステムなどを手がけてきた企業で、燃料電池の白金触媒やPEM製造などのテクノロジーを蓄積していたので、その技術をそっくり新生プラグ・パワーに移した。

そして設立の翌月、プラグは、早くもエネルギー省からPEM型燃料電池の研究開発で全米最大の補助金を獲得し、自動車用の五〇キロワット燃料電池の開発と、凍結防止の研究、ビル用コジェネ式五〇キロワット燃料電池の開発などを、研究目標として掲げた。つまり国家的プロジェクトとして、政策的につくられた外見上のベンチャーであった。

創業四ヶ月後には、ガソリンを燃料とする燃料電池で世界初めての発電テストに成功し、翌年には、原爆開発のロスアラモス国立研究所と燃料電池の開発で提携した。そして前述のように、ゴアセレクト膜を使って、九八年六月にニューヨーク州オルバニーの住宅に七キロワットの燃料電池を設置して全米に公開し、順調な発電を続けると、半年後には、ニューヨーク州に燃料電池システムを供給する契約を結んで、数百万ドルの補助金を獲得した。まったく順風満帆、何ひとつ問題はないように見えた。

九九年一月には、フォード・モーター向け自動車用燃料電池を開発して、さらに新境地を開拓し、翌二月に、大きな転機を迎えた。ジャック・ウェルチ率いるGEが、傘下の小型発電部門のGEマイクロジェン社を通じて、住宅用およびオフィス用の燃料電池の開発でプラグと提携したのである。完成品ができた暁にはGEが販売することで合意し、製品名もGEホームジェン七〇〇〇とし、最大三五キロワットの出力とする計画が打ち出された。

業界ナンバーワンの商品に力を集中して利益を確保するウェルチのGEがバックについたとあって、エネルギー業界は色めき立ち、四月には、全米最大級の天然ガス供給会社サザン・カリフォルニア・ガスがプラグに出資する決断を下した。排ガスの少ない天然ガス燃焼技術を持ち、燃料電池の開発でも三〇年の豊かな経験を持って、カリフォルニア州ダイアモンドバーに世界最初の商用燃料電池を設置したガス会社である。その目に狂いがあるはずはなかった。

六月にビル用コジェネ型五〇キロワットの燃料電池の開発に着手すると、ニューヨーク州エネルギー研究開発局と共同で、州内全域の公共施設、警察、農場などに八〇台の燃料電池を設置し、天然ガス、プロパン、メタノール、水素の燃料を使っての大がかりな実証テストをスタートした。九月には、燃料電池関連特許の取得が五〇件を突破し、ついに一〇月二九日、一株一五ドルでナスダックに上場したのである。

九九年も暮れようとする一二月、GEはプラグの燃料電池一号製品を翌年の早いうちにテストし、デモをおこなうと発表。テストはニュージャージー州とジョージア州で実施する計画で、現地の二社がGEの住宅用と小型商用サイズの燃料電池の最初の購入先となる契約を結んだ。この装置の仕様は、次のように謳われていた。

——連続使用する場合には七キロワット、三〇分間であれば一〇キロワットまで出力を上げることが可能。電力だけ使用すれば三〇～四〇%の効率だが、コジェネとして使えば七五%のエネルギー効率になる。排出ガスは、窒素酸化物、硫黄酸化物とも一ppm以下で、マイナス四〇℃の極寒地域でも、五〇℃の熱暑でも、標高一八三〇メートルでも使用できる。燃料には天然ガス（都市ガス）かLPG（プロパンなど）を用い、メンテナンス期間は約一年で、主要部品の寿命は四万時間（四年半）あり、装置本体の寿命は一五年である――と。

かくして、明けて二〇〇〇年二月には、すでに社員が二二人から三五〇人にふくれあがったプラグが、燃料電池を量産する大規模な新工場の建設に着工したのである。燃料電池のリーダーであるIFC／東芝グループもプラグと提携し、誰一人、その成功を疑う者はいなかった。その月、ヨーロッパ有数の暖房器具メーカーであるドイツのファイラント社が、開発提携を発表した。内容は、家庭用の暖房器具、湯沸器、燃料電池システムなど広範囲におよび、プラグが燃料電池とガス処理部品を提供し、ファイラントが暖房器具を製造して、ドイツ、スイス、オーストリア、オランダで販売。同時にそれをGEに提供して、GEのブランドとして全ヨーロッパで販売。ヨーロッパでの市場テストは二〇〇一年末までに終え、二〇〇三年に販売開始の予定。七キロワット製品の小売り価格は一台七〇〇〇～一〇〇〇〇ドル（およそ一〇〇万円前後）になる予定、というものであった。驚くべき開発スピードであった。

ファイラントは、九九年に創立一二五周年を祝った従業員五四〇〇人の由緒あるメーカーで、電気・ガス・石油によるセントラルヒーティングや、ソーラー暖房器具も製造し、ヨーロッパの環境保護運動を産業界から実地にバックアップする有力企業であった。スイス製の小型セラミック型燃料電池ヘキシスに、ファイラントの住宅用ガスヒーターを組み込んでコジェネシステムを開発し、ドイツ、スイスなどでテストを実施していたところである。ここにプラグ／GEグループの高性能エネルギーが加わることは、全世界の燃料電池普及にとって、コストの壁を越える大きな突破口になることが間違いないと見られた。ノースウェスト・パワーとコロナの連合をしのぐコンビだったのである。

プラグはさらに四月一八日、ドイツの大手化学会社ヘキストの系列企業から、電極からの高度なガス拡散技術を導入して、一二〇℃という高い反応温度でも燃料電池を安定して作動させることができるようになり、排熱をクーラーに利用できるめどをつけた。翌週二六日には、日本のクボタが、GEとプラグの合弁会社GEフュエル・セル・システムズと、PEM型燃料電池を用いる発電機の販売契約を締結した、というニュースが流れた。ここまでは、何も悪いところはなかったのである。

ところが翌月のことであった。五月四日、プラグの住宅用燃料電池の第一号システムが、当初の計画通りに独立した自家発電機能を発揮できずに設計変更となり、GEは、九九年に交した四八五台の買い取り契約義務から解放されることが発表され、プラグの株価は一挙に暴落した。プラグ社によれば、性能向上のためにスケジュールにわずかな遅れは出るが、GEとの技術提携および二〇〇一年の市販計画は変らず、年内から二〇〇一年初めまでに改良型を完成する目標であるという。そのまま額面通りであれば、さして問題があるようには見えなかった。

しかし筆者には、腑に落ちないところがあった。そこでプラグの最高経営責任者で社長のゲイリー・ミットルマンとメディア担当重役に対して、「各社の燃料電池の技術的問題を分析しているので、今回のトラブルの原因を、公表できる範囲で教えていただきたい。ノウハウに関わる部分は不要です」と質問状を送り、何度も丁寧に説明を求めたのだが、一切回答が来なかった。しかししばらくすると、アメリカの投資家や燃料電池開発の関係者たちが、プラグ幹部の態度を許さなくなった。ミットルマン社長が、スケジュール変更計画や、その後の技術的問題点の説明を一切おこなわなかったからである。全米では、何万通もの質問状がインターネットメールで送られ、誰も回答を受け取れなかったのである。それだけ、プラグに対するこれまでの期待は大きかった。

以後もプラグの株価は上下に急変したが、株価は、大きな問題ではなかった。それは、デイトレーダーの投機屋が当日の値動きだけを見て動く変化にすぎない。企業の株価が落ちた底値を見れば、これら投機屋の浮動資金を差し引いた正味の評価ができる。

プラグの本質的問題が表面化したのは、八月二四日であった。ミットルマン社長が突然辞任し、理由さえ発表されなかったのである。最大のパトロンであるGEは、「プラグへの支援を継続する」と表明したが、最新のプラグ決算報告では、投資家に予告なく「次世代の燃料電池五〇〇台の製造予定は一二五台に縮小され、量産スケジュールは一年延期され、GEへの納品が二〇〇二年以後になる」とされていたのである。

このような新技術にトラブルが発生するのは常であり、金もうけしか考えない投機屋が離れても、企業の成長を冷静に見守る投資家は、そうしたことで株を売りに出すことはない。ミットルマンの問題は、投資家と、燃料電池分野で共に新エネルギーを開発中の人々が知りたかった五月のトラブルと計画変更の理由を、技術的にまったく説明しなかったことだ。事情を説明しなかったのか、説明できなかったのか、その違いが判断の分かれ目になる。沈黙は金ではない。新技術をリードするモデル企業として、あるまじき態度であった。論理性を重んずるアメリカで、この沈黙が許されるはずはなかった。

九月一三日までは、各種のウォール街ニュースが、相変らずバラードと共に燃料電池の開発リーダーはプラグであるともてはやしていたが、翌一四日、事態が一変した。ニューヨーク、ロサンジェルス、サンフランシスコ、シアトルなどに事務所を持つ著名な法律事務所ミルバーグ（Milberg, Weiss, Bershad, Hynes & Lerach LLP）が、「プラグ幹部は、計画変更の発表前に、自分が保有するプラグ株を売却していた。これはインサイダー取引きに該当する」という事実を公表し、「計画後退の事実を伏せて八月まで投資家にプラグ株を買わせてきた損害を、彼らは賠償しなければならない」と、プラグの元幹部らを告訴する手続きをとり、全米の投資家に訴訟への参加を呼びかけたのである。翌日から、各地の法律事務所がいっせいに同様の告訴をスタートした。

この経過が、元幹部らの怠慢と不正によるものであれば、社長交代によって、今後は以前と同じように燃料電池開発のリーダーに復帰できる。それがGEたちの望んだ幹部交代劇の舞台裏であったはずだ。しかし、プラグの開発現場が技術的に本質的な欠陥を抱えていたのであれば、ウェルチのGEにとっても重大である。

いずれなのか。ミステリーは現在も続いているのだ。

デトロイトの巨人GMの世界帝国

日本の自動車メーカーに対するデトロイトの怒りが全米を反日感情に巻き込み、売上げトップをエクソンと争ってきたアメリカ企業のシンボル、そのゼネラル・モーターズ（GM）が、八六年に一一工場の閉鎖を発表して以来、十数年の歳月は、GMに対日貿易交渉だけでは勝てない知恵をつけさせた。

自動車をつくっていただけでは生き残れないと考え、八四年にエレクトロニック・データ・システムズ（EDS）、八五年に衛星技術の花形ヒューズ・エアクラフトを買収し、通信とエレクトロニクス分野での広範な技術に進出した効果は、九〇年代に入って見事に開花し、九六年にEDSを独立させ、ヒューズを軍需産業から撤退させつつ、日本経済の苦境も手伝ってGMは完全に立ち直った。ところがそこに、ダイムラー・ベンツの燃料電池が登場したとみるまに、新たな難問がこの巨人に突きつけられた。GM工場では、キャディラック、オールズモビル、ビューイックの大型車が製造され、バス・トラック用として大型車に搭載されるディーゼルエンジンの生産が拡大するなかで、日本のメーカーが高性能のハイブリッドカーで「きれいな排気ガスと燃費向上」という挑戦状を送りつけてきたからである。

ダイムラー・ベンツがフランクフルトの国際自動車ショーに燃料電池車を出展し、「燃料電池車を二〇〇四年に生産する」と発表したのは九七年だったが、翌年にはダイムラー・ベンツとクライスラーが正式に合併してダイムラークライスラーが誕生し、二社合計の売上高でフォードを抜いて世界第二位にのしあがってきた。

トヨタは九六年に、大阪自動車シンポジウムに日本国内最初の燃料電池テストカーを出展したが、それはバラードからの借り物ではなかった。トヨタの自社製燃料電池を搭載し、水素を吸蔵する合金に水素をためて燃料電池を作動させながら、二五〇キロメートルの連続走行ができる性能を実証したのである。

翌九七年トヨタは、燃料にメタノールを使った燃料電池テストカーを発表し、これもトヨタ自社製の燃料電池で、今度は最高時速一二五キロメートルを記録した。それ以上にこの年トヨタは、自動車が走行中の運動エネルギーを、ブレーキを使ったときに無駄に捨てず、ニッケル水素電池に電気として蓄えるハイブリッドカーを考え出した。ハイブリッドとは、純血ではない混血・雑種という意味だが、自動車でいうハイブリッドは、二種類以上の駆動技術を組み合わせたものを指す。ブレーキを踏むたびにバッテリーに蓄えられるエネルギーで、電動モーターを回転させ、ガソリンエンジンの動力と組み合わせて走行するハイブリッドカー〝プリウス〟を、二二〇万円で市販したのだ。

プリウスの基本は、エンジンを作動する過程で発電し、その電気をバッテリーに蓄え、発進する時や低速度の時に、蓄えた電気で電動モーターを回して走る。こうすると、ガソリンを食う発進時や低速時に、ガソリンエンジンを止めることができるので、エネルギー効率が高くなり、結果として、排ガス中の有害物質が少なくなる。これまでのガソリンエンジン車に比べて、一リットルの燃料で走行できる距離、いわゆる燃費が二倍という驚異的な省エネルギーを達成でき、同時に、排ガス中の一酸化炭素と窒素酸化物などの有害物質を規制値の一〇分の一に減らすというめざましい成果を示した。一リットルのガソリンで二七キロメートル走るプリウスは、九九年末までに日本で三万三二〇〇台を販売したが、二〇〇〇年七月からアメリカでも発売されると、予想を超える受注の伸びを示した。一リットルで四〜五キロメートルしか走らないガソリン車が大量に路上を走っている時に、この性能は、文字通り驚くべき数字であった。

「バラードとは一線を画して燃料電池を開発する」と常日ごろから言っていたトヨタが、一〇月になって、満を持していたかのように、バラード・グループを軸とするカリフォルニア州燃料電池パートナーシップに参加することを表明した。技術的にはあくまでも自力での燃料電池開発という基本線を崩さないが、他社と技術を競うこの技能オリンピックに出場しないままではすまなかったからである。トヨタが必ず超えなければならない路上走行テストというハードルに挑戦することになったのだ。

一方、独自路線を貫いて無類の人気を誇るホンダも、トヨタ同様のメカニズムでハイブリッドカー〝インサイト〟の量産を宣言して追撃しはじめた。しかもその発表がおこなわれたと見るまに、ガソリン一リットルで三五キロメートルと、プリウスを上回る燃費を記録した。しかしGMにとって、底力を持つトヨタとホンダの脅威はハイブリッドカーになく、本命の燃料電池車にあった。

ガソリンエンジンでは、ガソリン燃焼で発生した熱エネルギーが有効に使われずに、最高一〇〇〇℃近い高温の排気ガスに大量に残ったまま、マフラーから大気中に放出されるだけでなく、駆動メカニズムに伝わった運動エネルギーも、エンジンのシリンダー運動や各部への伝達の時に摩擦ロスを生じるため、ガソリンから生まれたエネルギーの八割以上が失われる。特に発進する時やスピードを落とした時に、シリンダーのピストン運動で失われる機械的エネルギーのロスは大きい。

これに対して燃料電池では、発生した電気エネルギーを直接主軸に伝えて自動車の車輪を回転させるため、機械的ロスが非常に少なくなり、主流のＰＥＭ型燃料電池は作動温度が八〇℃前後なので、無駄に捨てられる熱エネルギーはほとんどない。そのため、エネルギー効率がガソリン自動車の二倍から三倍に上昇するのである。

自動車用に組み込まれた燃料電池では、実際には発電効率が一〇〇％にならず、水素と酸素の結合反応の遅れによって、四五〜六〇％に落ちる。しかしガソリンエンジンではエネルギー効率がわずか一五％しかなく、ディーゼルエンジンでも二四％なので、燃料電池が目標とする五〇％を達成すれば、ハイブリッドカーをしのぐ自動車が誕生するはずだった。すでにダイムラークライスラーが第四世代の四人乗り小型乗用車ＮＥＣＡＲ《ネッカー》４に搭載したバラード製燃料電池は、九九年一一月に三七％の効率を達成し、メーカーの技術は、アメリカ政府が次世代自動車のゴール地点として示した「燃料消費率（燃費）三倍改善」という高い目標が可能な領域へ、あと一歩まで迫っていたのだ。

しかし技術者に課せられた条件は厳しかった。自動車は、エンジンと燃料タンクが小型で軽いほど、燃料を食わずに走ることができ、スペースが有効に使える。そのため燃料電池のコンパクト化が絶対的な必要条件であった。これは、〝動かない住宅〟には求められない苛酷な条件であった。自動車メーカーがバラードに殺到したのは、ガソリンエンジンの馬力に相当する燃料電池の出力が、電気を生み出す「セルの数」×「ＰＥＭ（膜）の面積」に比例するので、最後の鍵を、ＰＥＭの発電能力が握っていたからである。

自動車で何馬力エンジンと言う一馬力は、七五キログラムの物体を一秒間に一メートル動かす力（仕事率）だ。乗用車用の燃料電池は五〇キロワットで充分とされているが、物理単位で換算すれば、一キロワットは一・三馬力程度しかない。人間を乗せた自動車の総重量と、ハイウェイを時速一五〇キロメートルで走るエネルギーから単純に馬力を求めると、五〇キロワットでは到底足りないことになる。ところが自動車では、タイヤを動かす力、つまり回転モーメントのトルクによって走行能力が決まってくるので、この電気出力でも充分なスピードで走ることができる。

バラードのカリフォルニア州パートナーシップに参加したホンダが、高性能の燃料電池を搭載してダイムラー、フォード、フォルクスワーゲンと連合を組み、世界初の日常的な路上走行実験を開始するというのである。

ＧＭ会長ジョン・スミスと、現場の最高責任者リチャード・ワゴナーは、市場に出した電気自動車モデルが不評で、ぶざまにも生産を中止してしまい、ＧＭを頂点とするはずのデトロイト反日戦線共同体は、フォードとクライスラーが別方向に走り出しているのだ。九八年一月のデトロイト自動車ショーで「天然ガスエンジンのハイブリッド車の生産を二〇〇一年までに開始する」と発表するのが精一杯で、ＧＭは孤立感を深めているかに見えた。

しかしそれは、帝国と呼ばれるＧＭの一面でしかなかった。ＧＭのヨーロッパ子会社には、ドイツの名門オペルがあり、ダイムラーの動きを鋭い目で追っていたオペル技術陣が、九八年九月のパリ自動車ショーで、ＧＭ最初の燃料電池車をオペル・ミニバンで発表し、メタノールを燃料にして最高時速一二〇キロメートルを出してみせた。軽乗用車トップのスズキに対する出資比率をＧＭが一〇％に引き上げたのは、この月のことであった。続いて九九年四月には、環境技術の共同研究開発でGMが宿敵トヨタと包括提携を結び、「二〇〇三年までハイブリッドカーや燃料電池車などの新型車で、研究開発を共同で実施する」という衝撃的な発表がなされた。トヨタもバラードに頼らず自社技術を宣言していたからである。

GMはさらに、すでにあるガソリンスタンドを利用できるガソリンを利用するほうが早道と考え、燃料電池のガソリン研究で、アモコ（旧スタンダード石油インディアナ）と提携を深め、そのアモコがBPと合併してBPアモコが発足すると、この新石油メジャーがアトランティック・リッチフィールド（ARCO、スタンダード石油系）の買収を発表し、このARCOがただちにバラードのカリフォルニア州パートナーシップ設立に参加したのである。

結果としてGMは、「バラードと一線を画して燃料電池を自主開発する」と宣言しながら、バラード連合の内部に巧みに片足を突っ込み、相手の情報収集につとめた。巨大なGM資本は、見せ物の看板ではなかった。出遅れても、手を尽くせば技術を集結できるはずだった。バラード〜ダイムラークライスラー〜フォード連合が華やかに話題を独り占めするなかで、九九年一〇月には、「GMは二〇〇四年に燃料電池車を商品化して実売する。将来の燃料電池車の販売シェアは、二〇一〇年にGMグループ全体の一割とし、二〇二五年には四分の一にまで拡大する」という挑戦的な方針を発表し、GM・トヨタ連合の本命は水素であると説明した。しかし実際に検討していた燃料は、水素、メタノール、脱硫ガソリンの三種で、本心では、オペルが集中的に研究しているガソリンこそ実用化に有利と考え、その成功を祈っていた。

GMの追撃は、ヨーロッパを中核に急ピッチで進められた。年末までに、ドイツのフランクフルト近郊マインツの研究所で、マイナス二〇℃の寒冷地でも、燃料電池のつくり出す水が凍結しない技術を開発し、メタノールを使って燃料電池車を発進できるテスト走行に成功すると、最も困難な燃料電池車の始動性を「三分で時速四〇キロメートルまで加速できる」ことを誇った。翌二〇〇〇年一月のデトロイト自動車ショーでは、ついに水素をタンク充塡した燃料電池車として〝プリセプト〟を発表した。出力は、従来の燃料電池乗用車で五〇キロワットとされていたが、GM車は二倍の一〇〇キロワットと大きく、最高時速も一九〇キロメートル、しかも時速九六キロメートルまで加速するのに九秒しかかからないという、どこからどこまで金に糸目をつけないアメリカ人向けの大陸用燃料電池車であった。

このGMの大部隊が披露した高度技術は、ノースウェスト・パワーという三人組が創業したガレージ工場と直結していたのである。すでにイタリア産業界の大立者であるフィアットのアニェリ・グループと接触していたGMは、三月にフィアットとの提携を明らかにすると、七月に「相互の株式持合いを完了し、GMはフィアット株を二〇%取得した。エンジンの共同開発の合弁会社を設立する」と発表した。イタリア最大の民間企業を事実上買収したのは、フィアットがミラノの化学会社デノーラと燃料電池の共同開発を進めていたからである。フィアットは近々、デノーラ燃料電池の搭載車をデモンストレーションする予定になっていた。

世界中の燃料電池成功の鍵を握っていたのは、バラードと並んで、イタリアのデノーラであった。PEMの膜は製造しないが、デノーラは日本の三井化学とジョイントベンチャーを設立して研究を進め、ヨーロッパ連合（EU）の燃料電池車開発プロジェクト〝フィーバー〟にPEM型燃料電池スタックを供給しながら、フランスのルノー、プジョー、日本の出光石油、東京ガスとも燃料電池でさまざまな関係を持っていた。正統派貴族ではないオロンツィオ・ノーラが一九二三年に創業して以来、化学技術の顕著な功績によってナイトの称号を受け、デを姓に冠してデノーラと改姓し、息子ニッコロが事業を受け継いだ。現在もデノーラ・ファミリーの金融持ち株会社が所有して、七七年の歴史を持つ電気化学業界のトップ企業であった。

本業は、苛性ソーダ、苛性カリ、塩素、塩酸、食塩の製造と、それに必要な電極の製造にあったが、耐蝕性の高い金属電極の特許を多数保有し、アルカリ工業用の電極メーカーとしてはシェア二〇%の世界一を誇っていた。この技術が燃料電池に応用可能となったことから、九〇年にイタリアの国家プロジェクトに参加して燃料電池開発をスタートし、燃料電池用の電極を完成した。続いてイタリアとヨーロッパ連合の資金を得て、燃料電池の開発を続け、特に、燃料電池に水素と酸素を供給するセパレーターという薄板部品がコストとコンパクト化の鍵を握ることから、その研究に大きな精力を注いで、さまざまな金属材料を検討した。バラードが使っているグラファイトと徹底的に比較した結果、九六年にアルミニウムをプレス加工した金属セパレーターによって大幅なコストダウンを達成し、やがて、自動車用と発電用の本格的な燃料電池スタックの開発に成果をあげて、一躍注目を集めたのである。先に述べたように、ガレージ工場ノースウェスト・パワーに燃料電池を納入したこのデノーラが、改質器という水素ガス取り出し装置のエキスパートであるアメリカのエピックス社と提携し、二〇〇〇年四月に燃料電池専門の合弁企業を設立すると発表。九八年にそのエピックスを買収したコンサルタント会社アーサー・D・リトルが、この合弁会社に五〇%出資して、GMの仲介役もつとめていた。

デノーラはすでに一七〇種類の燃料電池スタックをテストしてきたが、九三年からの六年間で、燃料電池の体積を四分の一に小型化することに成功していた。ドイツ航空宇宙センター用とボート用に納入した五キロワットのPEM型燃料電池はいずれも良好な成果をあげ、九九年一〇月には、デノーラ・フュエル・セルズという燃料電池専門メーカーを設立して独立させ、〇・一キロワットという超小型のポータブル燃料電池から、バス用の一〇〇キロワットまで製品を広げてきた。ベルリンの空港と駅間のシャトルバスにデノーラ製燃料電池が搭載され、クリーンカーとして話題になっていた。

燃料は、ガソリン、エタノール、メタノール、天然ガス、プロパン、ブタン、ナフサ、合成燃料のいずれでも可能にすることを目標に、二〇〇一年に商用モデルを発表し、住宅用燃料電池の市販からスタートして、次に自動車用燃料電池を開発することになっていた。デノーラのスケジュール通り進めば、早くも二〇〇二年に住宅用の量産を開始し、その販売台数が年間五〇〇〇機を超えたところで、一キロワット五〇〇ドル、わずか五万円という燃料電池スタックがこの世に出る。しかもデノーラはそれでも高いと考えており、五〜一〇年以内には、五〇ドル前後（ほぼ五〇〇〇円）まで下げる自信を持っていた。

九九年にダイムラーの乗用車NECAR4に搭載したバラード製燃料電池のシステム価格が一キロワット五四五ドルまで下がり、メタノール燃料電池車用のコスト目標が、五〇ドル台を狙っていたので、デノーラもこの目標を立てたのである。燃料電池は、発電する部分のスタックだけでは使えず、実際には燃料供給システムや貯湯タンクなどがあって初めて住宅に使えるが、それでもこの価格は、二〇〇〇年現在一キロワット四〇万円の原発や二〇万円の高性能ガス火力発電、一〇〇万円の太陽電池と比べて、従来の発電機の概念を一変させるコストであった。

フィアットが、自社ブランドの車にイタリアのデノーラ製燃料電池を採用したのは当然だが、フィアットは二〇〇〇年九月に、イタリア政府が進める電力売買の自由化をにらんで、発電市場に参入することを表明した。当面は、国内工場の発電施設にある余剰電力を販売する方針だが、今後三兆リラ（ほぼ一五〇〇億円）を投じて売買用の発電施設を建設する計画であった。そこにデノーラ製燃料電池を採用すれば、デノーラにとって量産からコストダウンへの大きなステップになり、多数の有力企業がデノーラと提携している日本にとっても朗報になるはずであった。

フィアットより大きなイタリア最大の企業である炭化水素公社ＥＮＩは、日本の石油公団のような存在である。九二年にはこのＥＮＩの子会社アジップが、世界最大級のカザフスタンの巨大油田・ガス田の独占開発権を取得し、二〇〇〇年にはイランの石油会社ペトロパルスと、ペルシャ湾中央部の海底天然ガス田の開発契約に調印し、膨大なガスを手に入れた。イタリア政府としては、フィアットの工業力と、デノーラの燃料電池と、ＥＮＩの天然ガスと、電力自由化は、見事に四つのエネルギーが調和していたのである。

ＧＭが「エクソン・モービルとの共同研究によって、燃料電池用として高い効率で水素を取り出せるガソリン改質器を開発した」と重大発表をおこなったのは、このイタリア燃料電池グループを率いるフィアット・グループの買収を完了して、ほんの一七日後であった。

フォードとファイヤストーンのリコール戦争

Ｆ１フォーミュラのカーレース物語は華麗だが、わが物顔に走るこの乗り物は、「便利な道具……誰もが利用する道具」と言うだけではすまない問題を抱えていた。アメリカで自動車用燃料電池の開発が急速に進められたのは、大量に自動車が走り回り、運輸部門のエネルギー消費と排ガスが大量だったからである。

しかしそれ以前に、馬車がガソリン自動車に変って以来、交通事故が多数の人を日常殺傷してきた。猛烈なスピードで走り回る自動車の欠陥は一〇〇年後の現在も解決されず、相次ぐリコールで明らかになった自動車メーカーとタイヤメーカーのモラルが、二つの事件で問い直されることになった。自動車保険とエアバッグとシートベルトが、この問題を人の目から隠してきたのだ。

三菱自動車工業のピスタチオは、一時停止するとアイドリング運転が自動的に停止し、独自の直噴エンジンによってガソリンエンジン車として世界最高の燃費一リットル三〇キロメートルを達成した。九九年には三菱自動車がフィアットと四輪駆動車の共同開発で業務提携すると、ヴォルヴォ・トラックとも資本提携し、グループ内の三菱重工業と乗用車向けPEM型燃料電池のプロジェクトの共同開発に力を入れはじめた。二〇〇〇年には三菱グループとヴォルヴォ・カーの合弁会社ネザーランドカーが発足したが、これは、マイクロガスタービンも視野に入れた一連の動きであった。三月にはダイムラークライスラーとの資本提携が発表され、ダイムラーが三四％出資する事実上の三菱自動車買収が明らかになった。この結果、フィアットとの提携が解消され、三菱自動車は燃料電池車で日本の自動車業界を大きくリードすると見られた。

しかし六月のことであった。熊本市内で三菱自動車の乗用車パジェロのブレーキが作動しなくなり、ワゴン車に追突してワゴン車の二人が二週間の負傷をするという事故が発生した。パジェロは九六年七月にブレーキホースの欠陥で約一〇万台がリコールになっていたが、この事故車はリコール対象の製造期間を誤ったためリコールされず、届け出対象に漏れた一四六四台の一台で、三菱自動車がそれを放置していたのである。世間は誰もその顚末を知らないまま、事故の月末、「三菱自動車が取締役を一〇人に減らし、ダイムラークライスラーから三人が役員に就任して、河添克彦社長が最高経営責任者に就任。新エネルギー分野での開発体制を強化する」という経済界のニュースが流れた。

ところが七月一八日、運輸省が、三菱自動車が六九万台にのぼる欠陥車を隠蔽し、リコールの届け出を怠っていたことを発表した。事実は匿名による詳細な情報によって発覚したもので、大量の関連書類がロッカー室で発見されたのである。

その一〇日後には、ダイムラークライスラーが三菱自動車の株三四%を取得して、事実上経営権を握る資本・業務提携で正式に調印したことを発表した。が、八月二七日には、警視庁が道路運送車両法違反の疑いで、三菱自動車本社などを家宅捜索し、押収資料から、品質保証部以外の開発部、管理部、サービス部門らの部長が参加した「リコール検討会」という幹部会議で、欠陥車のリコール問題を組織的に隠してきたことが判明したのである。その隠蔽会議は、開発部長をはじめ、技術担当者らが出席した大がかりなものであった。これはセールス部門の問題ではなく、技術部門のモラルに関わる致命的な事実であった。自動車は欠陥がなくても人を殺すことを誰でも知っているが、欠陥自動車を隠して売るメーカーが、クリーンな燃料電池を搭載したところで、誰も信用するまい。九七年に総会屋への利益供与が発覚して、社長が辞任に追い込まれた三菱自動車が、どのように再生への努力を払ってきたのか、重大な疑問が残る。その後、一一月にダイムラークライスラーと三菱自動車、三菱重工業の三社が、燃料電池車の開発で提携し、量産することが公式に発表されたので、モラル再生への一縷の望みが、将来の成果に託された。

ほぼ時期を同じくしてアメリカでは、日本のタイヤメーカーであるブリジストンのアメリカ子会社ブリジストン・ファイヤストーンが八月九日、フォード・モーターのエクスプローラーに使われているタイヤATXとATX2を六五〇万本リコールすると発表した（日本での表記はファイアストンだが、Firestoneをここではアメリカでの発音に従ってファイヤストーンと記す）。アメリカ運輸省の高速道路交通安全局によれば、死者一〇〇人を超える事故が、ファイヤストーン・タイヤの欠陥に関連して発生し、負傷事故が二二〇〇件を超える膨大な数に達していた。問題は欠陥タイヤの製造ではなく、欠陥に起因する可能性のある事故が九二年ごろから発生しながら、リコールによる交換がなされなかったことにあった。

その意味で、「事故」ではなく、危険が放置された「事件」であった。

欠陥は、ファイヤストーン製タイヤにあったのか、そのタイヤを装着したフォードの自動車にあったのか。アメリカでは九月から議会公聴会が開催され、この論点をめぐって、フォードは「ファイヤストーンのタイヤだけが事故を起こしている」と主張し、ファイヤストーンはフォードのスポーツ・ユーティリティー車（ＳＵＶ）エクスプローラーの車体が高い特性を指摘しつつ、「フォードが空気圧を落としたための事故だ」と主張し、両社が真っ向から対決した。下旬になっても下院が証人を呼んで休みなく議論を続け、連日テレビの一チャンネルを借り切ってそれを一日中放映し、国民が自分で事件の性格を判断できるようにした。そのときにも、問題のフォード製エクスプローラーがファイヤストーン製タイヤをつけて道路を走っている状況では、深刻な事件であった。最初に事件を謝罪したファイヤストーンは、欠陥を認めたと判断され、明らかに不利な立場に立たされた。しかしメディアが好む日米の対決や日米文化の違いにこの事件を結びつけるのは間違いである。死者一〇〇人を超す欠陥が放置されたという事実が、すべてである。

ブリジストンの売上げ全体の四割を占めるアメリカ市場では、ファイヤストーン側も、公聴会の同じ時間帯に、別のチャンネルで「安全なタイヤ……ファイヤストーン！」とコマーシャルを流して対抗し、決して引かなかった。この論争に敗れれば、莫大な賠償金の支払いを余儀なくされるからである。この闘いを見て、フォード会長のウィリアム・クレイ・フォードJrは、複雑な心境にあった。

フォード・モーターは、創業者ヘンリー・フォードのあと、息子のエドセル・フォード、孫のヘンリー・フォード二世、その弟のウィリアム・クレイ・フォードへと経営権を受け継いだあと、しばらくフォード家はトップの座から退いたが、九九年から四代目の同名ジュニアが会長に就任して、経営陣に復帰した。この若き会長の母が、マーサ・ファイヤストーンであった。マーサの弟ハーヴェイ三世は六〇年に、三二歳の若さでハバナ・ヒルトン・ホテルの二〇階から身投げして奇怪な死を遂げたが、彼ら姉弟の祖父がファイヤストーン・タイヤ&ラバー創業者で、発明王エジソンの親友ハーヴェイ・ファイヤストーンであった。彼のタイヤ創業は、フォード社の設立より早かった。ワイヤを組み込んだ強靭なタイヤで事業を拡張し、大衆車T型フォードの製造が開始されるとき、ヘンリー・フォードから二〇〇〇台分のタイヤの注文がファイヤストーンに出されると、その爆発的な売れ行きを示したT型フォードと共に、押しも押されもせぬ実業家となり、以来、発明王エジソン〜自動車王フォード〜タイヤ王ファイヤストーンの密接な関係が築かれた。

ハーヴェイ・ファイヤストーンの偉業に数えられたのは、一九二八年にガソリン給油とタイヤ、オイル、部品交換、バッテリー充電、ブレーキ点検のすべてを一ヶ所でおこなえる現在のガソリンスタンドを創案し、各地にそれを建設した先見の明であった。これこそ、フォードが大衆車を全米に普及した鍵だったのである。燃料電池の燃料をガソリンにするか水素にするか、それともメタノールかアンモニアかと議論されるとき、自動車メーカーが最後にガソリンを選びたがるのは、ファイヤストーンが全米につくりあげたこのスタンドが最も効率的に完成しているからであった。二代目のレナード・ファイヤストーンはベルギー大使をつとめたこともあり、一家はホワイトハウスに隠然たる影響力を持っていた。八八年に、業績不振から会社が日本のブリジストンに買収されたが、その買収さえなければ、アメリカの自動車産業を足から支えてきたシンボルであり、フォード家にとって守らなければならない血族でもあった。だからこそフォードJrにとって、ファイヤストーンのタイヤを装着したエクスプローラーは、特別の愛着を覚える車であった。

ファイヤストーン家が経営から身を引いたとはいえ、フォード家がカリフォルニア州燃料電池パートナーシップで主役の一人を演じているときに、そのタイヤのゴムがはがれ、エクスプローラーが横転したのだ。続いて、九月末にはGMのサバーバンに装着されていたファイヤストーン製の別のタイヤにも死亡事故の疑惑が発生してファイヤストーンが窮地に立たされたかとみるまに、一〇月一一日には、フォードのトラックと乗用車のエンジン点火装置に欠陥があったとして、カリフォルニア州の高裁が一七〇万台のリコールを命じ、フォードも新たな火種を抱えた。日本車によって苦境に追い込まれた八〇年代初めの経営危機を彷彿とさせる事態であった。

燃料電池を開発する目的は、もともと華麗なテクノロジーの追求ではなかった。自動車が出す有害排ガスという欠点を克服する一手段であって、自動車問題をすべて解決することはできない。大気汚染問題を抱える自動車が地球上を走っている以上、交通事故の有無にかかわらず、燃料電池車の開発は一層急ぐ必要があったのだ。

ウィリアム・クレイ・フォードJrは、九九年一月に、バラード製燃料電池を搭載したセダンとして、フォードP二〇〇〇を発表した。圧縮水素を燃料として、最高時速二〇〇キロメートルを出す性能を持っていた。これは、日本円で六億円という金をかけた純粋な試作車で、同様の燃料電池車P二〇〇〇SUVは、翌年にリコール問題に巻き込まれるスポーツタイプだったが、デトロイト自動車ショーでは好評を博した。これを前にして、「フォード社は、内燃機関の終りを主導してゆく」と、彼は誇らしげにガソリンエンジンの終焉を宣言した。

フォードは、九七年一二月に、バラード製燃料電池によるクリーンカーの開発でダイムラーとの提携を発表し、バラードの株一五%を取得していたからである。バラードへの出資比率はダイムラーの二〇%に次ぐ二位となり、ダイムラーとバラードが燃料電池車を開発する主体企業としてドイツに設立した合弁会社は社名をエクセルシスと変え、ダイムラー五一％、バラード二七％、フォード二二％の出資比率となった。

この三社連合のなかで、フォードは特にエンジン駆動系の開発に力を注ぐことになり、三社は新たに合弁会社としてフォードが六二％出資するベンチャー企業エコスター（Ecostar Electric Drive Systems）を設立した。

年が明けて、フォードは研究担当の副社長ニール・レスラーをバラードに移籍させて経営に参加させたが、こうしたバラードとの一連の提携は、突然に起こったものではなかった。九九年にバラードの事業担当副社長に就任したイーモン・パーシーは、子会社のフォード・エレクトロニクスからの移籍組だったほか、多年にわたってバラードで研究開発の指導的役割を果たしたジョン・マクターグ博士もフォード出身であった。

一方でフォードは、バラード陣営とは別に、ガソリンから燃料を取り出す燃料供給システム（改質器）の開発でモービルと提携し、電気分解によって水素を低コストで生産する新技術を開発したカナダ企業スチュアート・エナージー・システムとも提携し、さらに九九年一月にはヴォルヴォ傘下の乗用車部門ヴォルヴォ・カーを買収して、マイクロガスタービンの開発とエンジン駆動に関して優秀な技術陣を取り込んだ。

こうしてフォードは、二〇〇〇年一月に、メタノールを使った燃料電池車FC5を発表し、八月にはGMとエクソン・モービルによるガソリン使用燃料電池の成功によって、モービルと共同研究を続けてきたフォードもその技術を獲得でき、二〇〇四年に燃料電池車を市販するという公約に向けて、着実に前進を続けていた。

尼崎公害訴訟

交通渋滞が続くタイのバンコクやメキシコシティーのスモッグは世界的に有名だったが、自動車は世界全体で、年間一億トンの汚染物を大気中に放出しているのだ。スモッグの五割は自動車のために発生し、有毒な一酸化炭素の九割は、自動車から排出されている。そのため大気汚染は、都会から森林にまで被害がおよびつつあり、ダイムラークライスラーやBMWのような高級車を売り物にしてきた自動車メーカーも、排ガス量を減らすため、小型車の製造にシフトしつつあった。

GM、フォード、クライスラーのビッグ3に食いついてきた日本の自動車業界は、三菱自動車とブリジストンの問題を苦々しげに見ながら、何としても社会的にイメージを回復しなければならなかった。年間死者一万人の交通事故。相次ぐリコールで明らかになった欠陥とモラルの欠如。大気汚染。公共事業の四割を占める道路建設のための自然破壊。駐車場建設による都会の過密化。日本ではこうした数々の問題を抱えていたからである。

アジアでは景気回復論が先行したが、経済成長に比例して、とてつもなく大量の汚染ガスが自動車から排出されていた。京大グループが九八年にまとめた試算では、特にディーゼルエンジンを搭載した自動車からの粒子状物質によって、毎年日本で最大二万八〇〇〇人が死亡している可能性があり、その被害額は一〇兆円を超すと推定されたのである。喘息だけでなく、花粉症のようなアレルギー性疾患と、男性の精子への悪影響が、動物実験などから明らかにされつつあった。花粉症に悩む人は、圧倒的に都会に多く、自動車と工場などからの排気ガスによる複合汚染が原因であった。杉花粉症という命名は、山野に昔から生えていた杉にとって迷惑な話だったのである。

アメリカの石油業界は、ディーゼル車からの硫黄酸化物の排出量を九〇%減らすという方針で、ハイウェイの空気浄化を実施する計画を進めてきたが、アメリカの環境保護局が、それ以上の削減を求め、二〇〇六年までにゼロを達成するよう要求したため、両者は対立してきた。だが大気汚染は、自動車だけの問題ではなかった。酸性雨によって広大な森林を枯れ死に追いやった硫黄酸化物は、アジアなどの発展途上国では主に石炭を燃やしたガスから発生していた。現在の石炭消費量の四割はインド、インドネシア、マレーシアなどを含めたアジア諸国で占められ、急速な経済成長を続ける中国が、世界の排出量の四分の一以上を占めてきた。この硫黄酸化物の八割が、工場と発電から生まれていたのである。ＡＳＥＡＮ諸国を中心とした東アジア地域は、過去三〇年間にわたって毎年七％前後の急速な経済成長を続けてきたため、大気汚染は発展途上国に責任があるという見方が強かった。今後も、地球上のエネルギー需要の伸びの半分近くは、そのアジアで占められると予測されたが、一方、近代文明を享受して彼らに責任を押しつける先進国こそ、わがままだという激しい反論が、アジア、アフリカ、中南米諸国から出て、論争に発展した。九六年における一人当たりのエネルギー消費量は、石油換算重量（キログラム）で日本人が三六六一に対して、中国人はその五分の一の七〇九、インドネシア人は八分の一の四六〇だったのだから、当然である。

しかし、燃料電池やマイクロガスタービンなどの新技術がそれを大幅に改善できる時代に、技術の普及策を初めに議論しないのは奇怪だ。

日本では、二〇〇〇年一月三一日、尼崎市の公害病患者と遺族たち三七九人が国と阪神高速道路公団を相手に、環境基準を超える大気汚染物質の排出差し止めと総額九二億円の損害賠償を求めた尼崎公害訴訟の判決が、神戸地裁で言い渡された。

竹中省吾裁判長は、「一九七〇年以降、沿道五〇メートル以内の範囲で、排ガスの浮遊粒子状物質（ＳＰＭ——suspended particulate matter）による大気汚染が、公害病を発症させ、悪化させた」として、道路と健康被害の因果関係を公式に認め、沿道五〇メートル以内の原告五〇人に対して総額三億三三〇〇万円を支払うよう、国と阪神高速道路公団に命じた。SPMは、直径一〇μ（〇・〇一ミリメートル）以下という小さなもので、最近では気管支系の疾患だけではなく、発癌性も指摘される危険物であった。自動車のエンジン内での不完全燃焼によって発生するのが、粒子状物質（PM――particulate matter）である。

この裁判では、原告たちが求めていた最大の争点、「排ガスの有害物質を出すな」という差し止め要求を、日本の大気汚染公害裁判史上初めて、裁判所が認めたのである。空気中に浮遊する細かい汚染物質が気管支喘息を起こさないよう、ディーゼル車の規制など早急に手を打てと命じ、「国と公団は大気汚染を形成しない義務を負う」としたのだ。これは、九八年八月の二～四次川崎公害訴訟を超えて、自動車の排ガスによる明確な因果関係を断罪し、重大な公害として認める画期的な判決であった。

裁判で具体的に争われたのは、自動車のマフラーから毎日のように大量に排気されるガスが、何を含んでいるかであった。阪神高速道路と国道四三号での、二酸化窒素NO_2が、どれほど沿道住民を苦しめているかは、明らかであった。判決では、このような窒素酸化物の因果関係を認めなかったが、膨大な数の大都会住民は、尼崎に限らず、全国至るところで特に春から夏にかけての日中、窒素酸化物によるスモッグの発生に不安を覚えてきた。千葉大学の調査では、児童のアレルギー症および気管支喘息と幹線道路の自動車排ガスとの因果関係が明らかにされていた。

続く二〇〇〇年一一月二七日、名古屋市南部公害訴訟でも、排ガスの浮遊粒子状物質と、国道二三号沿道住民の気管支喘息の因果関係が認められ、名古屋地裁の北沢章功《あきのり》裁判長は、一定濃度以上の浮遊粒子状物質の排出を差し止める判決を言い渡した。国家と企業の放置責任が明確に断罪されたのだ。膨大な数のエアコンを必要とする生活が常識化した日本だが、日本人がクーラーや除湿機を求めたのは、湿度の高さと夏の暑さからだけではなく、その空気が汚いからであった。気管支喘息はその究極の症状であり、日常その前に不快な「スモッグ発生のサイレン」を耳にしながら頭痛を覚え、子供たちが学校の校庭に出られないこともしばしばある。

驚くべきことに、今や六億台という自動車が地球上を走っている。全人類の一〇人に一台である。最近の携帯電話の普及は異常なほど急速で、全世界の携帯電話加入者は、半年で一億人増え、二〇〇〇年六月末で五億七〇〇〇万人、年末に六億人を超えたと推定されるが、それと同じ台数の自動車がこの世にある。

アメリカ人は自動車なしでは生活が成り立たない自動車社会をつくりあげ、国民一人当たりのエネルギー消費量は群を抜く世界一だが、日本はそのアメリカの二五分の一という狭い面積で、列島の中心をほとんど山が占めているため、都会地域での大気汚染の深刻さはアメリカをはるかにしのぐ。その国で、九九年三月末に自動車が七三〇〇万台を突破し、一・七人が一台を保有する割合となった。自動車は、誰もが加害者で、誰もが被害者となる「便利な乗り物」であった。

国（国会議員全員と建設省・運輸省――現・国土交通省）と道路管理者と自動車メーカーは、これをどう考えてきたのか。尼崎公害訴訟が提訴されたのは八八年末で、先の判決からほぼ一一年を遡る。名古屋南部訴訟も一〇年を超える裁判であった。実際に気管支喘息が大量発生しはじめたのは七〇年代で、すでに四半世紀前のことだ。当時から彼らが協力してカリフォルニア州のような規制を打ち出せば、解決できたはずの問題である。これまで、外貨をかせぐ輸出の花形である自動車産業を保護するために、また全国の流通をになうトラックの輸送経済性を優先させるため、排ガスの有害物質をコントロールできないディーゼルエンジンが野放しにされ、この大公害が黙認されてきた。したがって責任は、ドライバーではなく、国と道路管理者と自動車メーカーにあった。

尼崎の判決後、幹線道路の交通規制や、バイパスによる迂回策などが検討されたが、そうした応急対策が問題を解決しないことは過去に実証されてきた。尼崎公害訴訟は、二〇〇〇年一二月に原告と被告が和解に合意し、「浮遊粒子状物質の排出差し止め要求」を患者側が放棄することになったが、これはすでに一三九人がこの世を去った原告団が、政府に排ガスを減らす具体策を実施させることと交換条件に、生きるためにやむを得ない選択であった。責任者がなすべきことは明らかだ。道路が渋滞すれば、新たに道路を建設するという行政の思考法は、被害物質を広範囲に拡散させるだけで、完全なる失敗に終った。幹線道路が排気ガスを出すのではない。そこを走る自動車が排気ガスを出すのだ。なぜ、自動車を改良しないのか。

まず自動車メーカーは、微粒子が出ない自動車を製造し、窒素酸化物による光化学スモッグをなくさなければならない。そして一連の訴訟で実証された被害を、自動車社会からなくさなければならない。ヨーロッパでは、「ガソリン車より二酸化炭素の排出量が少ないディーゼル車」という定義のもと、ディーゼル車の普及が進んできたが、これは有害物質を取り除くフィルターがバスなどに確実に装備され、二〇〇五年からは浮遊粒子状物質を除去する装置の取り付けがメーカーに義務づけられるからである。しかしこのフィルターも、ディーゼル車が燃やす軽油が良質でなければ被害を拡大するので、二酸化炭素温暖化論の危険な落とし穴になっている。

二〇〇〇年九月に、自動車排ガス中の窒素酸化物の削減を検討してきた中央環境審議会が、「ディーゼル車などから出る粒子状物質と自動車 NOx 法の規制対象に加えて、大都市圏でのディーゼル乗用車の所有を事実上禁止するなど、車種規制を強化する」との中間報告をまとめた。これまでの首都圏と近畿圏の六都府県だけでなく、範囲を拡大し、一定台数以上の自動車を扱う事業者への規制も強化するという方針であった。ところが一二月の最終報告では、ヨーロッパ連合からの圧力を受けてディーゼル車の規制値をゆるめることになり、ぶざまな環境審議会に対し、日本自動車工業会も怒っていた。全国からのトラックの通行路となっている東京都が、ディーゼル車の排出ガス規制を実施する条例を一二月に可決し、規制値に満たないディーゼル車は都内を走行できなくすることになった。時期は二〇〇三年一〇月、カリフォルニア州のゼロ・エミッション規制スタートと同じ年である。

こうした流れを受けて、二〇〇〇年七月には岩谷産業、工業技術院機械技術研究所、東大、自動車関連ベンチャー企業のコモテックによる共同研究グループが、ディーゼル車の燃料として軽油の代りに、硫黄をほとんど含まず、エンジン内で完全燃焼するブタンのようなLPGを使う方式によって、排ガス中の窒素酸化物を三割以下に減らすことに成功したと発表し、かなりの期待が持たれている。しかし輸送業におけるディーゼルエンジンの普及は、低コストの軽油燃料で走れるところにあるので、どこまでこの新方式を普及できるか、未知の部分がある。

同じ七月に、トヨタもディーゼル車の排ガスに含まれる粒子状物質と窒素酸化物を八割以上除去する技術を開発した、と発表した。多孔質のセラミックフィルターに触媒を埋め込み、窒素酸化物の吸収と粒子状物質の酸化還元を組み合わせて排ガスを浄化するシステムで、技術的にすぐれた方法だが、二〇〇〇年のディーゼル車用の軽油は硫黄分が多いので触媒作用が落ち、石油業界が硫黄分を一〇分の一程度に低減する二〇〇三年以降でないと使えず、輸送業者にとっては価格が高いという壁がある。今後も次々とすぐれた技術が開発されるはずだが、当面は、安価に中央環境審議会の厳しい条件をクリアできるディーゼル乗用車は存在しないのである。

しかもこれらの技術がどれほど進歩しても、自動車の販売台数がますます増加し、不正軽油が闇で販売され、ディーゼル車の燃料に重油が使われる社会では、いつまでも汚染はなくならない。

排ガスの総量規制を議論する時代ではない。幸いにして、別の方法があるのだ。キャプストーンのマイクロガスタービンで走るクリーンバスが完成しているので、これを普及すればよい。次に、いかにして燃料電池車を早く完成させ、七三〇〇万台の自動車をクリーン車に置き換え、国民の健康を守るか、その具体策を追求すればよい。燃料電池車の完成と実売は、ダイムラークライスラーが先か、GMが抜くか、トヨタが巻き返すかと、あれこれスケジュールを予測する類の話ではなく、自動車社会を生み出した国と自動車メーカーが総力をあげて実現しなければならない命題なのである。

燃料電池車でなければならない理由は、明確である。

これまで述べてきた自動車用、住宅用、発電用、いずれにも共通する燃料電池の特性を二〇項目に要約すれば、以下の通りである。

一——基本的に水蒸気しか出さないので、無公害である。

二——産業用としては天然ガスが主燃料になるので、窒素酸化物が大幅に減少し、硫黄酸化物がほとんどゼロになる。

三——自動車と工場と発電所による最大の排気ガス公害を駆逐できる。

四——エネルギー消費量が大幅に増加しつつあるアジア地域の大気汚染対策に最も有効で、世界的に重要な役割を持つ。

五——一地域・一国家を破滅させる可能性のある危険な原子力発電所を全面停止できる。

六——燃料を補給すれば常に発電できるので、公害物質の電池が不要になる。

七——全土に張りめぐらされている送電線が不要になる。

八――一般ゴミを原料として燃料の水素をつくり出せば、ゴミ問題の解決に役立つ。
九――太陽や風力の自然エネルギーから燃料の水素をつくり出せば、地下資源を使わずに電力を生み出せる。
一〇――エネルギー効率が高いため、大幅にエネルギー資源を節約できる。
一一――PEM型燃料電池によって、発電コストが大幅に削減され、高価な電気料金が自家発電機で大幅に減少すれば、産業競争力は高まる。
一二――不安定な投機が横行する証券業界で、誰にも投資を推奨できる画期的文明である。次世代産業用ガスタービン、マイクロガスタービン、燃料電池などの分散型電源のマーケットは、自動車を含めて年間二〇〇〇億ドル（二〇兆円）まで拡大する可能性がある。
一三――沖縄・小笠原諸島などの島や、アジア・中東・アフリカ・中南米などの発展途上国などで、高価な大規模送電線施設を必要とせず、どこでも使用できる。
一四――自動車・家庭・オフィス・学校・公共施設・工場・船舶のすべてに利用できる。
一五――独立系発電業者が発電用として利用できる。
一六――電気と共に水蒸気として熱が得られるので、給湯・暖房に利用できる。
一七――エレクトロニクス機器に、最も安定した直流をそのまま使える。
一八――電気の消費量に応じて、燃料電池の大きさ（出力）を自由に選択できる。
一九――定格以下の部分負荷における運転でも、効率が下がらない。
二〇――発電時に騒音と振動がない。

ただし、完璧な燃料電池車が誕生したときの〝唯一の欠点〟を予告しておく必要がある。燃料電池のすぐれた点は、最後に挙げた「騒音がなくなることだ」と言われてきたが、それは主として幹線道路や高速道路などでの問題である。静かすぎる自動車では、それが間違いであることが、いずれ証明されるであろう。音も出さずに時速数十キロメートルのスピードで走る自動車が背後から近づけば、歩行者は、気づくことができない。特に幼い子供たちが、うしろから来る自動車に気づかずに交通事故に遭う、という確率が高くなる可能性は否定できない。自動車騒音の大きな要因はエンジンよりタイヤにあり、ハイブリッドカーの静かな走行でも問題は起こっていないが、子供や動物たちは、音を出さない凶器に対して相当な注意が必要になる。ガソリンエンジンは、欠点の騒音があることによって、大量の交通事故を減らしてきた可能性があるのだ。二〇〇〇年におけるバラードの燃料電池では、水素を数気圧に圧縮して、高圧ガスとして送り込み、出力密度を高くしていた。こうすると燃料電池をコンパクトにできるが、コンプレッサーが必要になるので、〝幸いにも〟少々の騒音が出る。ガソリンエンジンのような内燃機関とは比較にならないほど静かだが、人間は、わずかな音でも振り向くことができる。これが、自動車の事故対策用として計算された適度の騒音であれば、高度な開発能力である。

また本来、燃料電池は電気をためる道具ではないので、バッテリー（蓄電池）を不要にするが、バッテリーを完全に排除しない方法もある。家庭用やオフィス用、発電所用の燃料電池でのバッテリー併用は、もともと電力消費を簡略化することが目的の燃料電池にとって、新たな道具を加えることになり、好ましいことではない。しかし、すでにバッテリーを搭載している自動車では、当面これを許して燃料電池の開発を急いだほうが、実効性が高くなる可能性もある。

エネルギー効率を高めるために、燃料電池とバッテリーを組み合わせたハイブリッド型を使えば、ブレーキ作動時にモーターを発電機に切り換えることによってエネルギーを回収し、電気をバッテリーに蓄えることによってエネルギー効率を改善できる。それ以上にバッテリーの蓄電機能は、自動車用の燃料電池において、最大の難関となっている水素を取り出す改質器の応答性に関係のある技術であった。

自動車上でメタノールを改質して水素を取り出すには、改質器の反応温度を三〇〇℃まで高める必要があり、それにかなり時間がかかるので、路上ですぐに発進・加速しなければならない自動車では問題となる。改質器の瞬時の応答性は、自動車にとって大命題であった。始動時や加速時に、トヨタの燃料電池は改質に二〇分かかっていたので、バッテリー併用型のハイブリッドによって、始動を速める方法を採用し、同時にブレーキの回転エネルギーをこのバッテリーに注入して蓄電するメカニズムにしたのである。ジョンソン・マッセイの改質器は、二〜三分と世界で最も速いと言われていたが、GMも改良を重ねて時速九六キロメートルまで加速するのに九秒しかかからなくなった。

それに対して、トップを行くバラード・ダイムラークライスラー組は、最初からバッテリーなしで燃料電池を動かすシステムを追求し、堂々とテスト車を走らせてきた。これが実用車として完成すれば、理想になるはずであった。

ほとんど乗っ取られた日本の自動車業界

アメリカの自動車業界は、燃料電池の完成に近づくための高度な技術を握るために、日本とヨーロッパの自動車メーカーがどこまで進んでいるかを、徹底的に調べあげた。テーマが掲げられると、記録と解析に異常なまでの緻密さを発揮するこのアメリカ人の性癖は、嘘と詭弁を許さなかった。またその調査能力は、CIAと財務省の力も得て、質と量のいずれも高かった。その図表の緻密さ

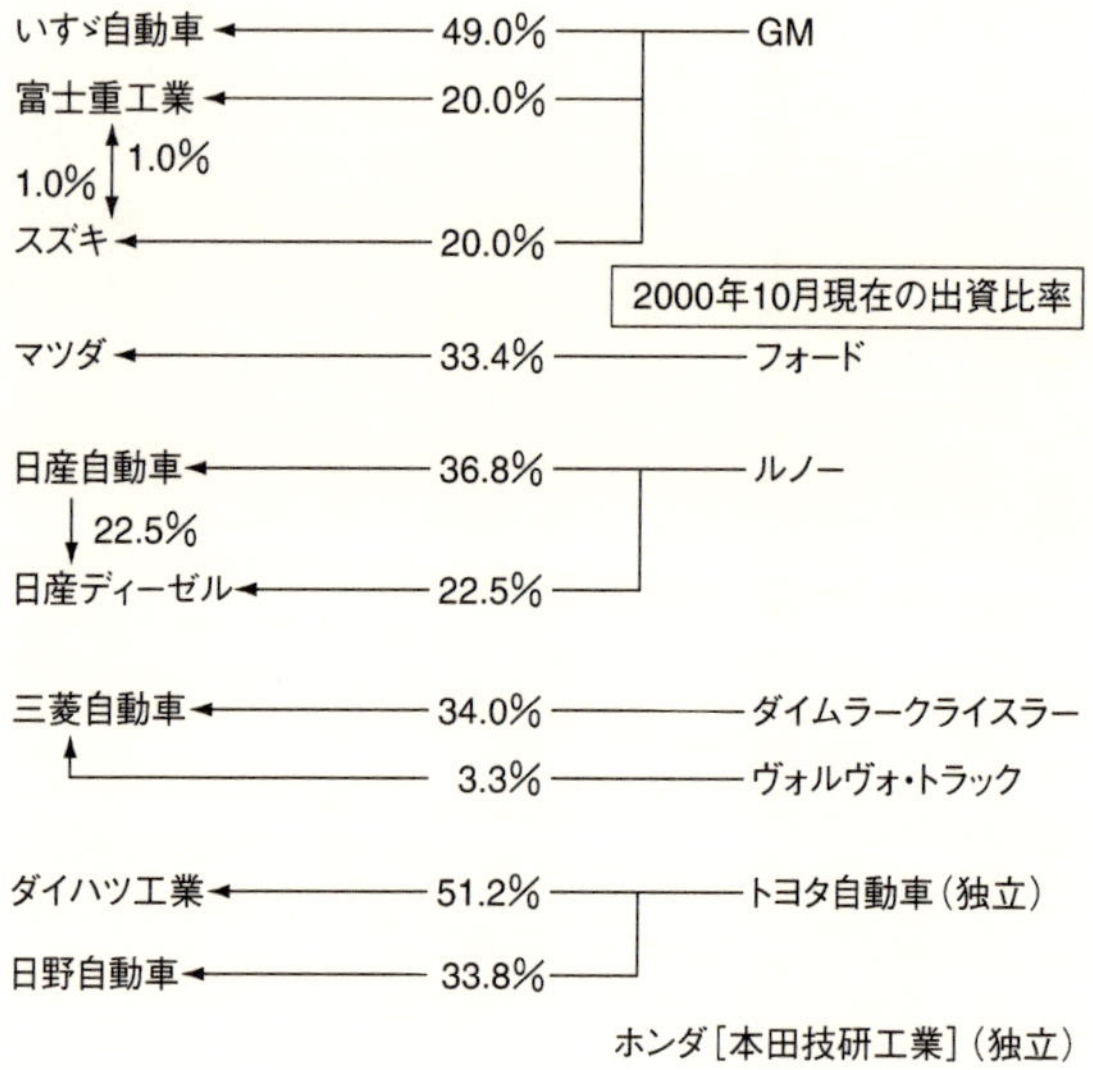

図6　日本の自動車メーカーへの出資比率

とスピードこそが、ニューヨーク証券業界の実力を支える知識の源であった。

とりわけ燃料電池とエネルギーと石油・ガスの三者が関わるこのテーマは、星条旗を愛するメーカーにとって、自分にとっての生き残りだけでなく、アメリカ経済の浮沈を左右する大陸横断ハイウェイの輸送能力と、全産業の生命線となったインターネット通信のデータベースがかかった問題であり、ホワイトハウスの総力が結集されたビジネスであった。

トヨタとホンダの鉄壁の守りは堅かったが、それ以外の日本の自動車メーカーが、技術を持ちながら資本に飢えている状況を、ウォール街は見逃さなかった。フォードはマツダに資本参加して部品の調達に成功し、そこから韓国の起亜産業にも足を伸ばしていたが、GMもいすゞ自動車、富士重工業、スズキへと触手を伸ばして、いつのまにかこれらをGM帝国のブランドに組み込んだ。

クライスラーが、ドイツ色の濃いダイムラークライスラーとなり、三菱自動車を完全な傘下に収めたあと、気づいてみれば、日産もルノーに乗っ取られていたので、日本の純国産自動車メーカーはトヨタとホンダしか残っていなかったのである。

しかし自動車会社は、買収だけでは燃料電池の果実は食べられなかった。ＰＥＭの性能にはじまって、燃料の選択から、エンジンのメカニズム、バッテリーの有無、車体の合理的な構造まで、膨大な部品の組み合わせを検討しなければならなかったからである。

ガソリンエンジンで培ってきた技術を、一度白紙に戻すほど、根本的なエネルギー革命を迫られるのが、今回の燃料電池車の開発であった。ところが、ここ十年来の自動車メーカーは、生産ラインの合理化に精力を注ぐあまり、重要なテクノロジーをほとんど部品メーカーに依存するようになっていた。

九九年五月に、ＧＭが傘下の大手自動車部品メーカーであるデルファイ・オートモティブ・システムズの全株式を売却し、長く続いてきた資本関係を切って以後、自動車業界では、インターネットを市場にしての部品調達が加速されていた。これがコストダウンのためのオープンマーケット効果をもたらし、急速にアメリカのすべての産業に広がりはじめた。

ところが、庇護者であるＧＭの手から離れて独り歩きしはじめたデルファイは、世界最大の自動車部品メーカーの地位をドイツのボッシュと争いながら、新しい勇姿を現わした。古代ギリシャの都市デルフォイにあったアポロン神殿の託宣は常に謎を投げかけたが、その名に因んだデルファイの行方も、謎に包まれていた。一〇月には、燃料電池車を実用化するため、ＧＭ、ダイムラークライスラー、ＢＭＷと、それぞれ個別に共同開発に着手したからである。デルファイはこの三社と「ノウハウは外に漏らさない」という守秘義務の契約を結びながら、燃料電池車の部品という鍵を自分が握って、最後にはこのマーケットを独占しようという野望を持っていた。

アメリカで活動していたトヨタなどの日本の自動車メーカー現地法人担当者は、このとき初めて、ホワイトハウスをバックにした自動車王国デトロイトの意図に気づいた。燃料電池開発の主役は、自動車メーカーではなく、アメリカ工業界の部品メーカーが新たに築いた流通機構にあり、燃料電池向けの部品調達ネットワークから、日本の部品メーカーが締め出されようとしていたからである。その流通機構が、かなり前から緻密に仕組まれていたことに気づいた時には、すでにカリフォルニア州で燃料電池ブームが花火を打ちあげていたのである。成功の鍵を握っていたのが、大手自動車メーカーより大きな売上高を誇るデルファイ、ヴィステオン、ボッシュのような大手自動車部品メーカーであることは、間違いなかった。

デルファイに次いで世界第二位の座を狙うアメリカのヴィステオンも、二〇〇〇年六月にフォードの部品製造部門から独立した大手自動車部品メーカーであり、自動車メーカーをしのぐ売上高を記録していた。たびたび登場したバラード副社長のパーシーが、フォード・エレクトロニクスつまり現在のヴィステオン出身で、アライドシグナルがマイクロガスタービンに組み込んだ電気制御機器もヴィステオンから導入したものであり、その実力は高く買われていた。そのヴィステオンが、フォード系列のマツダ傘下にある電子部品メーカー「ナルデック」を買収して、日本への進出力も強めてきた。

このほかにヨーロッパ勢も含めて、ヴァレオ、ジョンソン・コントロールズ、TRW、フェデラル・モーグル、リア、デーナ、マグナ、イートン、アライドシグナル、テネコ、アーヴィン、ミラーといった自動車部品メーカーが、続々と分散型の電源に手を伸ばして、自動車のビッグ3との連携を強めはじめた。が、「世界最大の自動車部品メーカー」という栄誉ある地位は、ドイツのロベルト・ボッシュ社が握って放さなかった。この社名は、ロバート・ボッシュ・インターナショナルという国際企業があるため、最近は英語読みのロバートで発音されるが、一九〇二年に自動車エンジンの点火プラグを発明した創業者のドイツ人ロベルト・ボッシュの名前は、歴史的に工業界であまねく知られ、英語読みは不似合いであった。ロベルトの甥が、アンモニア製造法を開発してノーベル化学賞を受賞したカール・ボッシュで、カールは二〇世紀初頭に世界最大の化学会社だったIGファルベンの社長をつとめた。同社がナチス時代のアウシュヴィッツ強制収容所に深く関与し、ボッシュ家が戦闘機メーカーのメッサーシュミット一族だったこともあって、ヒットラーのナチスに抵抗しながら辛酸をなめ、第二次世界大戦開戦の翌年にこの世を去った悲劇の化学者であった。

日本円にして売上高一兆円を超える現代のボッシュは、大企業というだけでなく、古くからAEG／ダイムラー・ベンツグループと提携して、戦後ドイツの奇跡の復興を技術力で支えてきた。資本関係を見れば一目瞭然、現代のメッサーシュミットがドイツ銀行傘下でダイムラーグループに属し、ロベルト・ボッシュとジーメンスが提携して合弁会社を設立し、ドイツ銀行の創業者がゲオルク・ジーメンスという四つ巴の関係を結んできた。

そのダイムラーとジーメンスが燃料電池で世界をリードして、それをボッシュが傍観するはずはなかった。燃料電池の分野では、ここにドイツの大半の頭脳と勢力が結集し、ロバート・ボッシュ・インターナショナルの社長を、コール政権時代の経済相オットー・ラムスドルフがつとめて、見えない国家的プロジェクトを形成していた。アメリカ・エネルギー省の次世代自動車開発局が燃料電池ハイブリッドカーを開発したときも、この部品メーカーの巨人ボッシュが共同製作にあたったのである。

ほかならぬバラードもまた、自動車部品メーカーではなかったが、自動車に搭載される燃料電池というひとつの部品を製造するメーカーであった。バラードが取得した特許はPEMだけで二〇〇件に達し、九九年には七〇件増えて、特許取得と申請中の合計が三五〇件を超えており、燃料電池の構造とシステムについて基本特許として考えられるほとんどを押さえていた。

日本のメーカーが、一時燃料電池について悲観的になったのは、わずかに出遅れたのではなく、アメリカでこうした部品メーカーが技術の現場を握った状況で、日本企業は部品調達がかなわず、スタートラインにも並べないのではないかという恐怖からであった。しかし、PEM型燃料電池は、トランジスターが登場したときのような「まったく新しい製品」ではなく、昔から応用されてきた原理なので、原理特許によって頭から拒絶されるような制約はなかった。バラードを抜くには、バラードと異なる方法を発見するのが最短の道であるから、可能性としてはいくらでも残されていたのだ。

師と仰ぐロベルト・ボッシュと先年まで世界を二分してきたのが、トヨタ系列の自動車部品メーカー、日本のデンソーである。一時は世界第一位を誇ったデンソーが、デルファイとヴィステオンの独立によって、激しい競争の末に世界第四〜五位を争う地位にまで下がったが、その反面、トヨタ向けの売上げが全体の半分以下になるところまで独立した企業に生まれ変り、新機軸を打ち出してきた。日本の自動車メーカー側も、系列の企業グループに絞った発注をやめ、国際的なインターネット市場の受注競争でコストダウンを図る時代になったのだ。

デンソーのような部品メーカーと素材メーカーが、過去に日本のエレクトロニクス電機業界と自動車産業の著名なブランドを、ほとんど生み出してきた。テレビでも自動車でも、解体すれば、ごく限られた数の部品メーカーの製品が、どの社の製品からも出てくるのを見ることができた。また中小企業の技術者たちは、技能オリンピックで優勝する腕をもって、地方の町工場からその部品メーカーに納品してきた。その彼らが、今は激しい競争にさらされ、経営の指標を見失っている状況なのだ。

学者と政治家と官僚は、口を開けば情報技術だ、ＩＴ（Information Technology——情報技術）革命だと流行語を並べ立てたが、製造現場で見るエレクトロニクス産業はすでに成熟しきった分野であり、アメリカでは一〇年前に革命が終っているではないか。それは、ほっておいても消費者が金を払う分野であり、当面それが収入をもたらすとしても、資本がそれを追いかけたのでは、やがて大きな失敗に見舞われることが歴然としていた。製造業は、日銭を追う投機業ではない。国民の資金を投入して育てなければならない産業は、別のところにあったのだ。

苦悩する彼らに期待をかけたのは、自動車メーカーだけではなかった。

急ピッチで燃料電池に主力を注ぐガス会社と電機メーカー

巷《ちまた》では、ソーラーと風力発電のエネルギーが、環境保護論の主役であった。自然にエネルギーが湧き出す手段が広く普及するにこしたことはないからだ。

ところが、それが将来の重要な指標だとしても、それでは現実社会の量的な問題が解決しないことも明らかであった。自然エネルギーも、それを電力として利用するには、工業製品として完成されたシステムが必要になり、温泉のように一度掘り当てれば自然にエネルギーが湧き出す、というものではなかった。

日本で九一年から本格的な導入がはじまったソーラーと風力は、九九年までの累積能力が太陽光発電二〇万キロワット、風力発電八・三万キロワットで、メディアはこれを非常に大きな伸びと報道してきたが、両者を合わせて九年間で三〇万キロワットに達しなかった。通産省の計画では、二〇一〇年までに五三〇万キロワットを達成することになっていたが、残り一一年間で過去九年分の一九倍を達成するという数字は、ほとんど信憑性がなかった。

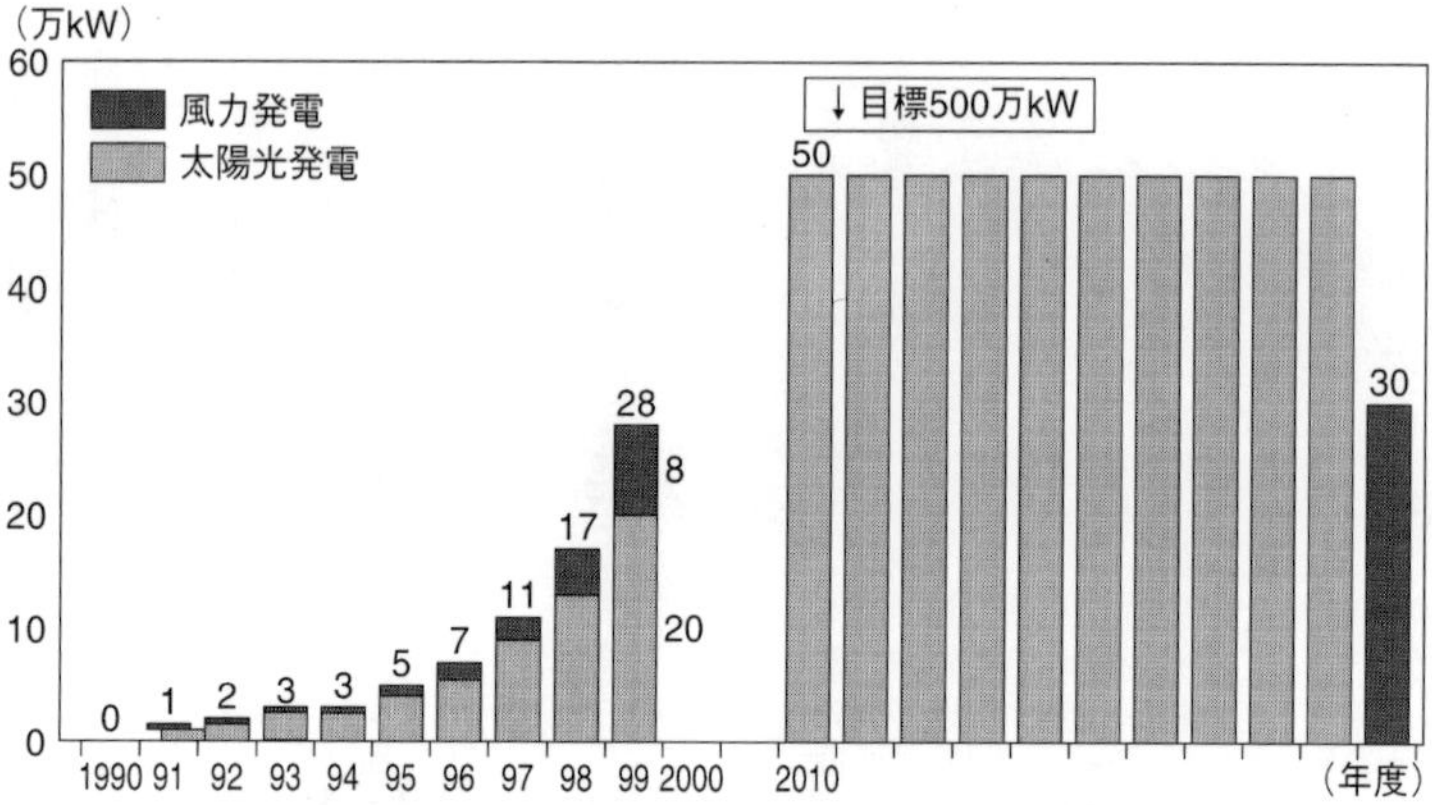

図7　北風か太陽か――日本の自然エネルギー累積出力
(1999年度は見込み・2010年度は目標)

それほど可能性のない巨大な目標五三〇万キロワットだったが、二〇〇〇年八月二五日に、年間最大電力として電力一〇社が記録した日中ピーク時の合計消費電力は、その三〇倍を超える一億七三〇七万キロワットであった。つまり真夏のピーク電力でも停電を起こさないようにするには、現在の太陽光＋風力の発電設備の六〇〇倍以上を、日本全土に設置しなければならないのである。一年で一一万キロワットの伸びという九九年度の最高実績から計算すれば、人類の存在さえ疑わしい一五〇〇年先の出来事になる。この技術については、第8章でくわしく述べる。

したがって、メディアに氾濫した自然エネルギーで日本の電力をまかなうという夢は、幻想にすぎなかった。日本が直面する社会問題に正しく答えていなかったのである。そこで、ピーク電力を減らすほうが効果があるという見方から、「エアコンを使わず、家庭のライフスタイルを変えよ」という言葉がはやったが、事情を知る燃料電池の開発者たちは、それもエネルギー問題を解決するとは思わなかった。

エアコンの販売台数は九九年まで三年連続で減少した

が、二〇〇〇年には猛暑で販売台数が急増し、四年ぶりに前年を上回り、普及率は八割の世帯を超えた。真夏にピークを記録する電力消費で、四割を占めたのが、確かに、そのエアコンの電力であった。

「真夏の高校野球の時に、エアコンをがんがんきかせて、ビールを飲みながらテレビを見る。そのときに、電力の消費量がピークになる」という話が、これまで検証されず、実に広く、くり返し言い聞かされてきた。そのために、電力不足が起こり、原発の電気がなければ停電するというストーリーであった。

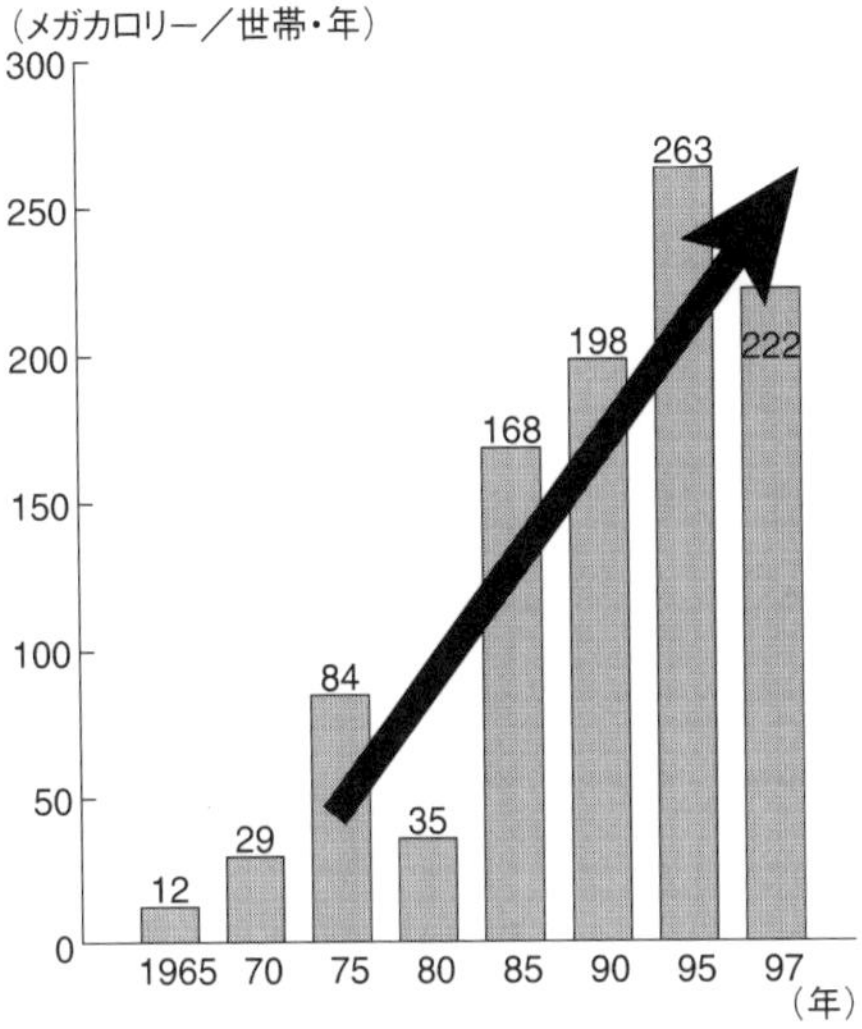

図8　家庭の冷房エネルギー消費量

住環境計画研究所の「家庭用エネルギー統計年報・九七年」によれば、家庭一世帯で一年間に冷房のために使われるエネルギー消費量は、東京オリンピックの翌年の六五年に一二メガカロリーだったが、八〇年前後の第二次オイルショック時に急減したものの、九五年には二六三メガカロリーになり、事実、三〇年間で二二倍にも増加してきた(メガ=一〇〇万)。その二年後、アジアの経済崩壊が発生して失業者が急増し、日本の兜町が震撼した恐慌前夜のような九七年には、家庭でもかなりの危機を感じ取って、二二二メガカロリーに低下した。それでもエアコンの使用量は図8が示すように、長い目で見れば着実に増加傾向にあった。二〇〇〇年八月二五日には、九五年八月二五日に記録したピーク消費電力一億七一一三万キロワットを上回り、前述のように過去最高を記録し、原因としてエアコンの需要増加が指摘された。

以上の家庭の冷房データを検証してみる必要がある。甲子園で熱戦を展開する高校野球の決勝戦は、八月二〇日前後であり、二〇〇〇年夏も、智辯和歌山高校が優勝した八月二一日当日ではなく、その四日後に電力最大ピークを記録した。前回の九五年の記録も同日で、帝京高校が優勝した決勝戦から四日後のことであった。九九年の最大電力も、決勝戦とは無関係の八月四日であった。少なくとも、高校野球とエアコンとのあいだに、直接の関係はなかった。

家庭のエアコンと日本のエネルギー消費量は、どのような関係を持っているか。

冷蔵庫から電灯、テレビ、パソコンまで含めたすべての家庭のエネルギー消費の中で、冷房エネルギーの消費量が占める比率は、何%か。日本人のエネルギー大量浪費を憂える人にこの質問をして、正解を答えた人は一〇〇人に一人もいなかった。一割という人もいれば、四割と答える人もあった。筆者は二～三割前後と確信していた。それほど冷房の使用に対して、みなが神経質になってきた。ところがその答は、どうだ。先の住環境計画研究所の統計によれば、家庭用の冷房は、わずか二%にすぎないのだ。

「真夏の高校野球の時に、エアコンをがんがんきかせて」という話は、ピーク電力の事実と日付がまったく食い違い、国民に対する怪しげなおどしにすぎなかったのである。コジェネを有効利用しようとするなら、燃料電池の熱をフルに利用してクーラーを作動させ、まず冷房用の家庭電力を減らそうとするのが普通の考え方だが、この事実を知れば、家庭では最大で二%の削減効果しかないことが分る。国民全員がライフスタイルなどというキザな言葉を使っても、社会的なエネルギー問題解決にまったく効果はない。

そもそも電気をこまめに消すのは、もともと質朴を好む人間であり、ソーラー電池を屋根につけたのは、もともと自然指向の生活をしてきた人間だ。彼らは量的にも少数で、エネルギー問題の解決にまったく寄与しない。「貧乏人が倹約しても貯金はたまらない」という諺通りだ。町を歩けば分るように、昔も今も将来も全人口の九割以上を占め、本書に関心がなく平然と浪費する人間に説教するほど無駄な骨折りもない。説教せずに社会を変えるのが知恵というものだ。

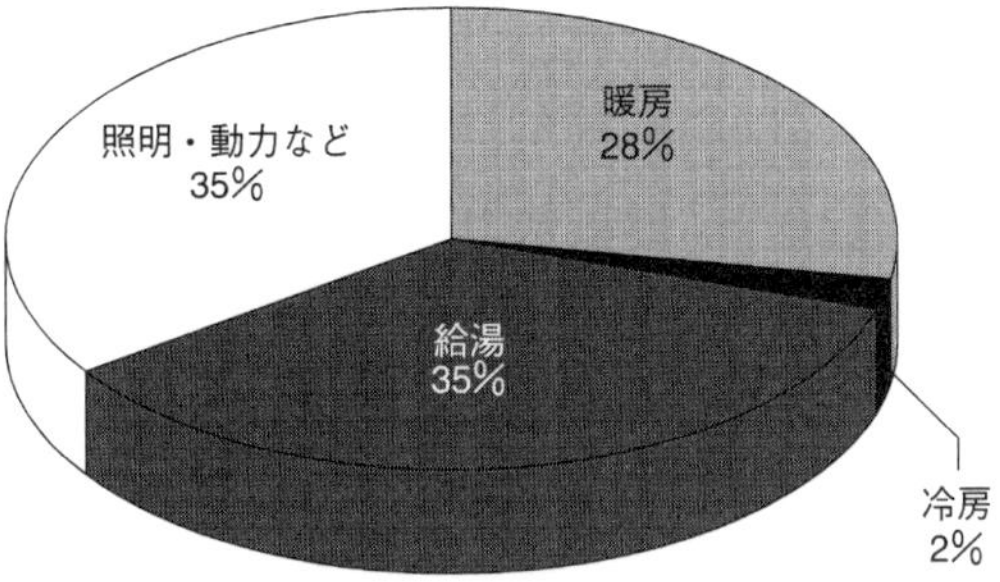

図9　家庭のエネルギーは何に使われているか

住環境計画研究所「家庭用エネルギー統計年報　1997年」より

二%という答を知ればすぐに気づくが、フルにエアコンを使う日中の暑い午後は、家族のほとんどがオフィスや工場や学校へと、外に出た時間帯である。家に残っているのは、少数の家族だけである。夏場に電力消費がピークに達するとき、家庭ではエアコンが五〇%の電気を食っていると言っても、家庭にほとんど人がいない時の比率は、社会的に重要ではない。しかも夏は七〜九月の三ヶ月、つまり一年の四分の一しかない。さらに、真夏の猛暑の日数は、年間合計で多い年でも二〇日（五%）程度しかない。家庭の冷房電力が年間の二%と小さいのは当然である。では、犯人は誰だったのか。

八月一三日から一六日にかけての盆休みのように、大量の人間が自宅や帰省先でテレビを見る時には、オフィスや工場や学校がほとんど休みで人がいなくなり、日本全体でのエアコンによる電力消費もぐっと下がる。それが高校野球の盛りあがる時期だ。エアコンの消費がピーク時の四割を占めるという話の犯人は、ほとんどビル内の消費であった。

エレクトロニクスの電力消費も同様であった。パソコンの普及によって、産業用ではない民生用の電力消費が大幅に伸びたため、暗に個人生活が悪いかのように指摘され、夥しい数の人がうしろめたい気持にさせられた。ところが、民生用とは個人住宅の生活を指す言葉ではなく、工場の生産現場を除いた企業のオフィスなど、電気を大量に使うビルを含んでいる。個人は主に、帰宅後の夜にパソコンやインターネットを操作するので、日中のエレクトロニクス電力はビル需要が大半であった。電力ピーク時のエネルギー大量消費の責任は、個人生活にはなかった。

いまエネルギー問題を起こしている源は、工場、オフィス、学校、病院、公共施設など、電気を大量消費する仕事場にある。最も効果があがるのは、これらビルの省エネルギーなのである。ビルという大きな建物全体を冷やす場所での冷房需要は、きわめて大きい。

この分野の電力消費で日本最大の責任者は、電力販売量の増加を商売にする電力会社、膨大な電気を食うよう設計施工してきたビルの建設業者と設計者、自治体の都市計画担当者であった。日本の設計者は、オール電化された建築物がどれほど大気汚染を招いてきたかという事実を学ぶこともなく、「環境にやさしいオール電化」という宣伝をくり返し、エネルギー問題に無知な恥をさらしてきた。新建築物の省エネルギーと古い建物の保存に敬意を払うヨーロッパ・アメリカとは、そこに大きな知識の差があった。マイクロガスタービンの排熱を吸収式冷凍法によってビル冷房に利用することは、そのためピーク時のエネルギー削減に大きな効果があり、その技術については前章に述べた。商店を含めたこの仕事場が日本の七割の電力を消費するので、家庭以外の電力は、陽射しや風によって左右されるソーラーと風力では到底まかないきれない。日本企業と国に、不安定な自然エネルギーをビルに活用しようという意欲がないことも合わせて考えれば、自然エネルギーに夢を持っても、問題は永久に解決されない。特にマイクロガスタービンや燃料電池のように、電気と熱の両方を利用できるエネルギー源が登場した時代には、電気の消費量だけを論ずるのではなく、すべてのエネルギーの消費形態をいかに効率的にできるかを考えることが重要になる。

以上の社会認識から、燃料電池を普及するための技術的な課題が明らかになり、それを現実的に解決するために、日本のガス会社と電機メーカーが、燃料電池とマイクロガスタービンの開発に主力を注ぎはじめたのである。燃料電池は、用途によって、それぞれ解決しなければならない課題が異なる。

あらゆる可能性が検討されてきたが、現在まで実用化と商品化のための研究開発が進められてきた主な用途は、次の七つであった。

〈燃料電池の用途〉	〈出力〉
●自動車用動力	五〇kW（乗用車）
●中規模発電	一〇〇～二〇〇kW
●住宅用電源	三～七kW
●エレクトロニクス機器の内蔵電源および携帯機器用の電池としての燃料電池	
●工事現場用・非常時用・緊急時用の電源	二〇～一〇〇kW
●船舶用動力	
●自動販売機	

開発エンジニアたちは、まず最も身近な住宅用電源に取り組み、燃料電池の電気が家庭のどこで使えるかを分析した。日本国内には四四〇〇万世帯があり、自動車と並ぶ最大の普及マーケットだ

からである。
しかも電力マーケットは、家庭用が三割を占め、その家庭用電力が、大工場で使っている電力価格の二倍以上という不当な高い値段に設定され、電気料金としては、家庭の損害が最も大きくなっていた。

〈一九九九年度〉　〈電力消費量〉〈平均的電気料金〉［一kW時当たり］

家庭用	三〇％	二五円
ビル・商店など	四五％	二〇円
大工場	二五％	一二円

日本には電気製品が氾濫しているが、家庭用の電気製品には、エネルギーの使い方として以下の三種類がある。そのうち㈠と㈡は、電気でなければならない製品だが、㈢は燃料電池が発生する熱を利用できるので、家庭でのエネルギー消費構造を大きく変えられる可能性があった。
㈠　光〜エレクトロニクスを利用する電気製品——電灯、テレビ、ビデオデッキ、ラジオ、CD・レコード・ディスクプレーヤーなどの音響機器、FAX、ワープロ、パソコン、コピー機、プリンター、インターフォン、電子レンジ、留守番電話、水道用浄水器、次世代マルチメディア機器など。
㈡　動力を利用する電気製品——掃除機、洗濯機、換気扇、電動汲み上げ井戸、ミシン、日曜大工道具、ミキサー、ジューサー、介護・福祉用動力機器、調理用撹拌機、髭剃り器、ヘヤードライヤー（熱併用）、コーヒーミル、食器洗い乾燥機、精米機、フードプロセッサー、もちつき器、電動缶切り、鉛筆削り器、芝刈機、草刈機、空気清浄機など。
㈢　熱を利用する電気製品——風呂、冷暖房用エアコン、床暖房、室内加湿機、冷蔵庫、電気釜、電熱器、アイロン、こたつ、電気ストーブ、料理用オーブンレンジ、トースター、ホットカーペット、コーヒーメーカー、卓上ホットプレート、電気鍋、ふとん乾燥機、電気ポット、加温ウォッシュレット式トイレ、洗濯物乾燥機、電気毛布、電気あんか、電気ひざかけなど（傍線のものは、燃料電池があれば電気を使わずにすむもの）。

このほか、ゲーム機、電動歯ブラシ、電気蚊とり器に至るまで、次から次へと新製品が登場した。日本では、家庭向けにこれほど大量の電化製品が販売されてきたので、たとえ家族が全製品を同時に使用しないとしても、家族の電力消費時間帯はほぼ一致しているので、一キロワットのクーラーを使う家庭では、燃料電池の製品目標として三〜五キロワットの出力が平均的な必要充分条件になる。アメリカではプラグ・パワーが七キロワット製品を開発し、ほかの住宅用燃料電池メーカーは三〜五キロワットを中心に、最大で一〇キロワットの出力を狙ってきた。

家庭用電気製品としては、ほかにも、「電池」で作動する小道具が多数ある。ガスレンジの点火部分、テレビやビデオデッキのリモコン、時計、移動式電話、懐中電灯、ビデオ撮影機、おもちゃ、カメラ、ウォークマンなどに広く電池が使われてきた。これらの道具はコードレスという利便性のためにあるので、コンセントの電源から電気をとる家庭用電気製品には分類されず、「携帯用燃料電池」として新たな技術を開拓する必要があった。

しかし消費者は、電気代さえ払えば、コンセントにプラグを差し込んで使い放題に使える送電線の電気に、まったく不便を感じていないのである。消費者のほぼ七割は環境問題に関心がなく、現在の送電線の電気は必要だと思い込んでいた。家庭に燃料電池を普及させるには、彼らに新しい製品を売り込まなければならない。消費者は身勝手な生き物であり、ここを乗り切らなければ、燃料電池メーカーは失敗するのだ。

住宅用燃料電池の強みは、家庭用エネルギーの半分以上を消費している熱にあった。家庭では、先の図9に見るように、暖房が二八％、給湯が三五％と、合計六三％という大きなエネルギーが、風呂、ヒーター、ストーブ、こたつ、台所のお湯などの「温める熱」で使われてきた。この値は統計によって多少異なり、最近のパソコンブームによって、エレクトロニクス関係の比率は高まりつつあるが、九七年と二〇〇〇年では、それほど大きく変らない。家庭に燃料電池が普及した場合、その熱がコジェネに果たす役割は、想像以上に大きく、だからこそ目標を達成できる可能性が高い。特にエネルギー消費量のピークが冬にある北海道と、積雪の多い東北・北陸で、床暖房や融雪に燃料電池の湯が使えれば、相当なエネルギー節約になる。

「熱利用の電気製品」を燃料電池の熱水でまかなえるので、二倍ものエネルギーの有効利用が可能になり、送電線で送られる電気を使えば、消費者は大損する。冷暖房エアコンと風呂と給湯に必要とされる膨大な熱エネルギーが、ガス管またはプロパンガスのボンベだけで足りることを、消費者に知ってもらえば勝てるのだ。その結果、「不要になる電気代」と「増えるガス代」を差し引きして、数年で投資の元がとれる。そのあとは「もうかるだけ」であることを、充分に知ってもらう必要があった。「燃料電池を設置するほかには家庭に何の変化もなく、これまで通りコンセントにプラグを差し込めば、自由に電気を使って、お湯まで出てくるのです」と。

自宅で発電すれば八〇％前後のエネルギーが使えるので、「資源の節約と、排気ガスの減少に大いに役立つ。消費者の賢い選択が、地球を窮地から救う」という意識を掘り起こす絶好の機会である。一方、居住者がコジェネを選ばなくても、新築・改築の住宅で最初からプランに織り込めば楽に普及できるので、住宅メーカーと電機メーカーが一体となる必要があった。設計者は、大量のエネルギーを使う冷暖房器具とエネルギー調和性の高い手法を考え出し、普及する知恵を求められた。電力消費を大幅に押し上げてきた給湯と風呂と暖房は、狭い温度範囲の四〇～四五℃の湯があれば

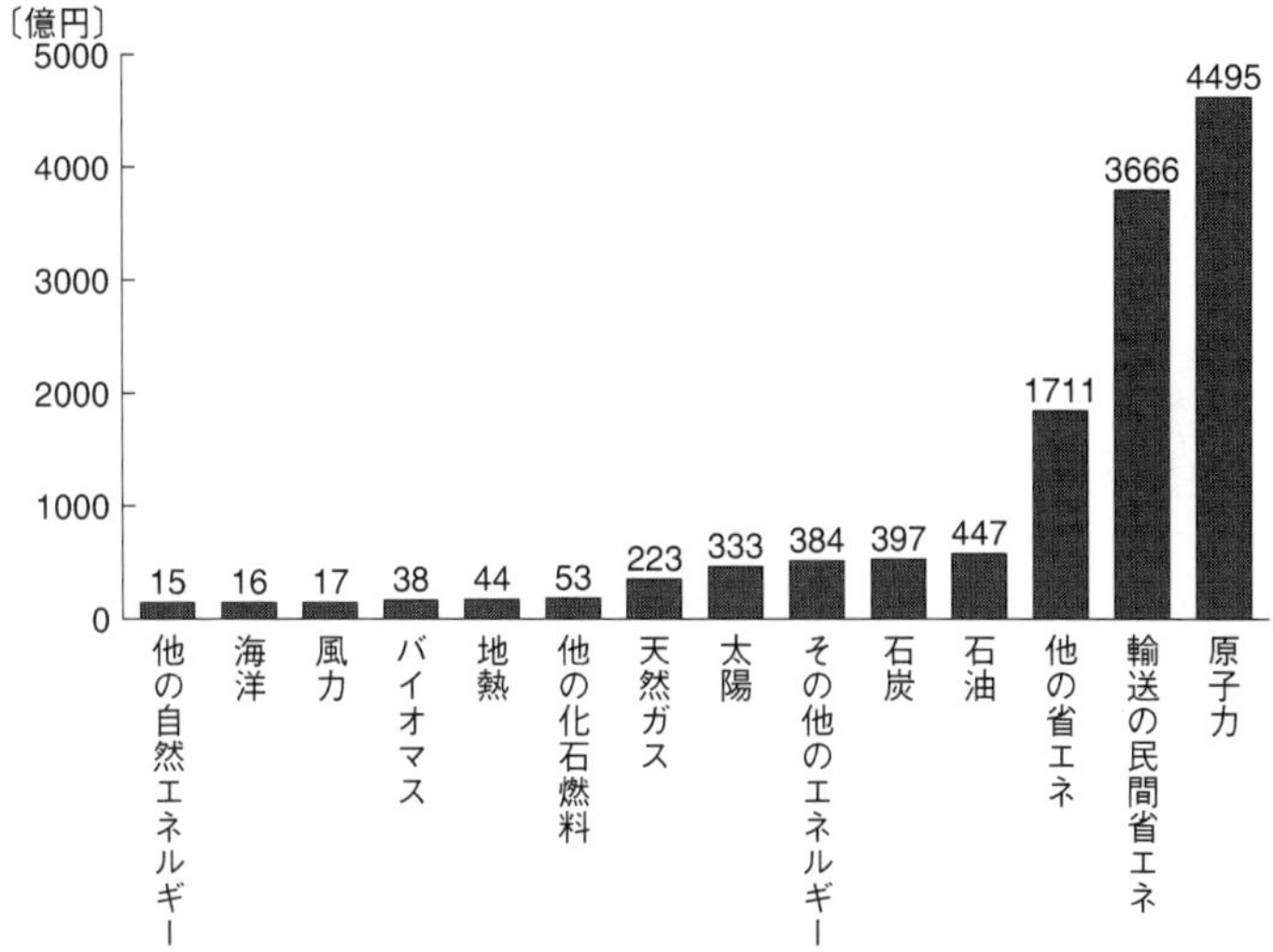

図10　エネルギー研究予算　1997年度・日本総計

すべて対応できるので、八〇℃で作動するPEM型燃料電池が生み出す熱の利用は容易なはずであった。

大量の電力を消費する冷蔵庫は、気体が膨張するときに冷える現象を利用してきた。そのため、フロンガスを圧縮機で圧縮するか、ガスを気化させる熱源として電気を使ってきただけである。燃料電池の電力と熱は、そのまま冷蔵庫や室内クーラーに使えるので、燃料電池を内蔵するメカニズムを開発することによって、新製品登場の可能性も大いにあった。

燃料電池の住宅用システムのメーカーとして先頭に躍り出たのは、日本ガス協会の柱となっている東京ガス、大阪ガス、東邦ガスの大手三社である。この三社は、それぞれ関東、関西、中部の三大都市圏に都市ガスを供給して、ガス管が相互に縄張りを荒らすこともなく、密接な連携プレーをとって、共同研究できる関係にあった。

その研究開発費を何とか国から補助してほし

かった。通産省は、これまで原発一本に凝り固まってきたが、官僚全員がその意思で統一されていたわけではなく、内部には、新エネルギー・産業技術総合開発機構（NEDO）と呼ばれるプロジェクトチームが存在し、自然エネルギーとマイクロガスタービン、燃料電池などの分散型電源の開発と省エネ技術を積極的に推進してきた。通産省内は、原発と新エネルギーの開発をめぐって拮抗し、世論では圧倒的にNEDOが勝っていたが、予算の九割以上が既得権益のようにして原発に使われてきた。官民合計すると、日本全体で、毎年四五〇〇億円前後が原発の研究開発に投じられていたのである。金融破綻処理に投入された税金は、二年半で四兆七九〇〇億円に達していた。それに対して、NEDOから九九年度に出されたのは、燃料電池の技術開発のために総額四三・四億円、うち欧米が全精力を注ぐPEM型の開発予算として、一〇億円だけであった。

日本ガス協会グループ三社と電機メーカー三社による燃料電池の研究開発には、そのうち一・四億円が助成金として支給され、一社当たり平均して二三〇〇万円、原発全体の二万分の一という情ないほど小さな国家支援であった。ガス三社はそれぞれ個別に電機メーカーと提携して、共同開発を進めることになった。「東京ガス〜松下電器産業」、「大阪ガス〜三洋電機」、「東邦ガス〜松下電工」の三グループが結成され、電機メーカーが燃料電池スタックを製作し、ガス会社がそれを使ってコジェネシステムとして完成したのである。

東京ガスは、このほかに荏原製作所／バラード／NTT連合と独自開発を進めつつ、二〇〇〇年一〇月には、燃料電池で水素を取り出すための高性能改質器を開発し、熱効率を世界最高水準の九〇%に高めることに成功した。

大阪ガスは、実験住宅として建設したNEXT21に設置したリン酸型燃料電池の実用テストで、九九年までに四分の一のエネルギー節約という大きなコジェネ成果をあげてきたが、九九年一二月

日本ガス協会の依頼で三洋電機が試作した
家庭用燃料電池コジェネシステム

には家庭用コジェネ部門を特別に設立して、燃料電池を柱にした研究開発体制を統合し、それまでにない強化を図った。次に挑戦した三洋電機製のＰＥＭ型燃料電池を使うコジェネシステムの当面の開発目標は、小型冷蔵庫サイズで、五〇〇ワットから一キロワットの小電力の燃料電池を狙うことになった。標準世帯では、家族全員が集まる夜の団欒時にピークとなり、最大電力は三〜五キロワットだが、何世代も同居する家では七キロワット程度になる。だが、それ以外の時間は消費量がぐっと下がるので、一日を平均すれば五〇〇ワット（〇・五キロワット）にしかならない。家族全員がいっせいに電気を使う時間帯の夜には、これまで通り電力会社からの電気を使っても、日中の電力ピークを押し上げない、という理由からであった。

しかし一キロワットという中途半端な出力で、消費者が本当に購買意欲を持つかどうかは、大いに疑問である。電力の一部をクリーンにするというのでは、燃料電池の目的をかなえない。それなら、完璧な製品が出てから買おうという気持になる。逆に、自宅で使う最大電力の三〜五キロワットを満足すれば、多少値段が高くなっても、購買意欲は大いにそそられる。

大阪ガスにおけるこの一キロワット

は、まず最初の技術的な山を越える開発過程の目標であった。寿命は九万時間(一〇年間)でオーバーホールなし。七〇℃の温水が使えるので、全エネルギーのうち、発電に三五%、熱利用に三〇%を使う。一台五〇万円以下が商品化の目標。発売開始は二〇〇五年。床暖房だけは、帰宅してすぐに室内が暖かくなるよう八〇℃の高温で始動できるようにする。ざっとこのような基本的プランであった。大阪ガスはこの開発目標を、燃料電池関連メーカーに明らかにすると同時に、メーカー側の技術データを相互に共有できるよう、多数企業との家庭用燃料電池開発パートナーシップを形成したのである。

このNEDO助成プロジェクトとは別に、大阪ガスが燃料改質器を製作し、松下電工がコジェネシステムを製作する研究開発も同時に進行した。一方、松下電工は二〇〇〇年秋から、出光興産と燃料電池の開発で提携し、家庭用のPEM型燃料電池の商品化に大きく踏み出した。出光もまた、燃料電池の改質器ではガス三社に劣らぬ技術を持っていたからである。

大阪ガスのように、コジェネを利用した住宅用燃料電池の一体システムを開発していたのは、そのころ日本だけであった。大阪ガスの社員を試作燃料電池の設置住宅に住まわせ、実際に家庭生活を送るなかでの問題を探る実用テストがおこなわれた。ポンプなどの補助装置が自分で電力を食いすぎるのでエネルギー効率が予想より低下して、床暖房が充分に機能しないという欠点はあったが、都市ガスを使った燃料電池の性能は、全体に非常に良好であった。徹底的に細部の効率向上が検討され、コストダウンの研究に重点が移された。すでに三洋電機は、サイズを三分の一にコンパクト化する見通しを持っていた。改質器で水素を取り出すときに硫黄分を取り除く脱硫技術では、大阪ガスにはかねてから高度な技術があり、燃料電池ではそれが大きく役立ったのである。二〇〇〇年秋までに、従来の改質器では三〇%にとどまっていた直流の発電効率を、世界最高の三七・五%まで高める技術を証明し、取り出した水素に含まれて触媒作用を妨げる一酸化炭素の濃度も、一〇ppm以下で合格とされるところを、一ppm未満という驚異的な数字を達成した。ノースウェスト・パワーの改質器といずれがすぐれているか、世界的マーケットで争われることになった。

家電メーカーの国内トップの松下電器産業は、燃料電池開発では後発組と言われたが、この強力な発電機を見逃すことはあり得なかった。NEDOプロジェクトでは、一・五キロワットのPEM型燃料電池を使って、家庭用のコジェネシステムを完成した。エアコンの室外機と同じように軒下に設置できるコンパクトな装置で、高性能の白金触媒を使って都市ガスやプロパンガスから水素を取り出し、高い発電効率を達成して、急速な開発力を示した。子会社の松下電工が売上げの半分を住宅関連が占め、グループ企業にはナショナル住宅産業もあるので、グループを率いる松下電器産業は住宅用の燃料電池の開発を最重要課題と位置づけ、松下電池工業と共同で、家庭用の五キロワット級燃料電池製品を試作ずみで、二〇〇三年にはそのクラスを市販する目標である。携帯用としては松下電器産業が六五ワットクラスの燃料電池の開発を進めるほか、トヨタと共同でハイブリッド自動車用のバッテリーを販売する事業に参入してきたことから、すでに自社開発の燃料電池本体を用いて、自動車用燃料電池への進出も検討しはじめた。松下電工は、それとはまったく独自にバラードと提携して二五〇ワットクラスの開発をおこない、二〇〇〇年一〇月にポータブル燃料電池についてバラードと新たな販売契約を結んだので

松下電器産業の家庭用燃料電池コジェネシステム

ある。

二〇〇〇年三月一六日、NTT、大阪ガス、東京ガスの三社が、共同で電力小売り会社をつくりあげ、独立系のIPP事業として合弁発電会社エネットを設立すると発表したのは、これら一連のテスト中のことであった。

日本の家電メーカーが具体的な目標としたPEM型燃料電池の普及価格は、家庭用で一キロワット当たり一五万円であった。九九年時点では、製品コストが一台一五〇万円だったので、これを一〇分の一にしなければならなかったが、二〇〇三年にカリフォルニア州で施行されるゼロ・エミッション規制によってPEMの材料コストが下がり、一五万円が実売可能な価格になると見られた。カリフォルニア向け自動車用の燃料電池スタックは、二〇〇五年までに一キロワットで五〇〇〇円という価格を実現する目標を立てていたからである。

すでに出力の大きなリン酸型燃料電池では、一キロワット当たり四〇万円の領域に入り、アメリカのメーカーとバラードによるPEM型燃料電池のスタックは五〇〜七〇万円までコストダウンを実現していた。そしてすべての技術が目標を達成する数年以内に二万円、一〇年後には量産によって一万円を切ると言われていた。家庭用の燃料電池コジェネシステムとして使われた謳い文句「電気も使える給湯器」は、言い得て妙であった。普通の給湯器の三五万円に対して、燃料電池が同価格になれば、給湯器と同じ金を払って電気が使えるからである。

一五万円の装置で電気が生まれるなら、わずか二〜三年で、電力会社に払っている電気料金の元がとれてしまう。そのあとの電気代はただになるのだから、電力会社から電気を買わずにすむ。こう考えれば、燃料電池の目標価格は、安すぎるほどであった。太陽電池システムが三キロワット三〇〇万円という価格でも急速に普及してきたのだから、もっと高い値段でも、相当な数が売れるだろう。

一方、自動販売機で消費される電気も、そちこちで批判を受けて、燃料電池による改善が望まれた。深夜にほとんど誰も使わない機械が、缶コーヒーやコーラの飲料を温めたり冷やしたりするのに電気を浪費していたからである。毎年五〇万台も生産され、九九年末に五五〇万台を突破し、道路一〇〇メートルごとに一台と言われるほど日本には自動販売機が大量に設置され、世界一の自動販売機王国となっていた。アメリカの七〇〇万台に比べて、人口の比率では日本のほうがはるかに多かった。

自動販売機のトップメーカーである東芝は、アメリカのIFCと提携した燃料電池の草分けメーカーでもあった。効率的な自動販売機の開発に着手しないわけにはゆかなかった。燃料電池の電気で缶飲料を冷却し、熱を保温に利用すればよいだけである。これこそ燃料電池の理想的な用途であった。自動販売機用の燃料電池は、九九年時点で一〇〇〇万円前後という高い価格だったが、東芝はすでに試作機をつくり、自動販売機の本体込み価格を五〇万円と、二〇分の一にできる見通しをつけたという。運転コストも、従来機種の年間電気代七万六〇〇〇円に比べ、四四%も安い四万三〇〇〇円になる。この小型燃料電池が順調に作動すれば、ビル・ゲイツが投資したアヴィスタに対抗してエレクトロニクス機器の燃料電池にも応用できるので、二〇〇四年には製造ラインを強化して、国際市場に参入できるはずであった。

東芝が自動販売機の開発に着手すれば、家庭用燃料電池メーカーとして先頭を走っていた三洋電機が、黙っているはずはなかった。三洋は自動販売機メーカーとしても第二位にあり、自動販売機の電力が日本国内の太陽電池の総発電量の五倍を食うならば、電力浪費の責任があった。三洋が世界一を誇ってきたソーラー用シリコン電池の高性能は、二〇〇〇年一〇月に「子会社がソーラー電池の低出力を偽って出荷していた」という事実が発覚して、社長辞任という低次元のドラマを演じたばかりであった。

東芝もまた、二〇〇〇年一〇月二七日以後、台湾が日本からの原発輸入を中止するかどうかをめぐって、大混乱に陥ったため、建設中だったその大型原子炉のメーカーとして深刻な影響を受ける立場に追い込まれた。この苦境に陥った東芝と三洋が、燃料電池を使った自動販売機を普及すれば、その深夜電力はLPG（プロパン）を使った自家発電となり、深夜電力の大部分をまかなう原発を減らすことに貢献できるのである。評判を回復する絶好の機会となろう。

第4章　王様はバラードだ

偉大なる先駆者

バラードは、燃料電池の開発者として、実用技術の高度さで、二〇〇〇年までトップランナーとして走り続けてきた。その実績ある製品が、人々を刺激し、エネルギー分野に研究開発ブームを呼び起こした。家庭生活をあずかる人にも、自動車ドライバーにも、数年後に起こるであろう着実な技術革命への期待を抱かせた。ガス会社は身を乗り出し、電機メーカーは奮い立ち、石油や天然ガスの採掘業者が目を醒まし、原子力産業は腰を抜かした。

バラードがつとめた役割は、一製品のリーダーだけではなかった。

バラード・ブームを批判する者も多かった。それこそ、何もしなかったたし、できなかった人間たちである。バラードの製品が一〇年後の市場を制するとは限らない。あらゆるメーカーがバラードを抜こうと、全力で研究開発に力を入れはじめたからだ。しかし最後の勝者が誰になろうとも、バラード～ダイムラー～クライスラーが成し遂げた先駆者としての偉大さは計り知れなかった。メーカーが燃料電池に本気で取り組む意識を植えつけ、技術者と科学者に考える糧を示したばかりではない。若者たちに果てしなき夢を与え、あらゆる分野に今後も画期的な発明・発見の可能性があることを示唆したのは誰であったろう。

正式名バラード・パワー・システムズ（Ballard Power Systems Inc.）は、本社をカナダ南西部の都市バンクーバーに置き、発電部門の研究開発子会社バラード・ジェネレーション・システムズ（以下バラードGS）はカナダのブリティッシュ・コロンビア州バーナビーにある。アメリカ運輸省との契約などはカリフォルニア州サンディエゴ郊外にある子会社エクセルシスとの共用ビルを本拠とし、ダイムラーとの事業はドイツのシュトゥットガルト近くのオフィスで業務を遂行するという国際企業だ。

常識を破る低コストで固体高分子電解質膜（PEM）の燃料電池システムを開発して、燃料電池の世界的リーダーとなった。この開発の歴史は、『未来へのエネルギー――バラード燃料電池と世界変革レース』（"Powering the Future――The Ballard Fuel Cell and the Race to Change the World" by Tom Koppel, John Wiley & Sons Canada Ltd.）にくわしく描かれている。インテルの小さな部品が組み込まれてほとんどのコンピューターが動く例に倣って、エネルギー業界のインテルをめざし、広範囲に使われる燃料電池の基礎コンポーネントで独占を狙い、自動車用、住宅用、発電用、携帯用、非常用、船舶用の燃料電池について、開発と販売をおこなってきた。

創業者の一人ジェフリー・バラード博士は九七年末に退職したが、九九年には〝タイム・マガジン〟で、環境クリーン製品を創作した功績が評価され、五人の「惑星（地球）の英雄」の一人に選ばれた。その後を継いだ経営者は、会長兼経営最高責任者のフィロッツ・ラスールで、彼はデータ通信会社から八八年にバラードへ移籍後、ずっと経営トップとして活躍してきた。社長のキップ・スミスと副社長（発電機部門バラードGS社長）のジェームズ・カーシュは、いずれもダウ・ケミカル出身であった。ダイムラー・ベンツの燃料電池統括主任だったフェルディナンド・パニク博士が、燃料電池車開発の主体企業エクセルシスの社長をつとめた。パニクは、南米のアマゾン保護プロジェクトをつとめた経験があり、カーシュも障害者に自動車を提供するフリーダム・グループのパートナーで、経営者はいずれも環境問題に造詣が深かった。

さらに、フォード副社長だったニール・レスラー、大電力会社GPU会長だったジェームズ・リーヴァ、ブリティッシュ・コロンビア・ガス社長だったスティーヴン・ベルリンガー、トヨタ自動車カナダから移籍したマイケル・グレイドンなど、到底ベンチャー企業とは呼べない重厚な布陣を敷いていた。

バラードがすぐれていたのは、注目された自動車用だけでなく、あらゆる燃料電池の開発を早くから成功させたところにあり、発電用燃料電池の最初のモデル1では、化学プラント副産物の水素を燃料とする三〇キロワットと、天然ガスを使う一〇キロワットをテストし、天然ガス使用のPEM型を世界で最初に成功させていた。この分野では二五〇キロワットの大型まで開発に成功し、二〇〇一年末には、最初の商用発電機を市販して、翌年から量産機の販売に踏み切るスケジュールを打ち出した。

携帯用燃料電池でも、エレクトロニクス機器用、緊急用、レクリエーション用などを目的に、これらの製造メーカーとのあいだで、各種の内蔵型燃料電池の開発契約を結んでいた。特異な分野は、船舶用燃料電池であり、洋上船舶と潜水艦のいずれも、燃料電池の需要が高いと見て、潜水艦用に四〇キロワットのメタノール型燃料電池をはじめ、多数の船舶向け契約をカナダ政府と結んでいたのである。特に、会社設立当初からカナダ国防省と連携して作業してきたことが、今日の商用燃料電池の成功につながったので、バラード製燃料電池は船舶用エンジンとして充分な性能を持っていた。

ライバルとしては、ロスアラモス国立研究所のパートナーであるDCHテクノロジーが、船舶用燃料電池の開発を狙っていた。水素はこれまで天然ガスと電気分解によって製造されてきたが、今後は、太陽と風力と生物分解が主力になると目され、水素技術の専門企業であるDCHが海洋水素技術開発グループを設立して、バラードを追撃してきたのである。タンカー、貨物船、フェリー、クルーズ船、レジャー船、さらには軍事用の船舶が七つの海を疾駆する海洋は、波浪のエネルギーがふんだんにあり、これほど水素を製造しやすい領域はなかった。燃料電池による船舶業界の革命が起これば、船内で膨大な容積を占める燃料とエンジン装置が小型化して、大量の輸送ができるようになるのである。しかも通常、船は出入り港が決まっているので、自動車と違って、大量の水素燃料補給が容易な乗り物である。究極的には、水素を生産しながら深海を航行できると考えられ、原子力潜水艦が不要になる。こうして、燃料電池による潜水艦がすでに実用化され始めているのである。

二〇〇〇年八月、ロシアの原子力潜水艦クルスクが、ムルマンスク東方沖のバレンツ海で沈没し、救助できずに乗員全員が死亡するという悲劇を招いた。この潜水艦の動力が、もし原子力ではなく燃料電池であれば、どうなったか。潜水艦に原子力を使うのは、動力としての電気エネルギーが必要だからである。燃料電池潜水艦の場合には、電気だけでなく、浮上することなく真水も温水も得られ、騒音がないので軍事用には敵から発見されにくい。問題は燃料補給にあり、原子力は少量のウランですむ、というところに長期間水中にもぐっていなければならない軍事用潜水艦としての最大の利点があった。燃料電池を使う場合には、魚が水中に長時間もぐって生きているところに、燃料補給の答があった。海中の微生物や小魚を食べながら魚は生きているのだ。潜水艦が、この微生物をバイオマスとして効率よく捕獲できれば、そこから水素を製造し、ほぼ永久的に潜水していられる。排水処理プラントの分解ガスを使って作動する燃料電池をバラードは開発しており、そこで得たバイオマス関連技術についてかなりの知恵を蓄積しているはずであった。

バラード・パワー・システムズの歩みは、七九年にはじまった。

バラード博士ら三人によって、高エネルギーのリチウム電池を開発する目的で、バラード研究社が設立されたが、八三〜八四年にかけてカナダ政府（国防省）がGEからPEM型燃料電池の基礎技術を購入し、バラード社に開発を委託して共同開発がスタートしたのである。GEが持っていた陽子交換膜（PEM）の基本特許を入手できたため、カナダ海軍の「音のしない」潜水艦用の燃料電池開発に参加したバラードは、以後数年で基礎技術を修得すると、バッテリー部門を売却して、燃料電池に集中した。そしてデュポンのPEMと共に、八六年にダウ・ケミカルが開発した改良PEM（ダウ膜）を採用しながら、比較検討・改良を続け、ついに一ミリの一〇分の一という薄い高分子膜で、充分に強度を持ったPEMを電解質として実用化することに成功した。

創業一〇年後の八九年には、自動車用としての燃料電池の開発がスタートし、水素ガスと空気を使った五キロワットの燃料電池スタックを開発した。九〇年代に入ると、原型燃料電池を試作して技術テストをくり返していたが、九三年三月に大きな転機が訪れた。

ダイムラー・ベンツが、四年契約の開発協力を申し入れてきたのである。これがバラードにとって最初の大型提携となり、ダイムラーの資金を得て、自動車用燃料電池の本格的開発に着手することが可能になった。この年、ナスダック市場に一株六ドルで上場し、六月には早くも第一世代バスがバンクーバーで路上走行テストを開始した。この時は、二〇人乗りのバスを一六〇キロメートル走行させるのに、ガラス繊維で強化したアルミ製高圧水素ボンベ一〇本を積んで、バスというのに人間の乗る場所がほとんどないほどの原始的な構造であった。

ところが翌九四年には、ダイムラーが開発した二人乗り乗用車NECAR1（New Electric Car）を初公開し、これも水素燃料を使った燃料電池だったが、実用化に大きく前進した。そして九五年には、三〇キロワット級燃料電池で、ガソリンエンジンと同等の性能を示したのである。

以後は、シカゴ運輸局との共同テスト、自家発電用の大型燃料電池開発のための合弁会社設立に続き、第二世代乗用車NECAR2では、燃料電池の体積が五分の一になって、エンジン部分が大幅にコンパクト化され、長足の進歩を示した。こうして九七年四月を迎えると、ダイムラーとの再契約によって本格提携がなされ、相互に技術を導入し合っての一体研究開発がスタートし、エクセルシスの前身であるダイムラー・ベンツ・バラード燃料電池エンジン社（dbb Fuel Cell Engines Inc.）がドイツのシュトゥットガルトに設立された。

自動車用エンジンでは、燃料電池の電気エネルギーでモーターが車軸を回転させ、運転中の燃料電池内部温度が水の沸点以下の九〇℃におさえられるので排熱はきわめて小さいが、五〇キロワット出力の乗用車で二段オートマティック方式のギアを用い、どこまで最大速度を出せるか、また馬力を大きくするため空気の圧力と流量を大きくしたとき、燃料電池の機能がどのような影響を受けるかなど、数々の課題をつめなければならなかった。燃料を水素にするかメタノールにするかガソリンにするかによって、モデルの構造が大きく変ってくるので、開発にはいくつものチームが必要となった。

一方、北米大陸側には、バラード自動車（Ballard Automotive）を設立して、急台頭する燃料電池車マーケットで、自動車部品メーカーが最新のバラード燃料電池を得られるように、自動車産業の市場開拓と仲介に乗り出した。これがのちに、日本の自動車メーカーを慨嘆させる部品メーカー囲い込み戦略だったのである。

翌月発表されたダイムラーの大型バスNEBUSは、一九〇キロワットという最新型バラード製燃料電池を搭載し、ディーゼルエンジンよりエネルギー効率が一五％も高く、加速性にすぐれ、騒がしい音も立てずに時速八〇キロメートルを出して、バス運転手を驚嘆させた。

この実力に確信を深めたダイムラーは、七月にフランクフルトの国際自動車ショーに燃料電池車を出展してヨーロッパの注目を集め、九月には、初めてメタノールを燃料にした第三世代乗用車NECAR3を世に出した。技術開発の基本は、第一ステップで「必要な性能」を出すこと、第二ステップで使用条件に適した「サイズと重量」を満足すること、第三ステップで「量産」できること、そして最後にユーザーが買える「コスト」であること、という手順で進められる。第一の性能をほぼ満足したバラードとダイムラーが挑戦した次の課題は、いかにして小型・軽量の燃料電池で充分な出力を出せるかであった。その目安となるのは、一リットルの体積の燃料電池で何キロワットの電力が発生するかという出力密度である。このメタノール車は、出力密度を一リットル一キロワットまで向上させたのである。しかも五〇キロワット出力で四〇〇キロメートルの長距離を走行でき、液体であるメタノールを燃料に使ったため、ガソリンと同じような扱いやすさがあった。

この年、一一月二二日の〝日本経済新聞〟に、ダイムラーが「二〇〇四年までに燃料電池ハイブリッド車の量産体制を整える」と一頁の大広告をうち、日本の産業界を驚愕させることになったが、ダイムラーは矢継ぎ早に発表をおこなうことによって、計算された世界ショックを自分たちの資本力の増強に利用したのである。翌月、「燃料電池車を二〇〇四年に四万台、二〇〇七年に一〇万台生産する」と発表し、フォード・モーターが、「わが社も、バラード社の高性能燃料電池を搭載したクリーンカーを開発する。このことでは、今後ダイムラー・ベンツ社と提携する」と発表したからである。世界中の自動車メーカーは、まだ第一段階の性能の開発に力を注いでいたので衝撃を受け、数ある中の一技術とみなしていた燃料電池に対する認識を改め、バラードの燃料電池が本物であることを、この時に初めて知ることになった。

三者グループの発足によって、ヨーロッパ・カナダ・アメリカを結ぶ強力な北半球ネットワークが誕生した。バラード〜ダイムラー連合にとって、シェアや資本よりもフォードが持つ量産技術を獲得して、一刻も早く製品を市場に出すことが提携の目的であった。高級車ベンツに職人的な技術の粋を結集したダイムラーと、T型フォード以来のオートメーション技能を誇るフォードの組み合わせは、それぞれがユニークな個性を発揮すると期待されたのである。

アクセルを踏み込んだバラードの開発スピード

こうしてバラードにとって、自動車業界を巻き込む激動の九七年を終えると、九八年からは、自家薬籠中の環境問題に対する取り組みを積極的に進めた。バラードにとって、自動車の改善はそのための手段であり、目的はあくまで、地球上のすべての技術から有害な排ガスを減らすことにあった。地元バンクーバーで開催された環境技術展示会には、ベンツに搭載したバラード製燃料電池を展示してエネルギー関係者の関心を呼び覚まし、日本とヨーロッパでは発電用の燃料電池の普及プロジェクトを具体化しはじめた。荏原製作所との提携に続いて、イギリス・フランス連合の電機メーカーGECアルストムと一億ドルの契約を結ぶことに成功し、バラード製燃料電池の商品化をめざすことになったのである。同時に、ダイムラーがクライスラーと正式合併し、ダイムラークライスラーが誕生すると、フォードと合わせたシェアが世界市場の四分の一を占め、GMグループをしのぐ販売グループになった。

九九年三月から四月にかけては、第四世代の四人乗り小型乗用車NECAR4の発表と、カリフォ

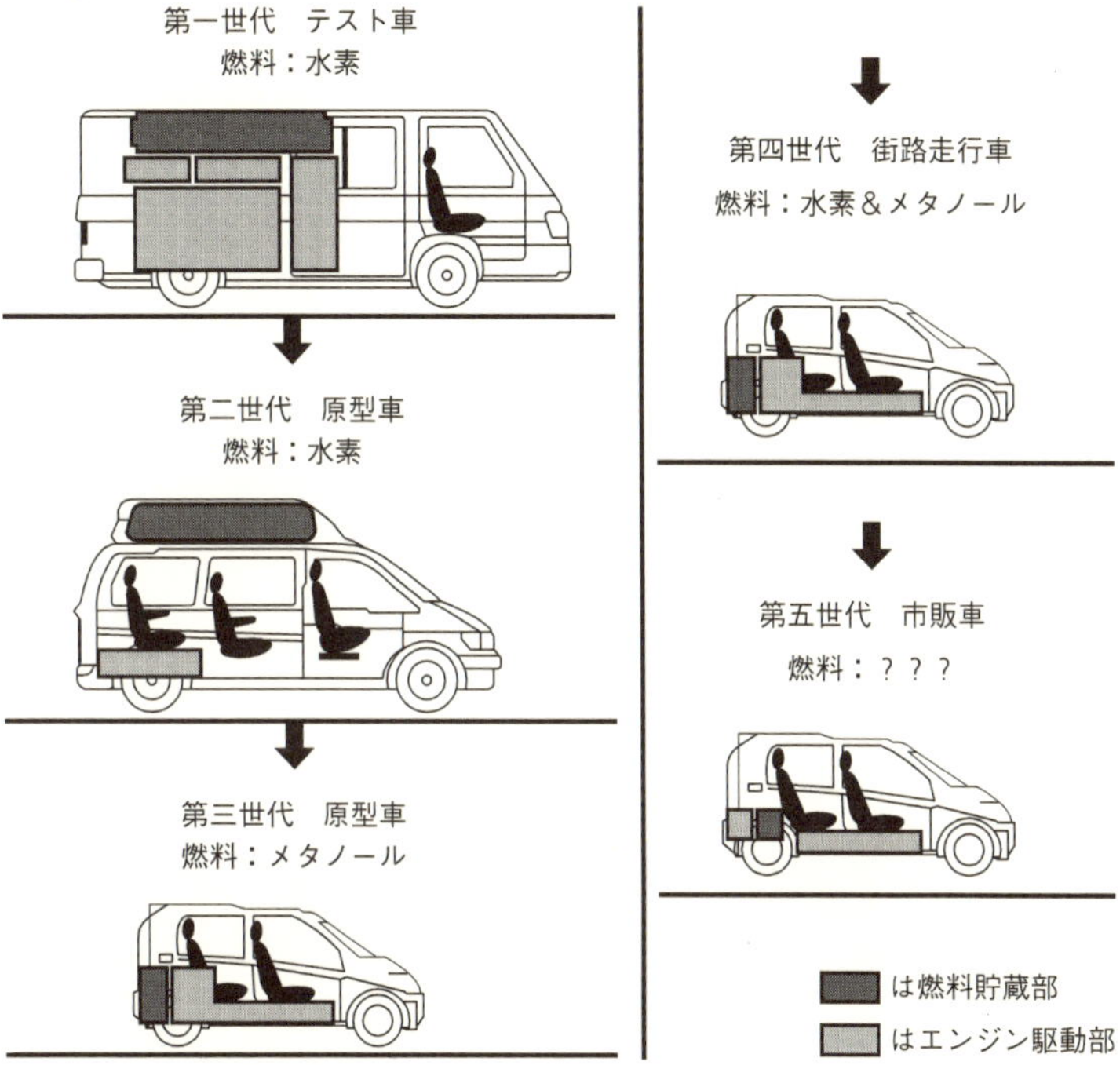

図11　バラード製燃料電池を搭載したダイムラークライスラーNECARの進歩

ルニア州パートナーシップの結成があった。この発表車の特性は、過去六年間で燃料電池の性能を一〇倍向上させたバラードとダイムラーの研究開発力にあったが、性能以上に世界が驚いたのは、燃料電池システムの価格が三万ドルまで下がったことであった。NECAR4は出力五五キロワットだったので、一キロワット当たり五四五ドルを達成したのである。

この額は日本円にしてほぼ六万円になり、一〇〇万キロワットに換算すれば六〇〇億円であった。同じ規模の発電用電力設備の建設コストと比較して、これまで大半の原子力発電所は廃棄物処理費用を含めて五〇〇〇億円を要し、最新鋭のガス火力でも二〇〇〇億円を要したので、原発の八分の一、ガス火力の三分の一以下であった。標準家庭で充分に使える三キロワットの住宅用燃料電池に換算すれば、二〇万円を切る価格だから、バラードが「性能」、「サイズと重量」、「量産」から一挙に「コスト」の解決まで登りつめていることが明らかになった。

そこにパートナーシップ結成のニュースが重なり、ゼロ・エミッション自動車は、夢ではなく現実のものとなった。バラードが目的とする燃料電池の普及にとって、最後の鍵を握る最大の企業集団がここに登場したからである。それは、石油メジャーをはじめとする石油・ガス・メタノール・水素を扱うそれぞれの分野のエキスパートであった。このパートナーシップ結成のあとバラードと提携し、あるいは買収・合併によってバラード・グループに属することになった企業も含めると、以下のような名前が網羅されたのである。

石油・ガスを供給するノルウェー最大企業で、北海油田グループに属するノーベル財閥の中核ノルスク・ヒドロ、石油メジャーのエクソン・モービル、イギリス・オランダ連合のロイヤル・ダッチ・シェル、イギリス・アメリカ連合のBPアモコ／アトランティック・リッチフィールド、シェヴロン・テキサコ（ガルフを含む）、世界のメタノールの四分の一を支配するカナダ企業メタネックス、カナダの石油企業ペトロ・カナダ、日本最大のガス会社東京ガス。

このエクソン、シェル、BP、シェヴロンの石油メジャー上位四グループが保有する石油・ガスの埋蔵量は、ガスを原油に換算して総計すると、七〇〇億バレルを超えるとてつもない量に達し、ここに直接参加しなかったのは、五〜六位グループのフランスのトタール・フィナ・エルフとイタリアのENIだけであった。バラード博士たちがはじめた三人の会社は、二〇年後に、「そこに存在しないのは世界的メジャーではない」と思わせるほど、とんでもないことをしてしまったのだ。

バラードのラスール会長が、二〇〇三年をめどに、燃料電池コストを現在の一〇分の一の三〇〇〇ドルに引き下げる方針を表明したのは、カリフォルニア州パートナーシップ発足から半年後であった。

このような発言は、企業の研究担当者にとっては過大な重荷であった。約束通りのスケジュールで商品化を進めるには、膨大な人材と費用を投じて、絨毯爆撃のように漏れなく一点ずつ未解決問題を踏破してゆかなければならないが、アメリカの初期のロケット開発でそれが失敗したように、すべてを確率論で追跡すると落とし穴に足をとられる。燃料電池のレースでは、自分が完璧だと思い込んでいても、他社に天才一人がいてマーケットで先んじられれば、すべてが水泡に帰してしまうのだ。

そのためにこそバラードは、自分の技術に溺れないように広範囲な企業と提携して先端をゆく技術を取り込む一方、研究開発費を捻出するために、燃料電池スタックの販売に熱を入れなければならなかった。ラスール会長と経営陣が、利益よりも知恵の蓄積のために惜しげもなく投じた燃料電池の研究開発費は、アメリカドルに換算して九七年に一二三七万ドル、九八年に二四八〇万ドル、九九年に四二三三万ドルと毎年倍増する勢いで、三年間で七九五〇万ドルに達し、九〇億円近い金額であった。日本の通産省がガス～電機六社グループに支給した一・四億円の助成金とは、二桁近い差があった。

この研究開発費が無駄ではなかったことは、九九年末までの大成果として二〇〇〇年初めに報告された。高性能で低コストの次世代燃料電池「ＭＡＲＫ９００」を発表したのである。自動車用に開発されたこの燃料電池スタックは、それまでバラードが誇ってきた「ＭＡＲＫ７００」に比べて、体積が半分になっただけでなく、重量も三割軽くなり、一リットル当たりの出力密度は水素燃料で一・三キロワットに伸び、他社の性能を二〜三倍も大きく引き離した。しかも燃料電池のセルは六秒に一個というオートメーションシステムで生産でき、燃料電池スタックとしても年間三〇万台生産できる量産向きの構造によって完成したので、バンクーバーに最初の量産工場を建設する計画が明らかにされた。

フォードは、早速このMARK900をセダン原型車（TH!NK FC5）に採用し、一月にデトロイトで開催された国際モーターショーに出展した。しかし自動車メーカーは、出品されたモデルがどれほどすぐれているかを説明されても、それを製品とは認めない。路上で運転手がハンドルを握って走るまでは、話にすぎない。そのためにカーレースがおこなわれ、販売シェアだけが実績とみなされるのだ。

バラードと違って、自動車屋のダイムラーは、それを重々承知していた。三月二三日に、ダイムラーのパニク博士率いるエクセルシスが、シカゴ運輸局と共に、世界最初の燃料電池バスの二年間にわたるデモンストレーション走行テストについて、待望の成果を発表する日がやってきた。走行は五〇〇〇時間、およそ五万キロメートルにおよび、運んだ乗客は一〇万人であった。「水素燃料電池のすぐれた性能を確認した。真夏の酷暑でも真冬の厳寒期でもまったく問題なかった」と、シカゴ運輸局長が談話を発表した。「水蒸気のほかには一切排出しなかった」

大成功だったのだ。ディーゼルバスに比べて「スムーズで静かだった」という乗客たちの反応も紹介されたが、一番の気がかりは、バスの運転手がどう評価するかであった。

「スムーズで、静かで、においがなく、振動も小さく、加速性は良好だった。しかし、車体が重いのでやや動きが鈍い」という批判が付け加えられた。

もうひとつ欠点も指摘された。修理工から、「車体のメンテナンスと燃料補給には問題なかったが、エンジン部分は、部品のあいだの空間が狭いので修理しにくい」との苦情があった。いずれも客観的な第三者の評価であり、全米第二の都市シカゴのお墨付きをもらって、バラードに対する信頼性は大いに高まった。

これらの指摘を受けてバラードは、メンテナンスをガソリンエンジンと同様に簡単にできるよう、次世代の燃料電池は部品数を減らしてさらにシンプルに改善し、シカゴでテストしたバスに比べて、エンジン重量も半分にできる見通しがついていることを明らかにした。

ついにバラードは、世界のトップを切って、バンクーバー工場でPEM型燃料電池の量産をスタートすることになった。そこでは、GM、フォード、ダイムラークライスラーなど大手の自動車用だけでなく、発電用、ポータブル用など、あらゆる受注に応じる製造能力を持ち、万全の態勢を整えた。また、それに続く第二工場のプロジェクトも本格化した。

発電部門の子会社バラードGSも、四月下旬、ベルリン最大の電力会社ベヴァーク向けに、二機目の二五〇キロワット発電用燃料電池を出荷したと発表した。ここに、フランスの合弁会社アルストム・バラードが参加し、ヨーロッパの電力会社コンソーシアム（企業連合）によってテストがおこなわれる計画であった。ヨーロッパでは、電力の規制緩和が進んで、巨大な自由マーケットが形成されつつあり、ドイツの原発撤退政策の具体策としてバラード燃料電池の実用化は着実に浸透しつつあった。日本でも荏原バラードが、廃棄物から濃度の高い水素ガスをつくり、燃料電池に利用する実証テストを開始しようとしていた。これは将来、二五〇キロワット級の燃料電池を使って、効率の高いゴミ発電装置を完成する計画の一環であった。ラスール会長が東京のシンポジウムで語ったように、ゴミから発電するという夢が、そこにあった。この実用化では、メタン発酵、下水の汚泥、畜産業の廃棄物、し尿処理場で発生するガスなど、燃料電池のエネルギーを供給する物質が山のように考えられた。

自然界のメタンは、動植物などの有機物が水中で腐敗して発酵するときに生まれるガスなので、沼地や汚泥などから絶えずメタンガスが出ている。沼地から発生するメタンガスを沼気《しょうき》と呼んだのはそのためである。ガス田では、天然ガスの主成分がメタンであり、日本の都市部で使われる台所の都市ガスの成分は、ほぼ九割がメタンである。これを液化して海外から輸入しているのが、ＬＮＧと呼ばれる液化天然ガスであった。

メタンの分子構造――最も単純な四面体のメタン

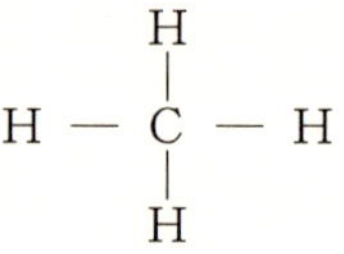

昔からメタンは、水蒸気と触媒を使って、水素ガスをつくるのに使われてきた。

メタンCH_4 ＋ 水蒸気 $2H_2O$ → 水素 $4H_2$ ＋ 二酸化炭素CO_2

こうして水素を取り出せば、炭化水素としては最も効率よく、炭素一個に対して水素分子四個が得られる。石油が生み出す廃棄物も、メタンや水素の原料である。時に「石油を使わない社会」が理想論として語られたが、それはまったくの嘘であった。原子力がなくても何も生活に支障をきたさないが、石油がなくなれば、プラスチックと化学製品すべてがなくなる。電話からコピー機、新聞・雑誌・書籍の印刷インクがなくなり、食べ物の生産・流通ができなくなる。テレビも掃除機もパソコンも、家庭や職場の電気製品は一切製造されなくなる。自動車による物質の運搬もできない。

石油の成分である炭化水素は、人類一〇〇年の知恵の中で、便利な原料という以上に、なくてはならない物質へと育てられたのである。石油の問題は、その資源が枯渇することと、合成物質による発癌性と、新たに発見された環境ホルモンの脅威にあった。体内に入る化学調味料、食品添加物、化学肥料、合成洗剤などがもたらす危険性は、それがなくても生活できるので、使うか使わないかという別の次元にあり、すべての化学製品を否定することにはならない。これらの問題を解決することは、石油を使い続ける生活と矛盾することではなかった。石油を非難する前に、あるべき道を探るほうが早い。

石油製品を燃焼せず、廃棄物をリサイクルし、再び原油に近いどろどろの状態にまで分解して、半永久的に使用できる方法を確立することが、それを可能にするのだ。二一世紀に最初に取り組まなければならない課題が、石油の復元であった。このリサイクルが徹底しておこなわれれば、大半の石油問題が解決されるので、アメリカでは、八〇年代からデュポンがプラスチック分解に精力を注いだ。

プラスチックを使わない自然指向の生活は、リサイクルよりはるかにすぐれているが、少なくとも現代生活の基礎製品には、プラスチックを利用するほかない。工業化された社会で、問題を起こす石油を全廃するというあり得ないシナリオを空想するより、問題を起こす石油のあり方を探るほうが、解決にとって大きな力となる。

こうして燃料電池の開発でバラードとダイムラーが注目したのが、資源の浪費を減らすための燃料供給という視点であった。人類を悩ます廃棄物から水素原料を製造し、エネルギーを取り出す技術である。有機物は基本的な成分が水素、炭素、窒素、酸素であるから、廃棄物を分解すれば燃料電池の水素原料になる。帯状のリングを一回ねじってつないだ「メビウスの輪」は、表をなぞってゆくと、いつのまにか裏をなぞることになる。フィンランドでは、この終りのないリングに因んだメビウスシステムと呼ぶリサイクル法を開発し、農業廃水や下水処理で出る汚泥からし尿まで、すべてを生ゴミと一緒に発酵してメタンを取り出す技術が確立されたのである。

では、一体いつ、バラードの商業製品が本当に発売されるのか。バラードに目を注ぐ誰もが、その答を聞きたがった。

二〇〇〇年六月の株主総会で、スミス社長が発表したところでは、商業用としてバラード社第一号の燃料電池として発売するのは、一キロワットの発電能力を持つポータブルな燃料電池で、二〇〇一年の発売計画であった。一キロワットは、日本のメーカーが住宅用の本格製品第一号と位置づけているクラスだったが、バラードはそれを補助的な移動式の発電機とみなしていた。自動車の実用化は、ダイムラーとフォードの開発状況によって変ってくるが、二〇〇二〜〇五年が目標であることが、株主に対して説明された。

その二〇〇二年には、自動車王国デトロイトを擁するミシガン州内に、バラード燃料電池の大規模生産工場が完成する予定で、第四世代の七五人乗りバスの市販がスタートすることになっていた。バス運行計画は、シカゴに続いてカリフォルニア州でもパームスプリングスとオークランドで、七月までに二年間の実走行テストが成功を収めたため、この二年後の商用化プランが具体的になったのだ。パームスプリングスは、州南部にあって、ハリウッドスターのファッションセンターとして名をあげて以来、リゾートシティーとして有名になった都市だ。

バス三台がテストされ、走行距離六万七〇〇〇キロメートル、乗客一一万人を運んで、実際のバス路線ですぐれた実績が証明されたのである。バスの場合は、自治体がそれほど価格に注文をつけず、大気公害を減らすために費用を惜しまずバラードの量産を支援するので、かなりの勢いがつく見通しだった。以後もテストは続行されるが、カリフォルニア州パートナーシップでも、各地の運輸当局が参加して、今度は大量に二五台のバスが今後二年間にわたって路上テストをおこなうことになった。

ダイムラークライスラーの燃料電池バスNEBUS

これと同じ動きはヨーロッパでも四月に実り、ダイムラーが水素かメタノールを燃料とする都市バス〝シターロ〟を二〇〇二年にヨーロッパで市販することが発表された。製造台数は二〇〜三〇台になり、燃料電池を搭載した世界最初の商用バスになるが、最高時速八〇キロメートルで、一台一二五万ユーロ、日本円で一億二五〇〇万円という目の玉が飛び出すような価格であった。メンテナンス込みの価格とはいえ、普通の都市バスが一五〇〇〇万円前後だから、メーカーがその八倍を超える贅沢な自動車を製造するには、当然、買い手がいなければならない。それを購入するヨーロッパの国と都市があるのだ。為替レートの世界ではドルに対するユーロの下落が続き、ヨーロッパ経済の先行きを悲観する声がしきりと出ていたが、ヨーロッパ人は、すぐれた政策に投資を重ねていたのである。

日本は、国策に見るべきものは一切なかったが、産業を支える技術社会はバラードの図抜けた実力を見きわめていた。松下電工は、バラード製燃料電池を組み込んだ二五〇ワットのポータブル発電装置の開発に取り組み、LPGのブタンをカセットボンベに充填して、レジャー用や工事現場、非常用などに使える小型発電機に仕立てていた。

荏原製作所・東京ガス・NTTの三社は、すでに述べたように、バラード製燃料電池による発電用の二五〇キロワット型コジェネシステムの実証試験をスタートしたが、二〇〇〇年七月に荏原は、合弁会社バラードGS社への資本比率を六%から一一・四%に高めた。このコジェネが成功すれば、バラードとしては冷暖房に使える熱利用の本格的なオフィス向け製品が手に入り、マイクロガスタービンに対抗できるようになる。バラードは荏原のほかに、熱交換・熱貯蔵・空調の高度技術を持つアメリカのモダイン社(Modine Manufacturing Co.)とも提携し、これをエクセルシスの販売力でアメリカとヨーロッパに普及する計画も進めた。住宅用コジェネシステムをドイツのファイラントと進めるはずだったプラグ・パワーの計画が延期され、ドイツ側がそれに代るコジェネシステムを求めていたからである。

さらにバラードは、二〇〇〇年八月に、ホンダから自動車用燃料電池スタックのMARK900とサービス料を含めて出資を受けた。金額は、もう一社と合わせて一五〇万ドル、およそ一億六〇〇〇万円であった。二〇〇〇年以降のバラード(ダイムラークライスラー)の開発スケジュールをまとめると、次のようになっていた。

〈今後のスケジュール〉

●二〇〇〇年——荏原バラードが、廃棄物から水素ガスをつくる実証テストと、二五〇キロワット型燃料電池を利用する冷暖房可能なコジェネシステムの実証試験スタート(NTTと東京ガス参加)。一一月一日よりカリフォルニア州パートナーシップにより、州内で新型燃料電池バス二五台の実走行テストを開始。同時に、乗用車三〇台のデモ実走行テストをカリフォルニア州路上でスタート（二〇〇三年まで実施）。この路上テスト走行に、ダイムラークライスラーとフォードのほか、フォルクスワーゲン、ホンダ、日産、トヨタ、ＧＭ、現代自動車が参加して性能比較レースを展開。コールマン社がバラード製燃料電池を組み込んだアウトドア用ポータブル発電装置を発売。

●二〇〇一年――バラードの商業用第一号の燃料電池として、一キロワットのポータブル燃料電池発売。松下電工がバラード製燃料電池を組み込んだ二五〇ワットポータブル発電装置を発売。ダイムラー・クライスラー日本、フォード系マツダ、日石三菱が燃料電池車の走行実験を横浜市の日石三菱精油所を拠点に開始し、多種類の燃料を使った実走行テストを実施する。

●二〇〇二年――自動車王国ミシガン州内に燃料電池の大規模生産工場完成。第四世代七五人乗りバスを発売。ヨーロッパで燃料電池を搭載した世界最初の商用都市バス〝シターロ〟を市販開始（製造台数二〇～三〇台）。ダイムラーおよびフォードの開発状況により、燃料電池車の実用販売の可能性あり（遅くとも二〇〇五年までに商用燃料電池車を発売する）。

●二〇〇三年――燃料電池コストを九九年価格の一〇分の一に引き下げる。荏原バラードが二五〇キロワット燃料電池のコジェネシステムを商品化。

●二〇〇四～〇五年――第五世代の本格的な商用自動車を量産して市販スタート。自動車用ＰＥＭ型燃料電池システムを一キロワット五〇ドル（約五〇〇〇円）で製造し、九九年価格の「一〇〇分の一」の「乗用車一台当たり二五万円台」まで下げることが目標。これを切ればガソリンエンジン車に勝てるが、年産三〇万台に達すれば一キロワット二〇ドルが可能。

しかし果たして彼らには、燃料電池のコストを〝一〇〇分の一〟に下げるという夢のようなことができるのだろうか。そのコストダウンの原理は、昔から実績をあげてきたように、ごく簡単なことであった。一億円のコンピューターが〝一〇〇〇分の一〟の一〇万円になったように、量産すればよいのだ。それには全世界のメーカーが市場に参加しなければならない。それが、カリフォルニア州パートナーシップの目的であった。

このスケジュールを抱えて、二〇〇〇年一一月一日、ついに号砲一発！　カリフォルニア州パートナーシップの自動車がいっせいに燃料電池をつんで走行テストをスタートした。待望のグランドオープニングの日を迎え、自動車メーカー七社の一四台の燃料電池車が、カリフォルニア州サクラメントの公道での試走を開始したのである。このセレモニーに参加した自動車のうち一一台はバラード製の燃料電池を搭載し、うち八台はフォード、ダイムラークライスラー、日産、ホンダ製で、三台のバスはダイムラークライスラーと子会社エクセルシス製であった。感無量の思いで、バラードのラスール会長は挨拶した。

「本日、自動車産業がこうして共に手をたずさえ、自動車のパワーを変える燃料電池の未来を世界に示す出来事を歴史に刻みました」

すでにカリフォルニア州パートナーシップのメンバーは、バラード・パワー・システムズとインターナショナル・フュエル・セルズ（IFC／ユナイテッド・テクノロジーズ／東芝グループ）の燃料電池メーカー二社を筆頭に、日米のビッグ3であるGM、フォード、ダイムラークライスラー、トヨタ、ホンダ、日産に、フォルクスワーゲン、韓国の現代自動車を加えた自動車メーカー八社と、BP、シェヴロン・テキサコ、シェルの石油メジャー三社が揃い、さらに政府・自治体側からカリフォルニア州大気資源局、カリフォルニア州エネルギー委員会、アメリカ南岸大気管理局、エネルギー省、運輸省の五つの機関から成る大きなシンジケートになっていた。

ダイムラークライスラーの燃料電池車NECAR5

ベルリンで、ダイムラークライスラーが最新型の燃料電池車NECAR5を発表し、ドイツのシュレーダー首相がそこに乗り込んでみせたのはそれから数日後、一一月七日のことであった。これはメタノールを燃料にするタイプで、ダイムラーの路線が「自動車に搭載するのは水素でもガソリンでもない」路線を打ち出す試作車となった。背後には、バラード〜ダイムラークライスラーと連携するイギリスのBP、ノルウェーのスタトイル、カナダのメタネックスという強力な燃料開発グループがあった。

実際のカリフォルニア・グランドオープニングでは、バラード燃料電池が正しく作動しながら、自動車メーカー側のエンジン駆動技術がまだ未完成であったため、かなりの自動車がトラブルを起こしてしまった。その中には、主役を演ずるはずのダイムラークライスラーのテストカーも含まれていたのである。しかし、ホンダのテストカーはバラード燃料電池によって快走を続けた。今後も意外な出来事を起こしながら、このレースは興味深い展開を示すはずである。

このグランドオープニングまで導いたバラードとダイムラーの成し遂げたことは、偉大であった。

プラチナ価格が暴騰した

燃料電池のコストは、触媒として使われる高価な貴金属の白金にかかっていた。六五年にGEがジェミニ宇宙船に搭載した燃料電池では、一キロワットの電気を起こすのに総量二キログラムの白金が使われた。九九年における白金の平均価格は、ニューヨーク・フリーマーケットの現物スポット価格で一キログラム一万二〇〇〇ドル前後だったので、この価格に換算すると二万四〇〇〇ドル、およそ二六〇万円であった。装置の中にこのような材料を使ったのでは、バラードが目標とする燃料電池の一キロワット五〇ドル（約五〇〇〇円）は、到底不可能だ。

なぜ、そのように高価な貴金属を使わなければならないのか。

触媒とは、反応をスムーズに進め、反応によって自分が変化しない物質である。すべての物質は、その物質に固有なエネルギーの高さを持っている。その高さをエネルギー準位という。そしてあらゆる反応は、最初のエネルギー準位から別のエネルギー準位に移る途中で、走り高跳びのように、遷移《せんい》エネルギーという山を一度越えなければならない。ダイビングのように高い所から低い所におりる場合でも、その前に、自分より高い飛び込み台まで行かないとおりられない。その山登りに要するエネルギーは活性化エネルギーと呼ばれ、「最初のエネルギー準位」と「山の頂上」の差である。

触媒として使われる白金は、燃料電池の内部で進む反応の活性化エネルギーを小さくする働きを持っている。反応の途中に割り込んで、低い道を提供するのだ。それが、触媒を必要とする理由であった。

燃料電池では、水素と酸素が結合して、エネルギーと水を生み出す。白金が存在すると、この反応を起こすに必要な活性化エネルギー（途中の山）が低くなる。白金は水素ガスを大量に吸収する能力を持ち、水素ガスの分子を水素原子二個に分離する。続いて、水素原子が白金を伝わっているあいだに電子を奪われ、裸の水素イオン（プラスの陽子＝プロトン）になる。そこで陽子が陽子交換膜（proton exchange membrane＝PEM）を通って容易に酸素側に進み、反応が素早く進行する。ガスの反応を仲介する触媒は、適度な吸収度を持ってガスを吸収し、反応を仲立ちしたあと、目的のガスをうまく放出する物質がよい。その理想的触媒が、酸素と反応しない貴金属の白金であった。このように白金は、エンゲージリングのプラチナとして愛《め》で、パンサーの宝石として嘆賞するほかに、工業的に貴重な存在であった。

ガソリンエンジンでは、触媒ではなく、別の反応促進メカニズムを利用している。ガソリンと空気を混合しただけでは、反応の活性化エネルギーを超えることができないので、燃焼は起こらない。そこでガソリン車では、シリンダー（気筒）の内部で、プラグからガスに点火することによってガスの一部を燃焼させ、その熱が反応の活性化エネルギーを超えるので、周囲に次々と燃焼を広がらせる。その結果、一瞬にして爆発的な燃焼が起こり、その力でピストンとクランクを動かす。点火プラグが、触媒の役目を果たしているのである。

人間社会にも数々の触媒がある。エネルギー革命の現場にいない人も、資金に余力があれば、この分野に投資すればよい。金がなければ、マイクロガスタービンや燃料電池の知識を全国に広めることによって、すぐれた技術者たちが苦労して乗り越えなければならない山を、ずっと低くできる。誰もが技術の普及を仲立ちし、高性能の触媒になることができるはずだ。筆者の本書執筆の動機もそこにあった。

自動車によっては、点火装置も触媒も使わずに動く便利なものがある。空気を圧縮すれば高温になるので、燃料を送り込むだけで自然に燃焼が起こる。この原理を利用して、粗悪な油でもよく燃焼し、重油や軽油を燃料にできる経済的なディーゼルエンジンが、輸送部門や発電用を中心に広く使われるようになった。しかしディーゼルの排ガス問題は、あまりにも大きい。

燃料電池でも、電気化学反応を白金触媒なしにおこなわせようとすれば、ディーゼルと同じように、高温度にすればよい。そこで、一〇〇〇℃もの高温にして、白金触媒なしに電気を取り出す燃料電池として、セラミックを電解質にしたものが注目を集めてきた。これが実用化に成功すれば、高価な白金がいらないので大幅なコストダウンが可能になるが、温度が一〇〇〇℃と高いので、起動するのに相当な時間がかかるという欠点がある。そのため自動車用には向かない。セラミック型燃料電池は、中規模の発電用として新分野が開拓されつつある。

触媒には白金だけでなく多数の金属があり、純金もまた、窒素化合物を分解する反応の活性化エネルギーを小さくする触媒である。元素の周期律表で「白金族」に分類されるパラジウム、ロジウム、ルテニウム、オスミウムも多くの工業では触媒作用を発揮する。これらの金属は、原子のまわりを飛び回る電子の個数によって、不思議な作用をもたらす。中世には錬金術師が純金をつくろうと野望を抱き、ローソクをともしながら、これらの金属をさまざまに組み合わせて練りあげ、一生を棒に振った。歯科の技工士たちは口内で腐食しない材料を探し、過去の記録をもとに金歯に代る安価な合金をつくろうと苦労を重ねた。中世の錬金術師の膨大な記録を解析すると、彼らの着眼点は正しく、近代科学が解き明かした原子の反応メカニズムと一致していた。こうして、貴金属ではない安価な触媒が次々と生み出されてきたのである。燃料電池の発電システム全体としては、燃料を何にするかによって、さまざまな部分で触媒が使われるが、その一例として以下のような触媒がある。

●改質器（メタンから水素を取り出す場合）――ニッケル系
●脱硫器（天然ガスから硫黄を除去する場合）――ニッケル・モリブデン系
●一酸化炭素変成器（改質ガス中のCOを減らす場合）高温――鉄クロム系
低温――銅・亜鉛系
●燃料電池本体（水素側の電極反応）アノード――白金か白金・ルテニウム合金
（酸素側の電極反応）カソード――白金

このうちニッケルや鉄、クロムはどこにでもあり、コストも安いので、重要な燃料電池反応に使われる「白金」主体の触媒に研究の主力が注がれてきた。

ところが燃料電池メーカーが白金の挙動をつぶさに調べ、どのようにすれば使用量を減らせるかを研究した結果、八〇年代に入って急速に製造コストが下がりはじめ、八六年には、反応を進めるのに必要な白金の量が、ジェミニ衛星と同じ一キロワットの出力で一六グラム（一二五分の一）にまで少なくなった。九九年価格で二〇〇ドルに前進したこの時代は、バラードが燃料電池の開発に総力をあげはじめた時であった。

それから一三年後の九九年には、プラグ・パワーをはじめ、燃料電池の各メーカーでの白金触媒コストは、同じ出力で六〜八ドルの範囲まで、ほぼ三〇分の一に低下したのだ。七ドルで計算して、ジェミニ衛星以来三三年間で三四〇〇分の一という驚くべきコストダウンが達成され、バラードも過去数年で、白金コストを一〇分の一に下げることに成功した。

日本の触媒研究は世界的である。自動車と化学工業で、触媒を利用して反応効率を高めてきたからである。山梨大学の渡辺政廣教授らによる燃料電池用の触媒研究によれば、白金／ルテニウム／

モルデナイト系や白金／鉄系、白金／モリブデン系の触媒を使うと、白金に微量の不純物が入ることによって、反応を邪魔する不純物の一酸化炭素と白金の電子結合力が弱くなり、少量の白金でも水素と酸素の結合反応がスムーズに進行することが確認された。この微量の不純物添加の効果は、白川教授が導電性プラスチックを発見した着想に似た電子メカニズムであった。エネルギーの壁を下げるというわずかな経路をつくってやれば、それが引き金となって、連鎖的に反応が促進されるのである。燃料電池分野であらゆる原子についての組み合わせが調べられ、メーカーはその成果を待っていた。

そこに新たな問題が起こった。二〇〇〇年に入って、自動車、エレクトロニクス、化学工業に触媒として使われている白金とパラジウムの相場価格が高騰しはじめたのである。これらの貴金属相場価格を決定するシンジケートとして、それぞれ立場と利害が異なる「生産者」と「仲介業者（ディーラー）」と「買い手」が、毎年五月にロンドンで一堂に会するプラチナ・ディナーと呼ばれる国際会議があった。その五月に、ニューヨークの月平均価格として、パラジウムは八ヶ月間で六割高の一オンス（〇・〇三一キログラム）五八〇ドル、白金は同じく四割高の五三〇ドルへと急上昇していた。ディナーには、鉱山業者、貴金属メーカー、商社、宝飾品取引きディーラー、自動車メーカー、工業家を含めて、全世界から数百人が集まっていた。この動きを後日まで含めて図12に示すが、グラフは週末値の平均なので、月平均と少し異なる。

九九年の全世界の白金消費量は二〇〇トン程度で、半分が指輪などの宝飾用プラチナにまわったあと、残りは三割程度が自動車用の触媒、二割が化学工業とエレクトロニクス産業に使われてきた。自動車では、排ガスに対する規制が厳しくなるなか、排ガスを浄化する装置の性能をあげるため、触媒の使用量は次第に増え続けていた。パラジウム価格の高騰に我慢できなくなった世界最大の自

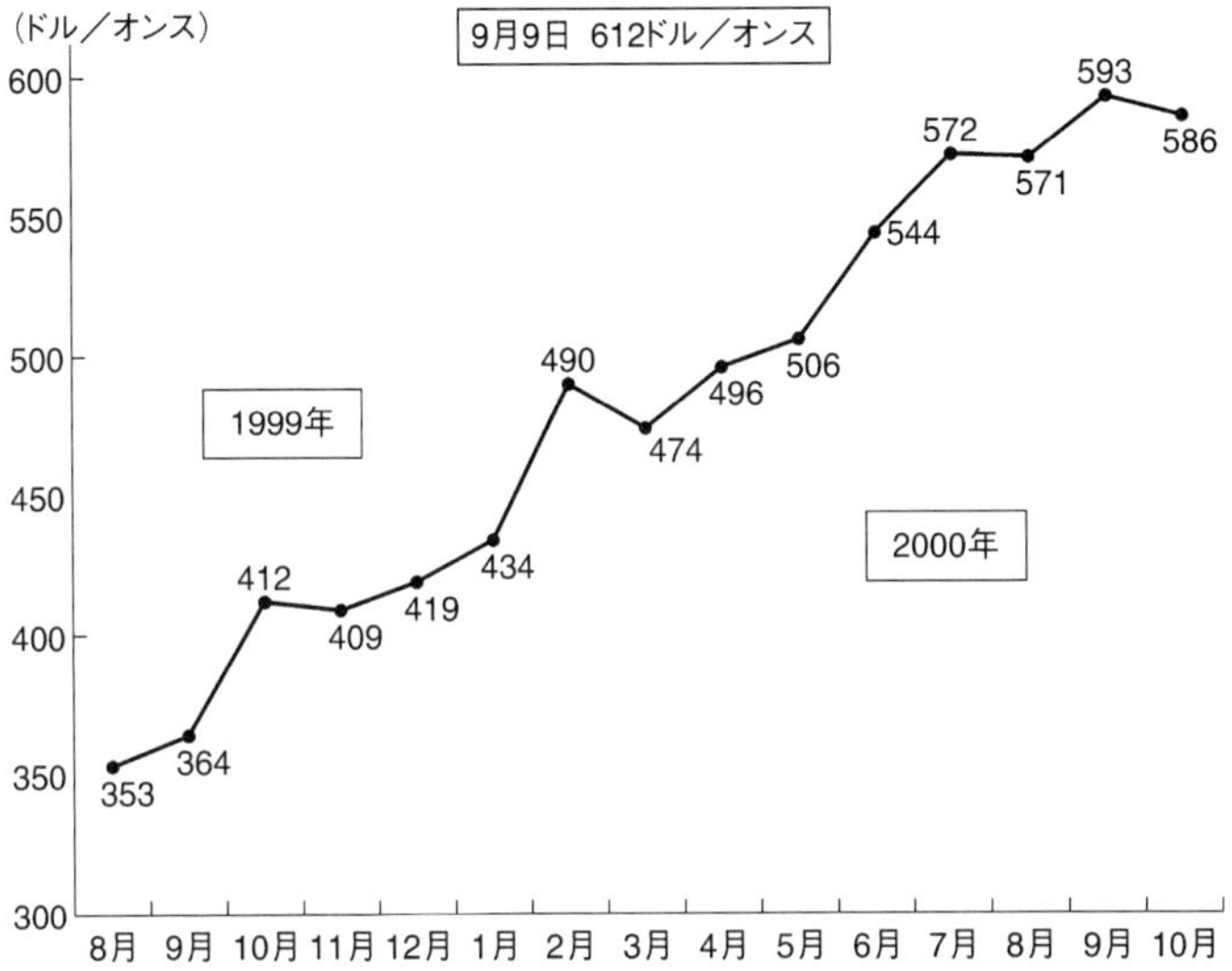

図12　急騰する触媒貴金属・白金の価格

ニューヨーク・マーカンタイル取引所（週末平均値）

動車メーカーGMは、「自動車用触媒のパラジウムを三割減らし、白金を一割増やす」とその場で発表して、相場に不満をぶつけた。ところが七月に入ると、白金は五六四ドルまで上がって金価格の二倍になり、パラジウムは月平均の最高値七一二ドルをつけて、本来のパラジウム価格の三倍となって一層ひどかった。同じ自動車部品の触媒として使われる両者が連動し、値をつり上げる競争をはじめたのである。

引き金となった原因は、ロシアの経済危機である。それが翌八月、原子力潜水艦クルスクの沈没事故で乗員を救出できなかった事件で明らかになった。パラジウム最大の輸出国ロシアが全世界の生産量の七〜八割を占め、外貨をかせぐために異常な高値を提示したため、スポット市場での供給がストップしたからであった。当のロシアでは、プーチンが大統領に就任以来、エネルギー財閥がクレムリンと裏取引きを展開してきたが、チェルノムイルジン政権時代の第一副首相をつとめたポターニンが、インターロス・グループ総裁とオネクシム銀行頭取をつとめて貴金属を支配していたのだ。白金とパラジウムを動かす貴金属の生産組織で、世界最大のニッケル会社ノリリスク・ニッケルの民営化に際し、株が不当に安い価格で利権者に売却され、七月にポターニンたちの不正購入疑惑が発覚した。そこにロシア中央銀行と、ロシアの貴金属輸出を担当する貿易窓口機関アルマズと、ノリリスク・ニッケルの縄張り争いが起こり、チェルノムイルジン政権時代に蔵相兼第一副首相だったチュバイスらの支配するロシア最大の電力会社「統一エネルギーシステム」で、一五％の株が不法に外国資本に売却されたことが露顕した。ロシアの輸出を承認する権限はプーチン大統領にあったが、財政危機を取引き材料にポターニンら財閥トップに脅しをかけられ、身動きできなくなっていた。しかもプーチンが財閥に資金ぐりを求めた結果、触媒金属が貿易窓口から消えるという事態を招いたのだ。

その背後に、ロシアから西側への窓口であるスイス金融機関があり、チューリッヒの価格上昇では、西側の投機筋がロシアへの債権問題とからめて動いたので、問題は根深かった。量としての白金は、金に比べてはるかに取引量が少ないので、投機筋が買い占めれば、薄商いで相場が乱高下し、それを嫌うメーカーが買い控えるため、ますます投機的な様相を呈した。こうした投機相場は、投機屋が最終的に利益を出すためには売らなければならないから、必ず売却する時期がやってくる。ところが、ただちに価格暴落に至ると考えるのは甘かった。九九年にアメリカ金融界の投機筋が蓄えた資金は歴史的にも過去にない天文学的な額であり、多少の相場変動に動じないほどの余裕を持っていたので、燃料電池が実用化されるまでの数年間この高値を維持して、白金の需要が大幅に拡大する時期の大きな利益を狙ってくる可能性があった。

生産される白金そのものの絶対量が少ないので、自動車用燃料電池が本格的に普及すれば白金が不足するという資源量を、彼らは知っていたのである。全世界の白金消費量が二〇〇トンに対して、自動車用燃料電池が登場すると、自動車二〇〇万台で白金五〇トンを使い、白金生産量のほぼ四分の一を消費すると見られた。しかし白金の資源量は、長期的には問題ではなかった。白金が高価であれば、メーカーは燃料電池をリサイクルするので、最初に必要な分を満たせば、それ以上は購入しなくなるからである。したがって投機相場の問題は、燃料電池の開発スケジュールの足を引っ張る、というところにあった。自動車メーカーと家電メーカーは、自動車の排ガス浄化装置用の触媒とエレクトロニクス製品向けの需要が増加したところへ、燃料電池用としても当面の白金を確保しなければならない状況に追い込まれた。

パラジウムと違って、白金の供給源は、金銀ダイヤと同じく南アが世界の大部分を支配し、八割のシェアを握って、第二位のロシアはシェア一割にとどまっていた。しかし不安定なロシアに依存しないから安心どころか、パラジウムを嫌ってユーザーが白金にシフトすれば、白金の価格は上昇する。白金業者としては大手四社がシェアの八割を占め、ロスチャイルド財閥のオッペンハイマー・ファミリーが支配する南アの独占企業アングロ・アメリカン・プラチナム（通称アムプラッツ）が一社で四割を占めていた。このアムプラッツの販売代理店をつとめていたのが、白金触媒で最大の販売業者ジョンソン・マッセイ（ロンドン）で、これもロンドン・ロスチャイルド銀行会長イヴリン・ロスチャイルドとオッペンハイマー・ファミリー傘下にあった。白金の世界的ディーラーは、ほとんど同じ資本系列にあり、ジョンソン・マッセイは燃料電池などエネルギー分野に大きな比重を置く戦略に出ていた。この大企業が九四年から共同研究をおこなってきたのが、ほかならぬカナダのバラード社だったのである。

八月二日には、ニューヨーク・マーカンタイル取引所の白金価格がオンス六〇四ドル（キログラム当たり約二〇〇万円）という高値をつけた。そこで南アの鉱山会社は、九九年に比べて七割増産し、アムプラッツも二〇〇六年までに一〇〇トン以上を生産できる態勢に入り、一度値を下げたが、九月九日に再び六一二ドルまで上昇した。今や、白金はアクセサリーとしてではなく、二一世紀のエネルギーを支配する新しいダイヤになろうとしていたのである。

このような激動のなかで、燃料電池の量産を見越して、自動車メーカーは目立たないように手を打たなければならなかった。価格急騰が顕著になったのは七月一〇日だったが、翌一一日に、トヨタ自動車の張富士夫社長が南アに姿を現わし、「南アに合弁会社を設立し、二〇〇一年九月から触媒を生産する」と、現地で発表したのである。トヨタは、二七・八％出資する南アフリカトヨタ社を拠点にカローラを製造してきたが、静岡県にある傘下の触媒メーカー「キャタラー」との三者合弁として、新しい触媒生産会社を南アで経営してゆく戦略に出たのである。トヨタの燃料電池開発に参加していたキャタラーは、五年後には触媒部品の大幅な増産を計画していた。

そこに流れたのが、「日本電池がＰＥＭ型燃料電池の白金触媒の使用量を一〇分の一に減らす実用化技術を開発した」という九月のニュースであった。すでに三月からその見通しはついていたが、これまでのようにカーボン電極に白金を塗ってからＰＥＭを付ける方法ではなかった。カーボンとＰＥＭ原料を溶液にして混合し、カーボンの表面にＰＥＭ（高分子膜）を形成したあと、白金とルテニウムの混合液を使って合金を析出させるという、まったく新しい製造法によって、これまでにない少量の白金で、著しく高い触媒性能を発揮する電極〜触媒〜ＰＥＭの一体部品を開発したのである。

この世界最高の性能を発揮する部品によって、二〇〇二年までに家庭用の一キロワットＰＥＭ型燃料電池を完成でき、実用化が近づいたというのだ。日本電池は三菱系だが、トヨタ自動車も大株主として緊密な関係を持っており、自動車用燃料電池が加速されると同時に、家庭用への大幅なコストダウンへの道が拓かれるからである。それでも、二〇〇〇年一二月に入ってもニューヨークで六二二ドルの高値を記録した白金価格が、無気味な存在であることに変りはない。

PEM型ではない四種類の燃料電池の急速な追撃

燃料電池の未来は、話題の華やかなPEM型だけではなかった。残る四種類の燃料電池も、着々と成果を積みあげ、追撃をはじめていた。

アルカリ型、リン酸型、セラミック型、溶融炭酸塩型である。

〈アルカリ型〉

宇宙では、六八年のアポロ7号にプラット&ホイットニー社のPC3Aアルカリ型燃料電池を搭載し、宇宙分野での燃料電池技術を確立したと言われるが、これに使われた電解質は、最初に燃料電池が実用的に成功したベーコン電池と同じ水酸化カリウムであった。水酸化カリウムKOHがイオンに分離してK^+＋OH^-となる性質を利用し、ニッケルの触媒作用によって、水素ガスを水素イオンH^+と電子e^-に分離しながら、水素イオンH^+を水酸化イオンOH^-と結合させて水H_2Oをつくり、酸素が電子を受け取って電流を流す、という仕組みである。

これは、高分子膜より高いエネルギー効率で発電でき、二酸化炭素がない宇宙ではすぐれていたが、地球の空気中では、水酸化カリウムが二酸化炭素を吸収して、炭酸カリウムK_2CO_3が電極に発生するので、電解質の性能が劣化するという欠点がある。

しかし九八年七月に、ベルギーのゼヴコ社が、改造車にアルカリ型燃料電池を搭載してロンドンのタクシーとして走行させ、以後も開発を進めてきた。そのためゼヴコには注文が殺到した。

〈リン酸型〉――(phosphoric acid：ＰＡ型)

リン酸（五酸化リンに水が結合した酸$P_2O_5 \cdot nH_2O$）溶液をシリコンの基板に吸着させた電解質を用い、一二〇～二一〇℃の温度範囲で作動させる燃料電池である。ＰＥＭと違って、燃料電池の作動温度が実際には二〇〇℃あたりにあるので、蒸気を使った吸収式冷凍機で排熱を冷房用として使うことが可能になる。唯一商品化に成功したこの燃料電池は、すでに世界で二〇〇台以上が使用され、日本国内では天然ガスを燃料にする二〇〇キロワット型の東芝／ＯＮＳＩ製と三菱電機製、五〇～五〇〇キロワット型の富士電機製が開発され、合計七〇台ほどが使われてきた。東京ガス、大阪ガス、東邦ガスの三社を主体にして運転され、各地の工場などで主に中規模発電用の用途に実用されてきた。ほかに三洋電機が出力一キロワットという小型の移動式電源用としてリン酸型を開発し、三〇台を販売した。

このうち五〇キロワットの富士電機製メタノール改質式リン酸型燃料電池を搭載したバスは、九四年四月にアメリカ政府、ジョージ・タウン大学、アメリカの燃料電池メーカーのＨパワー社が共同で試走を実施し、ディーゼル車の二倍の効率を達成した記録を持つ。

九九年に東芝がアメリカ国務省から在日アメリカ大使館向けに受注した二〇〇キロワットのリン酸型燃料電池は、作動温度二〇〇℃、発電効率四〇％、価格は工事費込みで一キロワット当たりほぼ六〇万円だが、ユナイテッド・テクノロジーズ／ＯＮＳＩとの共同開発製品なので、アメリカ政府から一台当たり二〇万ドルの補助金が交付される。これは、アメリカ政府（国防総省かエネルギー省）がＯＮＳＩ製燃料電池の購入者に一キロワット当たり一〇〇〇ドルまたは総額の三分の一を助成する制度を採用し、燃料電池の普及を図ってきたからである。この例では、ほぼ一億二〇〇〇万円の装置に二〇〇〇万円の補助金になる。

日本石油ガスのテストで高性能を示した東芝ＯＮＳＩのリン酸型燃料電池

燃料電池システム本体の価格は八〇〇〇万円前後とされているので、すでに一キロワット四〇万円台という領域に入ってきた。この投資コストは、熱を給湯や暖房に利用するコジェネシステムを組み合わせることによって、エネルギー効率を二倍の八〇％に高められるので、コジェネ装置を加えても一キロワットで実質六〇〜八〇万円におさえられる。熱を電気から得ることが多い日本では、特にホテルや病院のように大量の給湯にエネルギーを消費するユーザーにとって、一定期間で投資コストを回収できる経済効果がある。

燃料としては、天然ガス（都市ガス）だけでなく、メタノール燃料から五〇％という高い効率で電気を取り出せる。日本のガスは都市ガスとＬＰガスがほぼ半々で、大地震のような災害時には都市ガスも配管の供給がストップするので、ボンベで運搬できるプロパンやブタンのようなＬＰガスを燃料にしたリン酸型燃料電池の実用化が望まれてきた。国内では唯一、日本石油ガスの新潟ターミナルが、そのLPガスを使ったテストを実施し、ブタンを使う富士電機製一〇〇キロワット型と、プロパンを使う東芝／ONSI製二〇〇キロワット型が順調な成果をあげてきた。二〇〇〇年までに五年間で二万時間という長時間の運転実績を収めたこの東芝製PC25Cは、ニッケル触媒を使って発電効率三九％、排熱利用率四一％で、合計八〇％のエネルギー効率を達成し、窒素酸化物の排出量五ppm以下、硫黄酸化物と煤塵がゼロ、という文字通りクリーンな発電機であることを証明した。ここまでくれば、ゼロ・エミッションという看板に偽りはなかった。二〇〇五年には一キロワット当たり二〇万円という目標価格を達成するべく、開発が進められた。この機種では、ゴミから出るガスを燃料にしたテストも、川崎製鉄で二〇〇〇年からスタートした。

〈固体酸化物（セラミック）型〉――(solid oxide：SO型)

陶磁器と同様なセラミックと呼ばれる酸化物の焼結体、たとえばジルコニアのような固体の酸素イオン導電体を使う燃料電池である。寿命という点では、最も安定した電解質である。発電に必要な温度が九〇〇～一〇〇〇℃という高温であるため、操作そのものが困難で、起動するのに相当な時間がかかるという欠点はあるが、逆にその高温度の熱を、フルに冷房用のエネルギーとして使うことが可能になる。最も大きな特長は、高温であるため、エネルギー効率が高く、白金触媒が不要になり、蒸気タービンと組み合わせてエネルギーをフルに活用すれば、発電効率を大幅に高めることができる。このように二つ以上の発電メカニズムを組み合わせて排熱のエネルギーを有効利用する技術を、コンバインドサイクルという。英語のコンバインドサイクル（combined cycle）の語源は、コンビネーション（combination）なので、日本では複合型発電と呼ばれる。セラミック型燃料電池は、燃料として一酸化炭素も利用できるなど、広い可能性を秘めている。

　セラミック型燃料電池で世界のトップをゆくのは、九八年にアメリカのウェスティングハウス（Westinghouse Electric）の重電部門を買収したドイツのジーメンスである。すでにヨーロッパでは五〇〜二五〇キロワット級の発電機を運転して五〇％近い発電効率を達成し、二〇〇四年から一キロワット当たり一八〇〇ドルの価格で実用販売に踏み切る計画なので、二〇〇五年のリン酸型と同じ価格の実用機が登場することになる。しかもアメリカのエネルギー省が、この燃料電池から高温排ガスを利用してマイクロガスタービンを回すコンバインドサイクル発電を計画し、発電効率六〇％を達成するプロジェクトをスタートした。

　二五〇キロワットのジーメンス製セラミック型燃料電池は、ヨーロッパ電力市場で将来大きな革命を起こす可能性があった。原発に集中してきたフランス電力庁が、ドイツ電力庁と提携して、ジーメンス製セラミック型燃料電池三〇〇〇キロワット規模の購入計画に踏み切ったからである。しかも二〇〇〇年六月にドイツのシュレーダー首相と、原発を所有する主要電力会社四社が、運転中の一九基の原発を基本的に三二年間の法的運転期間として、それ以後は閉鎖することに合意し、完全な原発撤退政策に合意した。その一社であるドイツの電力会社エネルギー・バーデン・ビュルテンブルクが、九九年にはフランス電力庁をパートナーにして、一〇〇〇キロワットの燃料電池を使った発電効率六〇％のコンバインドサイクル発電プロジェクトをスタートしたのである。

　日本では、三菱重工業・電源開発グループと、窯業製品の専門家ＴＯＴＯ（東陶機器）・新日本製鉄・九州電力グループ、東邦ガス、東京ガスなどがセラミック型燃料電池の開発をおこなってきた。電源開発では、八九年に一キロワットのものをテスト開始以来、すでにセラミック型燃料電池の開発に一〇年以上かけてきたが、九八年には三菱重工業・電源開発グループによるメタノール改質式一〇キロワット級燃料電池のテストがおこなわれ、二〇〇〇年からは、発電効率六〇%が可能な一〇キロワット級の天然ガス方式のほか、資源量が豊富な石炭をガス化してガスタービンを回し、そのあとにセラミック型燃料電池を組み合わせるコンバインドサイクルとし、六〇万キロワット級の本格的な大型発電システムによって、五五%以上の発電効率をめざしてきた。

ＴＯＴＯ・新日鉄・九州電力グループは、通産省のＮＥＤＯプロジェクトとしてセラミック型燃料電池の開発に取り組み、二〇〇五年には一〇〇〜二〇〇キロワット級製品を販売する目標を打ち出したが、東邦ガスは九九年に第一稀元素化学工業と共同で高性能セラミック電解質材料を開発し、翌年には東京ガスが、最大発電効率が六五%を達成できるセラミックシステムを開発し、数十〜一〇〇〇キロワット級の発電機として実用化に踏み出すなど、次々と成果が実りつつある。

こうした産業界とは別に、工業技術院名古屋工業技術研究所が開発したセラミック型燃料電池には、三五〇〜四五〇℃の低温で作動し、プロパン、エタン、ブタンなどを使えるものもあり、材料の研究によっては、これまでの概念を打ち破る製品への期待がかかっている。

〈溶融炭酸塩型〉――(molten carbonate：ＭＣ型)

このタイプは、六〇〇〜七〇〇℃の範囲で発電し、発電効率が五〇%以上に期待できるので、主に電力会社と独立系発電業者(ＩＰＰ)の大型発電用として開発されてきた。電解質には、炭酸リチウム、炭酸カリウム、炭酸ナトリウムなどが用いられ、燃料には天然ガス、ＬＰガス、ナフサなどを使え、電極に高価な触媒が不要という大きな利点がある。燃料電池のプラントは大電力に適した大型になる。溶融炭酸塩は大きな腐食作用を持っているので、材料の寿命が短くなるという欠陥があるとされてきた。

ところがアメリカ・コネティカット州のフュエルセル・エナージー社（FuelCell Energy――FCE）は、エネルギー省から支援を受けて溶融炭酸塩型の開発に取り組み、プラグ・パワーやバラードとは別の市場開拓を狙ってきた。同社の前身であったエネルギー研究所（ERC――Energy Research Company）が六〇年代からおこなってきた研究開発データの蓄積があり、早くも九〇年に発電用として大型の二〇〇〇キロワット級で発電システムを建設して以来、技術はすでに完成したと言われる。FCE社は、燃料電池として小さなオフィス用の三〇〇キロワット級から大きな病院で使える三〇〇〇キロワット級まで開発し、これらは天然ガス、メタノール、エタノール、バイオガス、そのほかメタンを含むすべての燃料を使うことができる。二〇〇〇年一〇月には、ダイムラークライスラー、GM、テキサコ、ノースウェスト・パワーなどが提携した合成燃料メーカーのシントロリアム社と燃料電池普及のための販売契約を結び、あらゆる燃料に対応できるよう体制を強化した。発電効率が四五～五〇%に達する高性能で、さらに電力会社から電力を購入する場合に比べて、送電・配電のコストがないためユーザーは大幅なコストダウンを達成できる。

三月には、この発電システムの日本国内および東南アジアでの独占販売権を丸紅が取得した。丸紅は二〇〇一年にも天然ガスを使った三〇〇キロワット級で一億円の発電システムを市場投入するスケジュールを立て、病院やスーパー、下水処理場や肥料工場などを対象に、二〇〇五年には年商一〇〇億円をめざしてマーケッティングに入った。

九月には、アメリカ大西洋岸中部と北東部に電力を供給するペンシルヴァニア電力（Pennsylvania Power & Light）がFCE社に一〇〇〇万ドル（一一億円）を投資し、一二五〇キロワット燃料電池の電力を送電線に連結するテストをおこなうため、半年以内に燃料電池を発注する契約を結び、PEM型より早く実用化への道が拓かれる見通しとなった。

翌一〇月三日には、世界最大のエネルギー企業エンロンがFCE社の株を五〇〇万ドル（五億円）取得し、FCE社の株価が急上昇した。エンロンにとって、重要な発電機になる可能性が高いと読んだのである。

その三日後の一〇月六日には、燃料電池の開発史上で、バラード社のカリフォルニア州パートナーシップと並ぶ重要な出来事が起こった。溶融炭酸塩型でトップを走る燃料電池メーカーFCE社が、ダイムラークライスラーのアメリカ子会社であるメルセデス・ベンツUSインターナショナル、南部の電力会社アラバマ・パワー、アラバマ都市電力局と、燃料電池の開発でパートナーシップを結んだのである。燃料電池メーカー、自動車メーカー、国際的電力会社、公共発電当局の四者がこのようなパートナーシップを組むのは、アメリカでも初めてのことであった。

しかもアラバマ・パワーは、アメリカ企業として最大の発電設備四八〇〇万キロワット以上を持って世界的に展開する独立系発電業者サザン・カンパニーの子会社で、この出力は日本の原発五一基の総出力を上回る。アメリカ国内での販売電力量はエンロンのほうがサザンを上回るが、オリンピックが開催されたジョージア州アトランタに本拠を持つサザンの国際事業は広大である。

この南部プロジェクトが成功すれば、二一世紀の地球上の全電力業界に大きな改革の嵐が吹くことになる。「アラバマ・ダイレクト燃料電池デモンストレーション・プロジェクト」と命名されたこの計画は、アメリカ南部が燃料電池で発電を開始するという一地域の話ではなく、世界的な技術の集大成を目的として進められてきたからである。

経過はこうであった。ヨーロッパでドイツ、デンマークなどの五社が燃料電池コンソーシアム「ARGE計画」を組織して開発を進め、そこにFCE社の溶融炭酸塩型燃料電池を導入したが、同社の燃料電池（商品名ダイレクト・フュエルセル）スタックを用いてプラント設計を担当したのが、ダイムラークライスラーの子会社であるドイツのMTU社（MTU Friedrichshafen）であった。両社は相互に技術ライセンスを共有し合い、MTU社はすでにドイツのビーレフェルドで送電線に二五〇キロワットの電力を供給する商用テストに入り、燃料電池で得られるスチームを大学や地域暖房用として供給してきた。燃料電池はすでに、ヨーロッパで送電線に電気を送りはじめたのだ。

一方ドイツのバイエルン州は、二〇〇〇年からの三年計画で日本円にしてほぼ二六億円を投じ、燃料電池を中核に据えた分散型エネルギーの開発プロジェクトをスタートした。そこにMTU／FCEグループによる溶融炭酸塩型の燃料電池を採用し、コジェネシステムの実用化に取り組んできた。

今回のアラバマ州パートナーシップは、パイプラインからの天然ガスを使って本格的な実用発電・送電テストをおこなうもので、二〇〇一年春までにフル出力に入り、一年以上運転してデータをとり、さらにプロジェクトを続行し、全データを全パートナーが共有することになっていた。ヨーロッパ・プロジェクトと、アラバマ・プロジェクトが、相互にデータを共有することになるので、これは競争ではなく、人類規模の地球救済プログラムの性格を持つ。その成果を活用するのが、日本の電力市場への参入を表明したエンロンと、アメリカ東部の大電力会社ペンシルヴァニア電力である。アラバマ州でテストがおこなわれるのは、プロジェクト主役の一人であるメルセデス・ベンツUSインターナショナルが同州にあったからで、カリフォルニア州パートナーシップのダイムラークライスラーによって、数々のプロジェクトが一体になって進んでいるのだ。

従業員わずか一五〇人程度のFCE社は、五万キロワットの燃料電池生産能力を持ち、二〇〇四年までに四〇万キロワットまで増大する予定で、今後は一〜四万キロワット級のハイブリッドスタッ

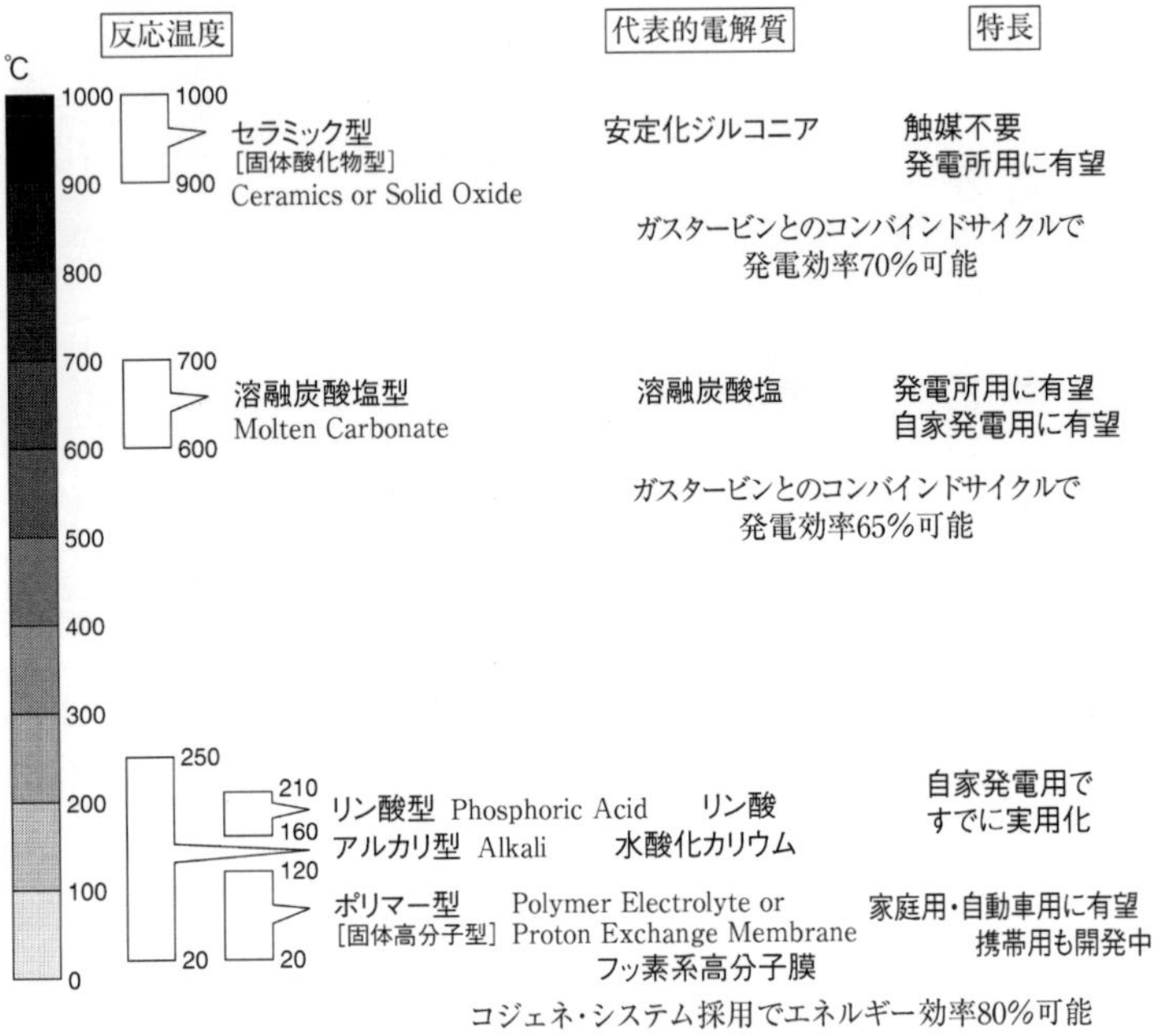

図13　5種類に大別される燃料電池

クを生産する計画もあるという。さらにマイクロガスタービンと燃料電池を組み合わせた二五〇〜三〇〇キロワット級の商品化も近く、二〇〇一年には発電用の大型燃料電池の販売がスタートすると言われ、溶融炭酸塩型が一挙に表舞台に登場する可能性が高まってきた。

以上の五タイプを、温度順に並べてまとめると、図13のようになる。

〈セラミック〜ポリマー複合型〉

そこへ二〇〇〇年八月に登場したのが、前述のように、武蔵工業大学の永井正幸教授の研究グループが開発した「高分子にセラミックを組み合わせた電解質膜」であった。PEM型で同時にセラミック型のこの膜を使うと、一二〇〜一三〇℃という高温でも安定して燃料電池を作動させることができる。バラードが用いてきたPEM（デュポンのナフィオン膜）は八〇℃が限界とされているが、セラミックを組み合わせることによって、すでに作動温度を一三〇℃まで上げることを可能にし、改良すれば一五〇℃まで高くできる可能性があるという。

PEM型燃料電池の排熱が八〇℃では、現在普及している電動式クーラーにはコストで勝てないが、これは排熱を利用して安価な冷房を可能にする温度であるから、家庭用のPEM型が本格的なコジェネシステムになる道を開拓するであろう。

一方ドイツでは、化学会社ヘキストの子会社（Axiva GmbH）が、反応温度一二〇℃でも燃料電池を安定して作動させることができる高度なガス拡散技術を開発したとされている。この技術の詳細は不明だが、これも同様に、PEM型燃料電池を冷房に応用できる可能性がある。

〈ガラス型〉

九九年一一月に、名古屋工業大学の野上正行教授らは、PEMと同じように水素の陽イオンを高い伝導率で伝えるリン酸ケイ酸塩ガラスを開発した。このガラスの陽イオン伝導率は、デュポンのPEM（ナフィオン膜）と同程度なので、このガラスを電解質として燃料電池を組み立てたところ、ナフィオン膜の一〇分の一程度の電圧と電流が得られたという。ガラス型燃料電池は、今後どのような用途に利用できるか不明だが、ほかのタイプの燃料電池にない特性や用途がここに発見される可能性がある。

燃料電池の用途開拓と近づく実用化

以上のように、アメリカ・ヨーロッパ・日本を中心に、広大な技術分野を巻き込んで、各社が開発態勢を燃料電池に集中させ、かなりの額にのぼる民間資本が投入され、優秀な人材がその新設部門に結集されてきた。新たな発明・発見と、技術の成功が日々報告されつつあり、当面の期間は「現在進行中」の熾烈な開発レースが続く。したがって、今後の予測を立てること自体が無意味となっている。

開発レースは資本主義的だが、思想は民主主義的で、普及目標は環境保護的である。レースに参加した企業名が世界で一〇〇〇社を超える現在、燃料電池について技術の細部をここに解説することは不可能である。ここまで本書に登場した社名は、中心的な企業のうちの一部でしかない。不平等きわまりない紹介だが、近い将来に燃料電池を購入して使用する人間の立場から、期待され、有望と見られる主な技術分野を解説した。

燃料電池の技術について、自動車用、住宅用、発電用、船舶用のほかに残る説明として、以下ふたつの分野を要約しておく。

〈エレクトロニクス機器の内蔵電源および携帯機器用の電池としての燃料電池〉

内蔵電源――ワープロやパソコンなどのエレクトロニクス機器は、現在は交流電源からの電気を、内部で直流に変換して使っているので、燃料電池の生み出す直流をそのまま使うほうがエネルギー効率が高く、信頼性も高くなる。その場合には、エレクトロニクス機器が内蔵電源として燃料電池を持つメカニズムになる。ただしワープロやパソコンを操作中、燃料切れや非常事態によって突然に電源が失われれば、作成中の貴重な資料が一瞬で画面から消えてしまうので、バックアップ用のシステム（補助電源あるいは従来の電線）が必要になる。これを解決したのが、前述のエレクトロニクス機器用に開発されたアヴィスタ社の燃料電池である。しかしパソコンが広く普及する動機となった大きな機能は、いまやコンピューターとしての情報処理能力と演算能力ではなく、メール交換やインターネットなどのデータ通信に移りつつあるので、通信回線（電話線）が使われる限り、完全なコードレスになるわけではない。

電池――一方、完全なコードレスを達成した携帯機器では、九三年にソニーがリチウムイオン二次電池を開発し、これによってノート型パソコンや携帯電話などを大量に普及させる道が拓かれた。

携帯電話を所有する人は、日本だけで二〇〇〇年三月に五〇〇〇万人を突破し、固定電話を上回った。そのうち一五〇〇万台がインターネットなどの接続サービスを利用したので、三割を突破する時代を迎えた。したがって燃料電池メーカーにとって、電池製品は重要なターゲットである。

小型電池の世界は、以前のように重金属を使わず、カドミウムのような有害物質が排除されて長足の進歩を遂げた。それでも携帯機器のメーカー側では、高価で、携帯用としてはまだ重いリチウムイオン電池に代る要望が現在も強く、超小型化と超軽量化が可能なPEM型燃料電池に大きな期待が集まっている。九九年における携帯電話の出荷数量は、全世界で二・八億台に達し、二〇〇〇年には三・六億台の出荷が予測され、驚異的な伸びを続けてきた。携帯電話の消費電力は、一ワットに満たないきわめて小さな世界だが、さらに小さい出力の製品が次々と開発されている。

携帯機器でなくとも、家庭内には台所で毎日使うガスレンジの点火部分、テレビやビデオデッキのリモコン、時計、移動式電話、懐中電灯、おもちゃなど、電池を利用した家庭用品がかなりある。このように大量に使われる電池が捨てられ、有害廃棄物のリサイクルが期待通りに進まない日本では、無害でリサイクル性の高い電池を生み出す社会的な解決策は、焦眉の急となっている。

「燃料電池は電池でなく小型発電機である」という事実はあるが、燃料電池の設計で基礎技術となる電気分解、電極材料、触媒材料は、電池メーカーにとって自家薬籠中の秘術である。ほかの産業に比べて、自分たちが最も得意とする分野であり、すでに燃料電池の開発では最新型電池の高度技術が随所に応用されてきた。燃料電池時代の脚光を浴びる自動車メーカーや化学メーカー、電機メーカーに後れをとることは、これまでのパイオニアとしてのプライドが許さないだろう。

二〇〇〇年一月には、半導体大手メーカーのモトローラが、ロスアラモス国立研究所と共同開発した携帯用燃料電池を発表して話題になった。これは従来の充電池の一〇倍のエネルギー密度（小型化）を達成し、燃料のメタノールをインク・カートリッジ式にして補給する方式で、携帯電話では一ヶ月以上、ノートパソコンでは二〇時間以上、充電の必要がない。日本では松下電器産業が六五ワット級を開発中で、バラードのほか、エナージー・リレーテッド・デヴァイス社、マンハッタン・サイエンティフィックス社、アヴィスタ社などが携帯用燃料電池の開発で追撃中だが、いずれも性能は未知である。

〈非常用・緊急時用・工事用電源としての移動可能な燃料電池〉

病院のように絶対に停電してはならない場所や、災害救助現場のように緊急を要する場合、あるいは一時的な電源を必要とする工事現場などでは、信頼性が高く、移動するのに楽な燃料電池は、自治体をはじめとしてかなり需要が大きい。建築物の建造中に、仮設オフィスや仮設住宅で一時的に電源を必要とする人には、高価な発電装置に代るものがあれば便利である。これは、「発電用」と「携帯用」の機能を併せ持った中間に位置する用途だが、技術的には、自動車用燃料電池も移動式電源の代表であるから、自動車用の実用化によって容易に製品が実用化されると考えられる。すでにアメリカでは、二〇〇〇年にHパワー社がニュージャージー州交通局に燃料電池の交通標識を六五台納入し、メンテナンスを含めて総額およそ七五〇〇万円で、工事現場用の燃料電池が実用化されている。

どの分野の燃料電池が本格的普及のトップを切るかということも、しばしば議論の話題になる。エンジニアが最初の商品市場を開拓するには、技術的には、家庭用が比較的楽である。自動車用では、ドライバーがハンドルを握るとどこにでも走ってゆくので、温泉地帯での硫黄、海岸地帯での塩害、寒冷地での極低温、砂漠地帯での猛暑、山岳地帯での低い大気圧にも影響されずに走行しなければならない。東京や大阪の雑踏のように汚れた空気を吸い込む地域を走るのが自動車の日常である。このように汚れた空気を使って水素が反応しなければならない燃料電池は、電気化学的な妨害作用を受ける。まだ寿命テストが充分ではない現在、腐食や発電効率低下が起こらないようメーカーは苦労を重ねてきたが、予期せぬ耐久性を求められることがある。自動車用では、重量も軽く、現在のエンジンボックスに入る小型化など、数々のハードルがある。

吸入する空気の汚染問題については、ガスの浄化に高度な技術を持つ大阪ガスなどが成果をあげ、ゴアテックスとPEMのメーカーであるゴア社が、各種のフィルターを開発してきたので、水素取り出し装置（改質器）の問題は解決されたと見られる。温度の変化に対しても、ダイムラークライスラーのNECARやNEBUS、あるいはGMの試作車では、解決されたとされている。シカゴのバス運行テストで成功した実績からも基本的メカニズムはすべて解決しているので、カリフォルニア州パートナーシップによる路上走行テストで最後の答が出るであろう。

住宅用でも、自動車に求められる厳しい条件は、同様の場所に設置される燃料電池では同じである。しかし住宅は使用する場所が移動しないので、マーケットを絞れば、製品の使用条件に合わせて機能を決めることができる。重さについては現在のレベルですでにほとんど要求ゼロと言ってよい。

ところが、販売するセールスマンの立場から見ると、年間五〇〇〇万台を発売する自動車業界が、コストダウンを進める最大の力量を持っている。

日本の電機メーカーが住宅用として計画している一般的な一キロワットタイプの燃料電池では、一時間に四二リットルのお湯が得られ、一升瓶で二三本分だから、かなりの量である。この湯は熱を利用したあと、料理用や非常用などの純水としても使える。

燃料電池の家庭用コジェネで最も困難なのは、その熱をフルに利用することである。通常は、夏の暑さに対するクーラーと、冬の寒さに対する暖房を考えるが、日本には四季がある。冷暖房がほとんどいらない春と秋には、日本全体でエネルギー不足という問題がまったく起こらないので、心配する必要はない反面、燃料電池の熱エネルギーを充分に利用することは無理である。つまり年間を通してのエネルギー効率は、人間が過ごしやすい季節が長いほど低下する。しかし日本の梅雨は、エネルギーを室内の除湿機やふとん乾燥機に利用できる季節でもある。

三菱電機の子会社である菱彩テクニカの商品〝ロサール〟は、燃料電池の逆反応を利用して、PEMを使って除湿するメカニズムを開発した製品で、大変興味深い。構造は燃料電池と同じように電極がPEMを挟んでいるが、両極に電圧をかける（つまり人間が電気を与える）と、水が水素と酸素に分解され、水素がPEMを通って反対の電極に移動したあと、空気中の酸素と結合して水になり、外部に放出されるメカニズムとなっているという。この除湿装置に使う電気を、PEM型燃料電池によってまかなうようにすれば、梅雨の季節でもエネルギーを除湿や乾燥に有効利用でき、一八三九年にグローヴ卿が燃料電池の原理を発見した場面を再現しながら、電流発生と、水の電気分解を同時に見られるかも知れない。

このように、燃料電池のタイプと用途と機能についての開発は、まことに謎めいて、底知れない。まだ、開発は「はじまったばかり」だと言ってよい。

燃料電池の実用化では、テキサス州のハント・ファミリーや、カリフォルニア州とアラバマ州のパートナーシップのほかに、この章の最後に注目すべき計画を紹介しておく必要がある。

アメリカ・ニュージャージー州のベンチャー企業Hパワーは、ラップトップ型コンピューターの内蔵電源として、四〇ワットという超小型の燃料電池を開発したことで知られ、その技術を応用して、キャンプの携帯電源用、一人乗り電動三輪車用の燃料電池の開発に成功し、小型燃料電池分野では世界トップをゆく。都会用ではなく、郊外や農地に住む人の住宅用燃料電池の開発にターゲットを置くユニークな会社である。

九八年に世界で最初に一キロワット以下の家庭用燃料電池の商業生産を開始したそのHパワー社が九九年八月に、アメリカの約二五〇の地方電力会社によるエネルギー協力組織（ECO――Energy Co-Opportunity）に対して、PEM型燃料電池一万二三〇〇台を、今後一〇年間にわたって八一〇〇万ドル、およそ九〇億円で販売する契約を締結したのである。出力は一～二五キロワットの広い範囲の製品が対象なので、価格もそれぞれ異なるが、平均すると一台当たり七三万円程度である。ECOは、一四〇〇万を数える住宅、農場、小さなオフィスなどを抱える九〇〇以上の組合組織に燃料電池を販売・設置する権利を獲得し、さらに、自治体や民間が経営する電力会社が電気を供給する別の三七〇〇万世帯にも、これらの発電装置を販売してよいことになった。アメリカ合衆国の総面積の八三％をカバーする強大な電力組織が誕生しつつある。

これが実現すれば、今までのすべてのプロジェクトと比較にならないほど大きな、五〇〇〇万台規模という燃料電池の実用化に近づく。Hパワー社の製品は数種あり、主力は標準家庭用で、燃料は都市ガスとプロパンの両者について実証テストを終え、住宅用第一号製品の価格は、設置まで含めて一万ドル、およそ一一〇万円とされていた。ところが二〇〇〇年一〇月に、燃料電池の部品として大きなコストを食うガス供給プレート（セパレーター）の製作について、世界トップのグラファイト製造業者であるドイツのSGLカーボン社と提携し、従来のように「グラファイトに溝を彫る方法」ではなく、「金属をプレス成形する方法」でもなく、「鋳型のような型を使ってグラファイト・プレートをほぼ半分のコストで大量生産する方法」に見通しをつけ、二〜三年以内の量産によって大幅なコストダウンを可能にしたのである。セパレーターの開発では、日本のユニチカがプラスチックの成形に使う射出成形法をカーボン材料に用いて成功し、二〇〇〇年一一月に価格を一桁下げる量産技術を開発したという朗報が伝えられ、アメリカを激しく追撃する状況にあった。

Hパワー社では、すでに燃料電池の製品実売価格が数十万円台まで近づき、量産工場の建設計画が着々と進み、ECOへの引き渡し年限は二〇〇三年の契約となっていた。同社は、停電時のバックアップ用電源も発売予定で、インターネットなどの電話通信回線を使う人のためのバックアップ用は二〇〇一年に市販予定なのである。

Hパワー社は、日本市場でこれらの製品を販売するため、三井物産と契約していたので、住宅用の燃料電池は、日本人にとって夢から現実の家電製品になりつつあった。三井物産は六月に、すでに短期融資会社の日本短資と合弁会社イーレックス（E―REX）を設立し、自家発電の電力売買への事業参入を表明していたので、この本格的な売買取引会社によって大型電力市場が誕生すると見られた。三井物産が九月にイギリスのボーマン・パワー・システムズからマイクロガスタービンを日本国内に導入する計画を立ちあげた背後には、同時にこの強力なHパワーの燃料電池という発電機が隠されていたのだ。

これは、発電業界の王者GEとの本格的なレースの始まりであった。

第5章　コンバインドサイクルでGEは追撃する

GEが六〇%の発電効率を達成した!

大小の電機メーカー、有名無名の燃料電池メーカーたちが、続々と発電業界に新テクノロジーを開拓する激烈なシェア争いを展開するなか、GE(ゼネラル・エレクトリック)は、九九年から二〇〇〇年にかけて、異様とも思えるスピードで、発電用の新しいガスタービンのセールスをおこない、大量の受注契約を成立させた。

これらの契約は、アメリカ国内に限られず、インドの石油化学会社からヨーロッパの電力会社まで広範囲におよんだ。プラグ・パワーが開発中の住宅用燃料電池に大きな期待をかけ、それを支援する一方で、GEは自分の本業の発電用ガスタービンの製造で、世界的なエネルギー革命を起こしつつあった。

九九年一二月に、キャタリティカ社の触媒テクノロジーによる天然ガスのクリーン燃焼法を導入し、全米最大のエネルギー企業エンロンと関係を深めたGEは、二〇〇〇年一月に入って、テキサス州の電力会社リライアントに二億八〇〇〇万ドルでガスタービンを販売する契約を結んだ。前述のように、四・四万キロワットという小回りのきく天然ガスタービン一九機の受注で、一〇〇万キロワットに換算して三六八億円にしかならないという発電用動力であった。

続いて二月、GEは「ナフサ」を燃料とするガスタービンのコジェネシステム（GE LM2500）をハワイに納入した。ナフサを使うことには、重要な意味があった。一九世紀に全米の製油所を九割も買収し、世界最大の石油王になったのが、スタンダード石油（近年のエクソン、モービル、アモコ、シェヴロン、アトランティック・リッチフィールド）創業者のジョン・D・ロックフェラーであった。石油精製工場では、油田で採掘された原油を加熱して、その成分を蒸発させながら、さまざまな性質の化合物に分離する。この蒸留プロセスでは、最初に低い温度でガスが蒸発し、そのあとガソリンが蒸発する。温度が高くなってゆくと、灯油→軽油→重油・潤滑油の順で、次々とガスになって分離されてゆく。しかしこれらの成分が、正確にどのような分子式の炭化水素によって構成されているかを知る人は、二一世紀現在でも、全世界に誰もいない。つまり蒸留温度で分類された混合物の名称にすぎないので、化学成分は複雑に重なり合う。

このうちガソリンは特に定義がむずかしく、ほぼ三〇℃から二〇〇℃までに蒸発する混合物である。実際に使われるガソリンは、このように原油や天然ガスを直接蒸発したものとは限らず、灯油や軽油を分解したり、人工的に合成してつくられるガソリンが非常に多い。一一〇〜二一〇℃あたりで蒸発する成分をナフサと言い、ガソリンと蒸発温度が重なり合う。それでナフサを「重質ガソリン」とも呼ぶ。さらにこれと重なり合うのが、一五〇〜三〇〇℃前後で蒸発する灯油である。

アメリカ大陸全土にはガスのパイプラインが縦横に張りめぐらされているので、日本のようにガスを一度液化して運ぶ必要がない。GEが、ハワイにナフサを燃やすガスタービンを納入したのは、ハワイ諸島には本土から天然ガスを送るパイプラインがないので、液体で運べる石油成分のうち、低温でガス化しやすく、質の高いナフサを燃やすことによって、自社のガスタービンの性能を最も効率よく引き出そうとしたからであった。

これが快調に運転すれば、多数の島から成るフィリピンやインドネシアなどで、高価な液化天然ガス（LNG）をタンカーで輸送しなくても、クリーンな発電が可能になり、GEのタービン輸出も増える。しかもこの「ガスタービン」は、発電用として小型の二・三万キロワットで、それに二万キロワットの「蒸気タービン」を二台組み合わせて、合計六・三万キロワットという組み合わせであった。これこそ、アライドシグナルのマイクロガスタービンや、バラードの燃料電池よりはるか前から、世界的なエネルギー革命の口火を切った「GEの誇るコンバインドサイクル」だったのである。本章の主題であるこの言葉について改めて記すと、英語のコンバインドサイクル（combined cycle）は、コンビネーション（combination）から生まれた言葉で、日本では、複合型発電と言う。

ガスタービンと蒸気タービンのコンビは、ガス排熱で蒸気をつくる方式なので、これまでの火力発電では達成できない高いエネルギー効率を示した。さらに暑いハワイではエアコンや観光用ホテルへの排熱利用が欠かせないので、コジェネシステムが採用された。これを購入したハワイ電灯社は、それでもエネルギーを捨てたくないので、蒸気タービンから出る最後の排熱を、近くのアクアパークなどに送って利用することにした。

細部を知らなければ、「GEがガスタービンをハワイに納入した。それが何だ」と言いたくなる小さな契約の裏に、四つの技術でエネルギーを使い切る知恵が秘められていたのだ。

㈠　島嶼《とうしよ》地域への安価な輸送に適した良質ナフサを燃やして、クリーンさとエネルギー効率を確保する（ガスタービン）。

㈡　ガスタービンの排熱で蒸気タービンを運転する（コンバインドサイクル）。

㈢　タービン排熱を使ってエアコンと給湯をまかなう（コジェネシステム）。
㈣　最終排熱を使ってレジャー施設を経営する（排熱ゼロ・エミッション）。

翌月、二〇〇〇年二月一八日に、GEの発電事業を担当する子会社GEパワー・システムズが、重大発表をおこなった。

「ニューヨーク州の発電所で、わが社が開発した新世代のHシステムによって、発電効率の壁を突破しました。六〇%に達したのです！」

二〇〇〇年に入った時、全世界で発電効率の高いコンバインドサイクルは五〇%台で、この効率は〇・一%単位で測定されるほど重要な数字だったが、今回のHシステムが、歴史的な一ページを印した。ついに、夢とされていた六〇%の発電効率を達成したのだ。エジソンの六〇%のインスピレーションである。

しかもこの技術は、GEが誇るシックスシグマ製品の新しいシンボルとなった。シックスシグマとは、一〇〇万回運転して、ミスが〇・〇〇〇〇三%しか起こらない実績を示す驚異的な品質管理統計値であった。モトローラがその技術を開発し、続いてアライドシグナルとテキサス・インストゥルメンツがこの品質を達成してから、GEが導入して大幅なコスト削減効果を発揮したものだ。

そのテスト発電成功の現場には、一時は副大統領候補と噂されたエネルギー長官ビル・リチャードソンの姿があった。エネルギー省の援助を得て、GE研究開発陣が成功した国家プロジェクトであった。タービン出力が一%改善されるだけで、発電所の全寿命期間の操業コストがアメリカで一五〇〇〜二〇〇〇万ドル（およそ二〇億円）節約され、天然ガス資源の節約と排出ガスの減少に寄与するという。高性能のガス火力発電所では効率が四〇%をようやく超え、原発では最高でも三四・五%という時代に、二〇%も二五%も改善されれば、数百億円のコストダウンになる。しかしこの

GEが言う金額は、全操業期間としてあまりに小さすぎるので、燃料費を入れない計算ではないかとさえ疑われる。東京電力では、効率を一%上昇できれば、わずか一年で一一〇億円が浮くというのだから、二〇%改善では三〇年間で七兆円近くもコストダウンになる。

GE幹部が明らかにしたところでは、独立系発電業者サイス・エナージーズ社がニューヨーク州のヘリテージ発電所に建設した二機のGE製7H型タービンを用いて、八〇万キロワットの大規模発電を二〇〇二年からおこなうが、そのプラントでの成功であった。ガス・コンバインドサイクルで使うタービンの羽根を蒸気冷却することによって、一五〇〇℃にも耐えられる画期的なテクノロジーを採用し、六〇%効率だけでなく、同時に窒素酸化物の削減にも成功した。

ガスタービン業界では、この性能の高まりをA→B→C→D→E→F→Gと呼び分け、H型はまだ誰も完成していなかった。ここで使われたHシステムは、周波数六〇ヘルツ用だったが、五〇ヘルツ用の9H型タービン第一号は、イギリスのサウスウェールズに設置され、二〇〇一年に運転開始予定となった。アメリカ最初のH型タービン導入者となったサイス・エナージーズは、エンロンと同じように世界的に事業展開するニューヨーク州の独立系発電業者で、九九年一〇月には、三菱重工業に総出力二四〇万キロワットの大型ガス・コンバインドサイクル発電設備を発注していた。ガスタービン六台と蒸気タービン三台、排熱回収ボイラー六機と周辺機器から成り、三菱側によれば、受注総額は一二〇〇億円程度であったから、一〇〇万キロワット換算で五〇〇億円という超低価格であった。

三菱が製造するガスタービンはG型で、世界記録を達成したH型よりわずかに効率が低いが、運転中のコンバインドサイクルとしては実績で世界一の高性能であった。それをサイス社がボストン郊外の発電所に採用したのである。

続いて翌三月、GEはドイツ南東部ブルクハウゼンの新世代コジェネプラント向けに、一一・八万キロワットの天然ガス用ガスタービンを二〇〇〇万ドル近くで輸出することになった。ガスタービンだけの価格だが、一〇〇万キロワット換算一八六億円であり、日本の原発総額の二〇分の一にしかならないこの超低価格で、最もクリーンな発電所が動くのである。ガスタービンはGEのフランス工場で製作したものだが、GEは過去ドイツに発電用ガスタービンを一三〇機も納入し、合計三八〇万キロワット以上の電力を生み出してきた。

翌四月にGEは、全米最大級の電力会社であるフロリダ電力（FPL Group）から、六六機という大量の最新型天然ガスタービンを受注し、二〇〇〇〜〇四年のあいだに順次納入することになった。総出力二六〇万キロワットで、修理部品、現地サービス料込みの契約なので、総額三七億ドルになり、一〇〇万キロワット換算一五六五億円ということになる。これでもべらぼうに安いコストである。

カリフォルニア州、ニューヨーク州、テキサス州に次ぐ全米第四の州フロリダは、大統領の弟ジョン・エリス・ブッシュ（通称ジェブ）が州知事をつとめ、富豪海岸マイアミビーチと宇宙ロケット基地ケープカナベラルで知られてきた。ところが二〇〇〇年の大統領選では、そのブッシュJr対ゴアの票をめぐってフロリダが震源地となって混迷が続き、一躍全世界にその名を轟かした。そのフロリダ電力が、総電力供給能力一八八〇万キロワットで電力を供給してきた土地だが、契約から三ヶ月後の七月末に、同じくメキシコ湾に臨むミシシッピ州、ルイジアナ州を拠点とする大手電力会社エンタジーと、総額七〇億ドルで対等合併することで合意したと発表した。南部で顧客六三〇万人を擁する全米第一位の電力会社となったのである。政治的には、ジェブ・ブッシュの兄が州知事をつとめてきたテキサス州が、このルイジアナ州の隣にあり、マイクロガスタービンと燃料電池を普及しはじめたのだから、南部の広大な領域がクリーンエネルギーへの転換を図ったことになる。多数の原発が運転されてきた南部諸州のエネルギー最大基地に、GEがコンバインドサイクルを納入した意味は大きかった。

その四月にGEは、もう二件の重要な契約をヨーロッパで結んだ。スコティッシュ・サザン・エナージー社がイングランドで操業する七〇万キロワットの発電所（Keadb）は、九五年にGEの改良型コンバインドサイクル9F型ガスタービンを最初に設置した発電所で、以後五五％以上の効率で運転され、コンバインドサイクルの効率を実証してきたが、九七年には、9F型を二機とも高性能9FA型に更新する契約を結び、燃焼温度を上げて効率を改善した。そのガスタービン・コンバインドサイクル（GE MS9001FA）二機を、GEのイギリス子会社（IGE Energy Services UK Ltd.）が一二年間にわたって完全管理するという長期サービスの一億ドル契約であった。

日本国内では、このGEとコンバインドサイクルで提携した東芝の事業が忙しくなった。GEがガスタービンを製造し、その発電所で組み合わせる蒸気タービンを東芝が請け負うのである。九九年には、イギリス向けのH型実用機を受注し、二〇〇〇年にもイギリスのBPアモコ向け四八万キロワット級と、ニューヨークの前記サイス・エナージーズ向け四〇万キロワット級の発注があり、国内向けでは、東京電力の千葉県富津《ふっつ》四号にも日本最初の実用H型を採用する計画が進み、いずれも東芝が蒸気タービンとコンプレッサー、電気系統を担当したのである。

これらは、GEのコンバインドサイクル製造実績の一端であった。全世界のコンバインドサイクル市場は、想像を超えるピッチで拡大し、全世界では九九年度に六〇〇〇万キロワットを達成し、そのうちアメリカが三分の二の四〇〇〇万キロワットを建設したという。年度ではなく暦年の九九年では、アメリカで三〇〇〇万キロワットの発電設備が新規に建設され、そのすべてがガス・コンバインドサイクルだったというから、信じられないほどの量である。日本の原発の出力合計が四五〇〇万キロワットに対して、その三分の二という巨大な発電能力が、わずか一年でこの最新テクノロジーから生み出されたことになる。またそれを購入して設置したのが、エンロンやサイス・エナージーズのような独立系だけでなく、全米を支配する大電力会社群であった。

このコンバインドサイクル市場で製造能力を持つのは、断然他を引き離してシェア五〇％を超えるGE（東芝・日立製作所・石川島播磨重工業と提携）と、第二位のジーメンス・ウェスティングハウス（プラット&ホイットニーと提携）、第三位のアルストム・パワー（旧ABBアセア・ブラウン・ボヴェリ）、第四位の三菱重工業の四グループしかなく、アメリカ本土ではGEが大半の受注契約を制した。電力会社との大型契約成立にGE社内が沸き立ち、コンバインドサイクル用のF型ガスタービンだけで年間一五〇基フル生産し、二〇〇三年までこの状態が続くというから、まさに全米がエネルギー革命に走っている感がある。この発電機一基の平均出力が二〇万キロワットとして計算すれば、GEだけで年間三〇〇〇万キロワットを生産中ということになる。受注しても、それだけ大量の注文をこなすことは、工場をフル稼働したGEでさえ不可能であった。

二〇〇〇年七月に、アメリカとヨーロッパのコンバインドサイクル市場を狙って、三菱重工業が世界的な進出活動に踏み切ったのは、急増する需要に追いつけないGEの間隙をぬって、自社のシェアを一〇％から大幅に伸ばすチャンスと見たからであった。川崎重工業も、コンバインドサイクル用の排熱回収ボイラーでアメリカ市場への参入が可能になり、東芝もアメリカ向けコンバインドサイクル用蒸気タービンの注文が急増し、この二〜三年だけで一〇〇台もの受注を記録したのだ。

アメリカとヨーロッパの発電業者が、この技術を選んだ理由は歴然としていた。もはや日本のほかには、知恵もなく原発を選択するなどという太古の亡国思想を守り続ける技術者はいなかった。

ジャンボジェット機の噴射力で発電する

コンバインドサイクルの発電効率が高くなる理由は簡単であった。一度しか使わなかった熱を二度利用する、それだけである。この当たり前の原理は、発電のプロフェッショナルが発案した専売特許ではなかった。昔、日本の中学校では、寒い冬の季節に、教室の中にあるストーブや暖房用スチームの上に、生徒たちが真鍮やアルマイトの弁当箱を並べて置いた。昼近くなると、弁当からうまそうなにおいが立ちこめ、お腹の空いた生徒たちは、授業より飯のことばかり考えた。こうすれば、食べるときに弁当をあっためる必要がないので、余計な熱を使わずにすんだ。彼らは、室内の暖房と、弁当箱の保温と、熱を二度利用したのである。家庭で、ストーブの煙突を室内に長く走らせるのも、昔から使われてきた排熱利用の知恵であった。太陽熱を使うソーラーハウスも、熱を逃がさないように、随所に工夫がこらされている。

発電所では、ボイラーでわかした高温スチームのエネルギーを、高圧・中圧・低圧と何段階にも分けて、蒸気が冷えるまで使い切る。しかし、これでも熱力学の法則によって限界があり、理論的には四五%が最大値である。そのため五五%のエネルギーを熱として捨てなければならない。ところが理論と実際に大きな差があるのは世の常で、そのほかにエネルギー・ロスが出るので、最大値四五%はどう逆立ちしても達成できない。送電線のロスなど含めて、最終的には三〇%台にまで下がってしまうからである。

そこでGEは、初めに燃料を燃やした時に出るエネルギーを「熱」として使わず、高圧エネルギーとして「動力」に使い、ふたつの発電法をひとつの装置に組み合わせることを考えついた。ガスタービンと蒸気タービンである。ガスタービンは、ジェット機が空を飛ぶ原理であった。世界の三大航空機エンジンメーカーは、GE、ロールス・ロイス、プラット&ホイットニーで、それを日本の三菱重工業が追いかけてきた。ジェット機の翼には、大きなエンジンが見える。その内部では、次のようにして噴射力が生まれる。

まずエンジンの先端から空気を吸い込む。この空気を圧縮機（コンプレッサー）でほぼ二〇気圧に圧縮して燃焼室に送り込み、ここに燃料を吹き込んで燃えあがらせる。すると燃えたガスが高温になって急膨張するので、ガスが後方に向けて勢いよく噴射される。これをタービンの羽根にぶつけて、コンプレッサーを回したあと、ガスが大気中に噴出される。ジャンボ航空機などでは、翼に円筒形のジェットエンジンをとりつけ、この噴射力によって飛行機が空を飛ぶことになる。発電用のガスタービンでは、ここで風力発電と同じ原理を応用する。つまり、吹き出し口にとりつけた羽根車にこの噴射力をぶつけて勢いよく回転させ、発電機のシャフトを回転させるのである。

これでは、コンバインドサイクルにはならない。

一方、蒸気タービンはすべての火力発電で使われてきた。これまでの発電機として、人類が大電力を初めて生み出した水力発電では、川やダムからの水の落下エネルギーによって羽根を回す方法を使ったが、のちに、お湯をわかして、その蒸気の力で羽根を回す火力発電が主流になった。この熱を生み出すのに、どの燃料を使うかによって、石炭火力、石油火力、ガス火力と分類される。水を沸騰させる容器がボイラーで、蒸気を受けて回転しながら発電機を回すのが蒸気タービンである。したがって、燃焼室＋ボイラー＋蒸気タービン＋発電機から成っていた。

八一年にウェルチがトップに立ったGEは、ただちに原発の製造から撤退すると共に、発電所の排熱量があまりにも大きく、燃料本来の持つエネルギーが無駄になっている発電法を改善する新技術の実用化に力を入れた。蒸気タービンにガスタービンを組み合わせればよいのである。つまりジェット機と同じ構造のガスタービンによってシャフトを回転させたあと、その排熱をボイラーに送って

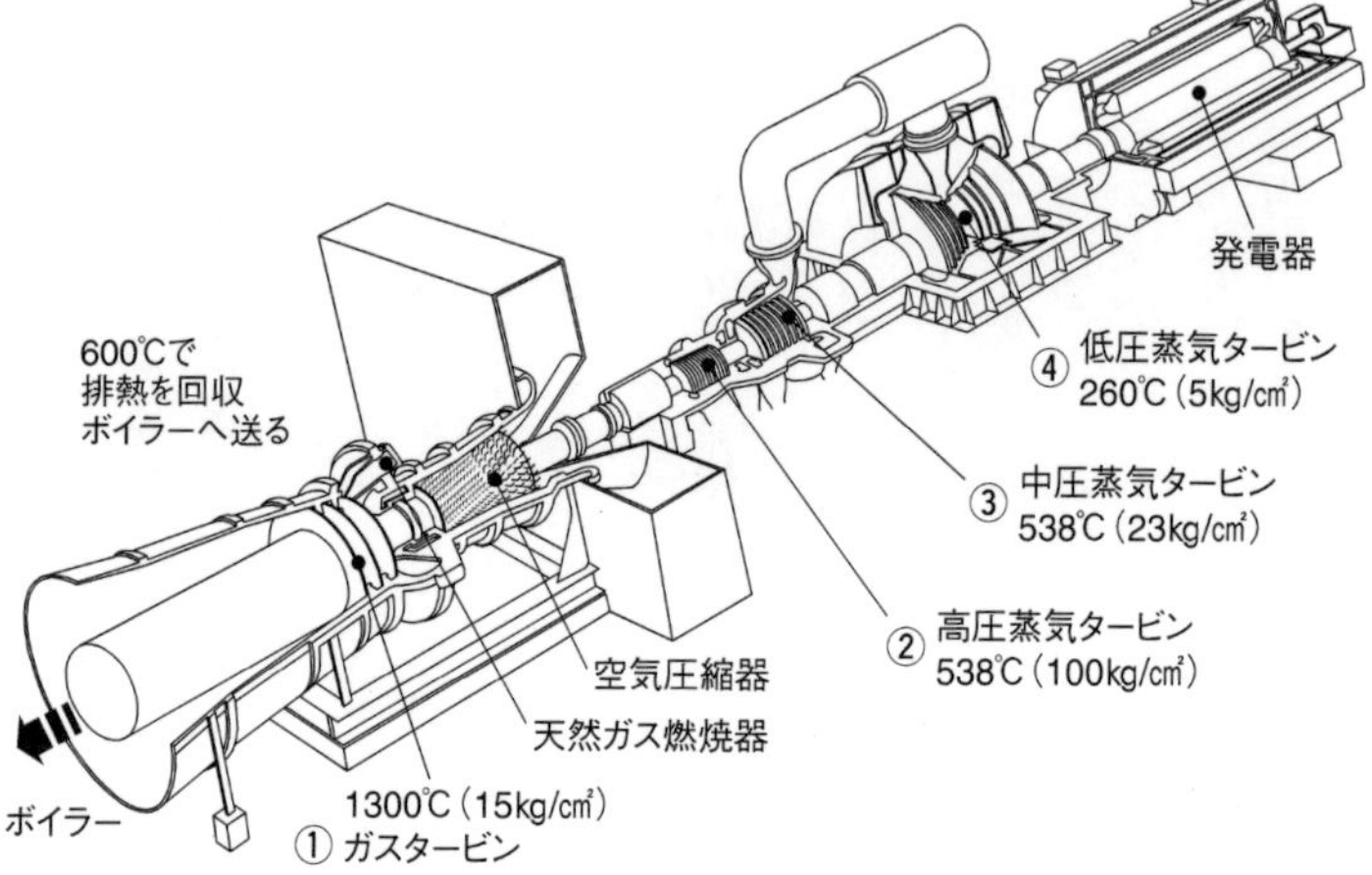

図14　コンバインドサイクルCombined Cycle発電の例

蒸気をつくり、蒸気タービンを回転させる。これによって、熱力学の法則を超えるエネルギー効率を達成する画期的な技術開発に成功した。それが、ガス・コンバインドサイクルであった。石油より成分のきれいな天然ガスを使うことによって、排ガスの有害物質も大幅に減少するのである。

コンバインドサイクルは、「タービン入口温度が一一〇〇℃、一三五〇℃、一五〇〇℃」あるいは「F型、G型、H型」と分類され、それが発電性能の目安にされる。最初にガスを燃やしたあと、ガスタービンに送るガスの温度が高ければ高いほど、タービンのシャフト（主軸）が勢いよく回転し、大きな発電エネルギーを生み出す。それによって、燃料の消費量と、排熱量と、有害排ガスと、コストが、すべて下がるからである。そのため、メーカー四グループは、いかにして高温に耐えられる材料やテクノロジーを先に開発するかで、しのぎを削ってきた。

機種によってタービンに送られるガスの温度は異なり、ほぼ一一〇〇〜一五〇〇℃の範囲でタービンを回したあと、ボイラーに送られるガスは六〇〇℃前後となる。この熱エネルギーを使ってボイラーが水蒸気をつくり、高圧蒸気タービン→中圧蒸気タービン→低圧蒸気タービンと順次蒸気を送って、エネルギーを使い切る。

こうして、ガスタービン→ボイラー→蒸気タービン→わずかに一〇〇℃程度の排熱という連続的な熱のフル活用によって、今までの大型発電所で捨てていたエネルギーの六割から七割近くが生き返った。これは、電力会社にとっても、自由化によって新しい電力マーケットを狙うライバルの独立系発電業者にとっても、最も効率的なエネルギー革命であった。

このあと、効率を最高度に上げるためのレースに突入した。九九年までは、三菱重工業のG型が世界最高であった。一五〇〇℃に耐えてなおかつ発電効率が五〇%を大幅に超えるH型は、大きな壁だったのだ。

噴射エネルギーを羽根にぶつける時、一三〇〇℃を超える高温に羽根（タービン翼）が耐えられなければならないが、タービン翼の材料（ブレード）は、ニッケル超合金にセラミックをコーティングしたもので、これは一〇〇〇℃にしか耐えられない。そこで、タービン翼の内部を中空にし、そこに圧縮空気を送り込んで、タービン翼の先端から吹き出す構造によって、タービンの羽根を冷却する方法が考案された。また三菱重工業は、羽根の全面に直径約一ミリメートルの穴をあけて冷却効果を高め、一四五〇℃の燃焼ガスに耐えられるタービン翼を完成した。

それ以上の温度では、圧縮空気より冷却作用が大きい水蒸気を利用する方法が考えられた。タービン翼から水蒸気を吹き出して冷やし、その時に水蒸気がタービン翼から熱を奪うのである。さらにその熱をボイラーに回収すれば、もう一段の効率上昇が可能になる。そこで、「タービン入口温度が一三五〇℃」がF型、「一五〇〇℃で空気冷却するタイプ」がG型、「一五〇〇℃で蒸気冷却するタイプ」がH型と分類されてきた。

しかしガスタービンは毎分三〇〇〇回（毎秒五〇回）という高速で回転している。原発で日本最大の出力を持つ新潟の柏崎原発六号・七号でさえ、蒸気タービンの回転数はその半分の一五〇〇回転なので、熱出力が三九二・六キロワットありながら、電気出力は一三五・六キロワットに落ち、発電効率は三四・五％にとどまっている。天然ガス・コンバインドサイクルのタービンは、その倍近い六〇％の効率を達成するため、水蒸気を高速回転するタービン翼に送って回収しようと開発が続けられてきた。そしてついに二〇〇〇年にGEが、G型開発を飛び越して一挙にH型で六〇％の発電効率を達成してしまったのだ。このタービン翼分野でGEの技術を高めたのが、石川島播磨重工業であった。ボイラー、蒸気タービン、発電機を受け持つ東芝と共に、GE製コンバインドサイクルは、メーカー側も国際力がコンバインドされていたのだ。三菱重工業もGEを追って、すでに半分以上の実証が終ったH型の完成テストを二〇〇一年早々に実施する。

GEがこのように天然ガス・コンバインドサイクルの開発に力を入れたのは、ガスを主体にした発電能力で、家庭用の超小型から、発電所用の大電力まで、すべてを網羅したメニューを持つというゴールをめざしてきたからであった。したがって、単独で存在する技術ではなく、燃料電池でプラグ・パワーの成功に絶大な期待をかけ、開発の支援を惜しまなかった。それが一時挫折しても、必ずプラグを再生させて、最小電力分野を握るつもりであった。次に、新生ハネウェルを買収して、アライドシグナルが開発したマイクロガスタービンを手中にした。マイクロガスタービンの出力は、今後かなり拡大されるので、GEが得意とした中規模から大規模の出力と重なり合う。

六五年に人工衛星ジェミニ5号にGE製PEM型燃料電池を搭載し、出力一キロワットの道具を生み出して以来の小型エネルギー源を持つようになった。ジェミニ（Gemini）とは、双子座のことである。しかしスペルをよく見れば、「GEの小型」という命名が仕組まれていた。ジェミニは計算ずくで打ちあげられたのである。

残る第二位のジーメンスと第三位のアルストムの両グループも、国際的な技術提携でGEを追ってきた。ジーメンスは電機のウェスティングハウスと富士電機に、エンジンのプラット&ホイットニーの技術力を、ドイツ・アメリカ・日本から結集し、高性能のガス・コンバインドサイクルを開発した。二〇〇〇年八月には、富士電機がジーメンス・ウェスティングハウスから一五〜二〇万キロワット級のアメリカ向けガスタービン発電機を三〇基も大量に受注するという事件があった。富士電機として、史上最大規模の外注であり、アメリカの爆発的な需要増加がGEの生産能力を超える状況を示していた。

ABBアセア・ブラウン・ボヴェリが前述のように重電部門から完全撤退し、フランスのアルストム・パワーが継承した技術は、二段燃焼法であった。ジェットの燃焼ガスに残っている酸素を使って、そこに燃料をもう一度吹き込んで噴射力を高めるのが、戦闘機用のジェットである。アルストムでは同様に、タービンを回転させたあとのガスを再び燃焼させてタービンの回転力を高めた。これは、それほど高温でなくとも高い発電効率を生み出す。アルストムのコンバインドサイクルは、川崎製鉄に導入されることになった。

こうして天然ガス・コンバインドサイクルは、アメリカからヨーロッパに広がり、日本でも次々と採用されつつある。

東北電力の東新潟火力発電所四―一号系列では、九九年四月一四日に、三菱重工業のG型ガス・コンバインドサイクルを使って一四五〇℃の温度をクリアし、当時世界最高レベルの発電効率五〇・六%を達成した。日本の商用発電機として、初めて五〇%の壁を突破したのだ。この三菱製コンバインドサイクルは、GEの方式と異なる。GEでは、ガスタービンと蒸気タービンが出す機械的エネルギーを、先ほど示した図14のように軸方向に一本につながったシャフトで合成するのに対して、三菱では、ガスタービンと蒸気タービンのシャフトが同じ軸ではなく、まったく別々のところにある。それぞれが発電した電力が合流して、変圧器に送られるコンバインドサイクルにしたのである。

ここまでの状況を追跡して、最大の疑問は、果たして日本のメーカーは、このような一％の効率上昇に必死になる必要があるのか、ということである。蒸気タービンだけを使う火力発電の実績と比べると、コンバインドサイクルがどれほどすぐれているか分る。九八年七月に運転開始した同じ東北電力の原町火力二号が、四三％という高い発電効率に達したが、コンバインドサイクルではその一三年も前（八五年一〇月）に運転を開始した東新潟三号が軽く四三・七％を超えているのだ。つまり電力消費者としては、八五年にそのような効率の高い方法を採用しながら、なぜ一三年後に低い効率の発電機を設置したのか、という疑問がある。

東新潟四—一号系列では、五〇％に効率が上がることによって、同じ量の燃料で新潟市の全住民の電力消費量二年半分の電力が新たに生まれた勘定になる。コンバインドサイクルがアメリカで大量に普及したもうひとつの原因は、比較的小型のガスタービンと蒸気タービンを何台も並べて発電できるところにある。昼間と夜中で電力の消費量が変化しても、必要なタービンだけを動かして、発電量を好きなように調節できるのである。最近は、一〇万キロワット級の小型も生産され、消費量の変動に対して、ただちに発電量を調節できる。また、フロリダ電力が六六機のガスタービンをGEに発注し、二〇〇〇～〇四年に順次それを設置するように、完成したものから順次発電してゆき、最終的に大出力の発電所を完成することができるので、需要に合わせて柔軟な計画が可能となっていた。

東新潟四―一号系列では、二七万キロワットのガスタービン二基に、二六・五万キロワットの蒸気タービン一基を持つので、合計八〇・五万キロワットの出力がある。同じ出力で建設中の四―二号系列と、すでに八五年に完成している三号系列と合わせて、最終的な合計出力が二七〇万キロワット、つまり最新鋭の柏崎原発六号＋七号と同じになる。

アメリカでの膨大な電力需要増加を知った三菱重工業は、東新潟の成功から半年後に、将来の経営プランとして、ガスタービン・コンバインドサイクルを最重要プロジェクトに位置づけ、同時に次世代エネルギーとして、PEM型とセラミック型の燃料電池の実用化に力を入れる方針を固めた。総合重機大手三社は、一兆円近い有利子負債をかかえた三菱重工業のほか、川崎重工業と石川島播磨重工業がいずれも大幅な経営赤字に陥り、GEの合理性に学ぶのが最も賢明な選択となったのである。

こうして三菱重工業は、二〇〇〇年九月二〇日に、アメリカの大手独立系発電業者として第四位のPG&Eグループ（PG & E National Energy Group）から七七〇万キロワットという大規模なG型ガスタービンを受注し、生産台数を二〇万台から三六万台へと、ほぼ二倍に増大することになった。これも、ガスタービン二一台に蒸気タービン二一台の合計四二台によってこれだけの出力を達成するシステムで、夜間の電力調整が容易になるよう計画されていた。

GEとコンバインドサイクルを共同開発してきた日立製作所も、日立臨海発電所で稼働を開始し、独立系発電業者として売電ビジネスに本格的に進出することになった。ここでは、建設費八〇億円で一〇・六万キロワットの出力がコンバインドサイクルによって達成されたので、一〇〇万キロワット換算で七五五億円という桁外れのコストダウンが実現したのである。この電力は、全量が東京電力に売電される。

パワー向上で電力不足が解消する

以上の状況から、発電効率が最高三四％にとどまる原発を、二〇〇〇年に採用した北海道電力（泊三号）や中国電力（島根三号）と、それを歓迎した通産省の官僚は、世界中に広がるエネルギー生産テクノロジーのどこを見て原発を発注したのか、という重大な疑問がある。「GEが六〇％の効率を達成した」という世界的なニュースのあとの出来事である。この重要なニュースは、日本のメディアでは報道さえされていない。発電機メーカーが一％の効率上昇のために必死に努力する必要は、まったくない。原発より一五％も効率が高い三菱重工業の五〇％で充分である。それをアメリカのように国家が支援し、全土に普及するほうが、コンバインドサイクルの一％改善レースより、はるかに重要である。

二五％も効率の高い発電システムがこの世にありながら、それを充分に使用しない日本の電力会社と官僚の視野狭窄《きょうさく》には言葉もない。将来を見れば、ヨーロッパもアメリカも原発の建設計画がゼロであるから、運転中の原発が寿命に達すれば、必ず「原発ゼロの時代」が訪れる。その正確な日が不明だとしても、その日には、一切原発を使わない発電法で地球の電気はまかなわれる。将来それが可能になるのだから、現在も可能である。

原子力発電を停止しなければならない理由は、発電効率の問題ではない。原発でも東京に建設すれば、コジェネも効率上昇も可能である。地震大国・日本では、絶対にあってはならない原発の大事故が発生する可能性は、もはや時間の問題となっている。工業的には、石油にもガスにも必ず爆発や流出、漏洩、火災などの危険性がつきまとうが、それらは修復可能な範囲にとどまり、原子力発電のように大事故が国家的崩壊や一地方の壊滅をもたらす危険性はない。また半永久的に管理しなければならない放射性廃棄物も、石油やガスでは発生しない。自動車や航空機が事故を起こしながら、なお使用されてきたのはそのためである。

では、具体的にどのように将来の原発廃絶計画を進められるか。原発廃絶を決定したドイツは、どのようにその計画を進めてきたか。

コンバインドサイクルを採用して電力を生み出すには、従来型の古い蒸気タービン火力を閉鎖する必要はない。今まで使ってきた蒸気タービンと発電機は、どこも悪くない。その頭にガスタービンをとりつけて、コンバインドサイクルに改造すれば、最新鋭の発電所に生まれ変る。だからこそ、コンバインドと呼ばれる。このような改造によるパワー上昇は、ヨーロッパ各地での実績がある。

ドイツのカールスルーエ市にあるラインハーフェン発電所四号機では、三四年間も運転した旧式石炭火力の石炭ボイラーを取り外し、そこにABBアセア・ブラウン・ボヴェリ製の二四万キロワットの天然ガス用ガスタービンを設置した。このタービンからの排熱を今までの蒸気タービンに送るコンバインドサイクルによって、一〇万キロワットだった蒸気タービン出力が一二・三万キロワットに二三％も上昇した。これと、ガスタービン出力と合計して三六万キロワットになり、出力が三・六倍になったのである。

日本ガス協会によれば、こうした出力向上によって、日本国内の自家発電だけで一七五〇万キロワットの電力が生まれる。これを電力会社がフルに応用すれば、電力会社が所有する火力発電所のうち三割をコンバインドサイクルに改善するだけで、二〇〇〇万キロワット以上が生まれる。これらの数字は、原発をすべてストップしても電力不足という問題が起こらないことを証明している。

日本で史上最悪の電力不足を起こした九四年を例にとって計算してみる。

資源エネルギー庁の「原子力発電関係資料」によれば（以下、一〇〇万キロワット未満を四捨五入で示す）、この年の真夏のピーク電力は一億六五〇〇万キロワットに対し、火力一億一五〇〇万キロワットと水力二〇〇〇万キロワットを合わせた発電能力が一億三五〇〇万キロワットであった。したがって、真夏のごく短い日数には、三〇〇〇万キロワット（一八％）が不足した。そこに原発が四〇〇〇万キロワットあったので、一〇〇〇万キロワットの余力を持って、充分に電力が供給できた。これが、原発必要論の根拠であった。

ところがこの発電能力には、電力会社以外で、NTT、トヨタ、東京ガス、大阪ガス、新日鉄、外資などの発電・売電可能な企業、つまり独立系発電業者（IPP）の能力は含まれていない（電力一〇社以外で発電能力を持つ「日本原電」と「電源開発」はIPPではなく、前記の火力・水力・原子力に含まれる）。九七年の電気事業審議会中間報告では、九五年の電気事業法改正後の独立系発電業者の潜在発電能力は二一三五〜三四九五万キロワットとなり、九九年の電気事業法改正（二〇〇〇年三月施行）後は自由化によって三八〇〇〜五二〇〇万キロワットとなることが明らかにされた。事実上、それだけの発電能力が日本には余力としてある。その利用が、電力会社の独占事業によって妨げられてきた。この能力を持つ「独立系発電」は、電力を売ることができる事業者である。それに対して「自家発電」は、自社の工場やビルで電力を使い、電力を売らないので、ここでは能力から除外する。

しかし、独立系発電がフルに発電することは現実に厳しいので、最大潜在能力五二〇〇万キロワットのうち、ここでは控えめに半分の二六〇〇万キロワットだけが使えると仮定してみる。

ここに、さらにコンバインドサイクルを導入してみる。電力会社の火力一億一五〇〇万キロワットのうち、特に旧型で発電効率が三〇％と低いもの三割だけを効率五〇％のコンバインドサイクルに改善し、残り七割は保有する火力のままとすると、

$(50-30)/30 = 0.67$

つまり火力三割は、発電能力が六七%上昇するので、

11500万kW × 0.3 × 0.67 ＝ 2311万kW

ほぼ二三〇〇万キロワットの能力が増加する。これとIPPの能力を合計すると、

2300 ＋ 2600 ＝ 4900

となり、九四年当時の原発の能力四〇〇〇万キロワットより大きく、二〇〇一年現在の能力四五〇〇万キロワットよりも大きい。原発をすべてストップしても、停電どころか、充分に余力がある。この五〇%以上の効率を持つガス・コンバインドサイクルは、三菱重工業製の東新潟火力だけでなく、東京電力の横浜火力が実用したGE製でも達成されているほか、富津火力七号・八号、千葉火力、品川火力、川崎火力、中部電力の新名古屋七号、関西電力の和歌山火力でも採用されている。二〇〇〇年六月に運転を開始した千葉火力一号・二号は、合計二八八万キロワットの出力で総事業費三二〇〇億円なので、一〇〇万キロワットあたり一一一億円、つまり原発の三～四分の一のコストであった。これらの立地点は、工業地帯のど真ん中であり、電力の大消費地であるから、送電線によるロスはゼロに近い。さきほど比較した発電効率の差二五～三〇%は、この送電ロスを考慮しない発電所内の数値である。必ず消費地から遠く離れたところに立地される原発が五～一〇%の電力をロスすることを考えれば、コンバインドサイクルに比べて、さらにその数字を上積みした三〇%以上のエネルギー差が生まれる。

一方、電力不足の数字自体に、大きな疑問が出ていた。二〇〇〇年七月二五日に東京電力・福島第二原発四号炉で燃料からの放射能漏洩が発生し、手動停止した。その時点で、すでに東京電力の原発一七基のうち、福島第一原発四号・五号、柏崎六号（トラブルのまま定期検査に突入）の三基は定期検査中で停止しており、一五日に柏崎四号、二一日に福島第一原発六号、二三日に福島第一

原発二号が、いずれも発電機冷却用水素ガス消費量増加、気体廃棄物処理系の流量増加、タービン制御油漏れで運転停止していたので、合計七基が猛暑の中で停止していた。停止した合計出力は七〇〇万キロワットと巨大ながら、まったく停電の非常事態は起こらず、膨大な過剰設備が明らかになったのである。このピーク時間に、工場で寝ている発電装置を総動員すれば、電力不足という産業上の問題は、すべての原発を止めても起こらないことが実証されたのだ。

ガス・コンバインドサイクルは、効率を高めるだけでなく、ガスがクリーンであるためと、効率上昇によって、排気ガス中の窒素酸化物と硫黄酸化物、排熱、二酸化炭素が著しく減少する。さらにGEが効率六〇%を達成したことによって、三〇%効率に比べて、電力会社と通産省が従前の原発推進論の根拠としてきた二酸化炭素の排出量が、同じ発電量に対して半分に減る。一〇〇万キロワット原発では、二〇〇万キロワット分の熱が、毎秒六五トンの温排水として海に流され、日本全土では、その四五倍の九〇〇〇万キロワット分の熱が捨てられている。原発の稼働率を八〇%とすると、この熱量は、一年間で六三〇七億キロワット時になる。九九年度の総発電量九一九六億キロワット時の六八%の電力に相当するエネルギーで、日本海と太平洋を加熱してきたのだ。

GEの六〇%コンバインドサイクルをすべての火力発電所に導入すれば、先の計算よりはるかに大量の余剰電力が生まれ、膨大な量の排出ガスを減らせるのである。しかもこの想定には、二〇〇一年から本格的に導入されるマイクロガスタービンと、数年後に普及がはじまる燃料電池を、一台も考慮していない。一人の人間が自宅とビル消費の両方でそれを利用するようになるので、発電能力は、国民一人当たり一キロワットになる可能性は高く、一億キロワットまで充分にあり得る。

アメリカやヨーロッパから外資系として日本に参入してくるエンロンのような独立系発電業者は、排気ガスを大幅に減らしながら、そうした最新技術を備え持つすぐれたエンジニアグループである。

エンロンが青森県六ケ所村で二〇〇七年に発電を開始する計画の火力は、最も効率の高いガス・コンバインドサイクルなので、同じ電力を生み出すコストが原発の四分の一になる。同じエンロンの福岡県と山口県での石炭火力プロジェクトの詳細は現在不明なので、クリーンな発電の保証がない限り、住民は受け入れるべきではない。コンバインドサイクルが普及すれば、消費者の選択の幅が大きく広がるので、日本の電力会社は、大幅なコストダウンを迫られる。そのときに、原発の電力のように高価なものは売れ残り、それを立地した自治体ともども、電力会社は厳しい経営状況に立ち至る。これを予見した電力会社は、「エンロンは、日本の電力会社のように電力を供給する義務もなく、甘い汁だけを吸う」と批判して防戦につとめたが、これは消費者から見ればまったく筋違いの批判だった。電力会社自らすぐれた発電法を採用すれば、エンロンに負けないはずである。技術社会でのこの種の批判は、経済性と技術力の劣勢を認めた負け犬とみなされる。日本の自動車やエレクトロニクス業界は、その熾烈なレースを戦い抜いて実力を蓄積したのではなかったか。

安定な電力供給も重要である。横河電機は電力の安定した供給をおこなえるよう、エレクトロニクス制御をネットワークに応用した「電力監視システム」を開発し、同社にはその注文が殺到している。横河電機はこの事業を本格的なものに拡大しようとしているが、産業界がこうした効率的エネルギー利用技術を取り入れなければ、エレクトロニクス時代とは言えまい。

二〇〇〇〜〇一年にかけてカリフォルニア州で起こった電力不足と電力価格上昇は、アメリカの消費者の過剰な電力消費に原因があるので、これはまったく別の次元の問題であった。アメリカ人は景気に任せて電気を使いすぎ、その報いを受けたのだ。わが国は逆の状況にある。

日本においては、電気料金急落の前駆的現象が別の分野で実証されてきた。九〇年以後にすさまじい勢いで起こった地価の暴落である。この価格下落は、二〇〇〇年に至っても止まらなかった。

その原因は、八〇年代に急騰した地価と共に、オフィスビルの賃貸料が急騰し、バブル経済の崩壊後、その反動としてすべての企業が安価なビル賃貸料を求めたためであった。企業は、同時に社用族が濫用していた接待費の削減に迫られ、タクシーの乗客が激減したまま二一世紀を迎えた。これに続く現象として、電気代削減が企業のコスト削減目標に掲げられる時代となったのである。現在までアメリカで実績をあげてきた新エネルギー技術の導入によって、一旦下降しはじめれば、エネルギーコストは、数分の一にまで下降すると予測されるのである。

企業集団として電力会社が抱える日本最大の有利子負債額ほぼ三〇兆円は、旧国鉄債務に匹敵する額である。ごく近い将来窮地に陥って、その返済を総合建設業者や金融機関のように国民に転嫁することは許されない。

日本のコンバインドサイクル発電技術は、世界的水準にある。東京電力が二〇〇三年に、関西電力が二〇〇五年に、GEクラスの高い効率を狙う第三世代のコンバインドサイクル導入を計画している。原発建設と矛盾するスケジュールは、合理性と資本主義を謳歌する時代に理解不能である。

数々のコンバインドサイクルと新エネルギーの価格競争

コンバインドサイクルは、これまでは主成分がメタンの天然ガスを中心に開発されてきた。ガスを燃料に使うのは、成分のきれいなガスでないとタービンの羽根を傷めるという技術上の理由からだったが、GEがハワイ向けにナフサを燃料にしてコンバインドサイクルを完成したように、今後は、ガスではない燃料もガス化によって利用することが重要になる。また、ガスタービン＋蒸気タービンの組み合わせだけではなく、マイクロガスタービン＋燃料電池、あるいはガスタービン＋太陽電池、燃料電池＋風力発電、マイクロガスタービン＋風力発電のように、色々なコンバインドサイクルが開発されはじめた。

石炭からガスをつくり、天然ガスと同じクリーンな成分をつくれば、排ガスが汚いと嫌われてきた石炭をコンバインドサイクルに利用できる。これを、石炭ガス化コンバインドサイクル（ＩＧＣＣ――Integrated Gas Combined Cycle）と呼んでいる。

石炭ガス化の原理は、コークスから水性ガスをつくる時のように、化学工業で広く用いられてきた。石炭に高温高圧の水蒸気を作用させると、一酸化炭素五〇％、水素四〇％に水蒸気を含んだ水性ガスができる。

炭素C ＋ 水蒸気H_2O → 水素H_2 ＋ 一酸化炭素CO

これを基本的な反応として、たとえばこの水性ガスを二〇〇～二五〇℃に熱した還元ニッケルの上を通すと、次のようにしてメタンが生成されるので、メタンを多く含む合成天然ガスをつくることができる。

水素$3H_2$ ＋ 一酸化炭素CO → メタンCH_4 ＋ 水H_2O

こうしてできるガスをコンバインドサイクルで利用するのがＩＧＣＣである。すべての化石燃料は炭素を含んでいるので、石炭だけでなく、石油でも、石油の残りかす（残渣）でも、メタンを多く含むガスに変えれば使えるのである。

石油メジャーではシェル石油とテキサコ（現シェヴロン・テキサコ）、化学工業ではダウ・ケミカルが傑出したガス化技術を持っているほか、日本では日石三菱が実績を持っている。そこで、これらのガス化エキスパートに、ガスタービン・メーカーのＧＥあるいは三菱重工業、ボイラーの石川島播磨重工業という三種類の業界が提携することによって、新しいコンバインドサイクルの可能性が開拓されてきた。

二〇〇〇年に実用化されたインド向けコンバインドサイクルは、燃料に石油残渣を用い、テキサコ法を使ってガス化し、GE製ガスタービンと石川島播磨重工業製ボイラーによって完成し、受注競争に参入した。インド向けプラントで石川島播磨重工業がテキサコ法を使ったのは、両社が石炭ガス化コンバインドサイクルの開発で技術提携していたからである。インドの例では、石油残渣から硫黄と水素を除去して利用し、脱硫されたガスはクリーンで、高い発電効率が得られ、燃料費を含めた操業コストが安価であるため、最初の投資コストを回収でき、あらゆる面ですぐれている。

日石三菱もこの方法を採用し、三菱重工業製のガスタービンによるコンバインドサイクルの建設に着工した。アメリカでは、テキサコとダウ・ケミカルが開発したプラントと、ヨーロッパでシェル石油が開発したプラント、いずれも二五万キロワット級が完成している。

電源開発は、石炭ガス化のテストプラントを九州小倉に建設中で、このプラントでは、高温運転型の燃料電池で大電力を発電し、得られる高温排熱でガスタービンを回転させ、さらに排熱を回収してボイラーに送り、蒸気タービンを回転させる計画である。これが成功すれば、五五%の発電効率を達成することが可能とされ、三菱重工業と共同開発に取り組んできた。このような石炭の利用は、操業コスト次第で、今後大いに見直される可能性がある。

こうしたすぐれた発電設備の普及が、現在世界的に進められているのである。

それでも、エネルギー効率七〇〜八〇%を達成してしまう燃料電池とマイクロガスタービンのコジェネには勝てない。

そこで、究極のコンバインドサイクルとして、燃料電池とマイクロガスタービンの結合が実用化される段階に入ってきた。アラバマ・プロジェクトを進めるフュエルセル・エナージー社が、発電用の大型プラントとして溶融炭酸塩型の燃料電池とマイクロガスタービンの商品化を進めてきたが、

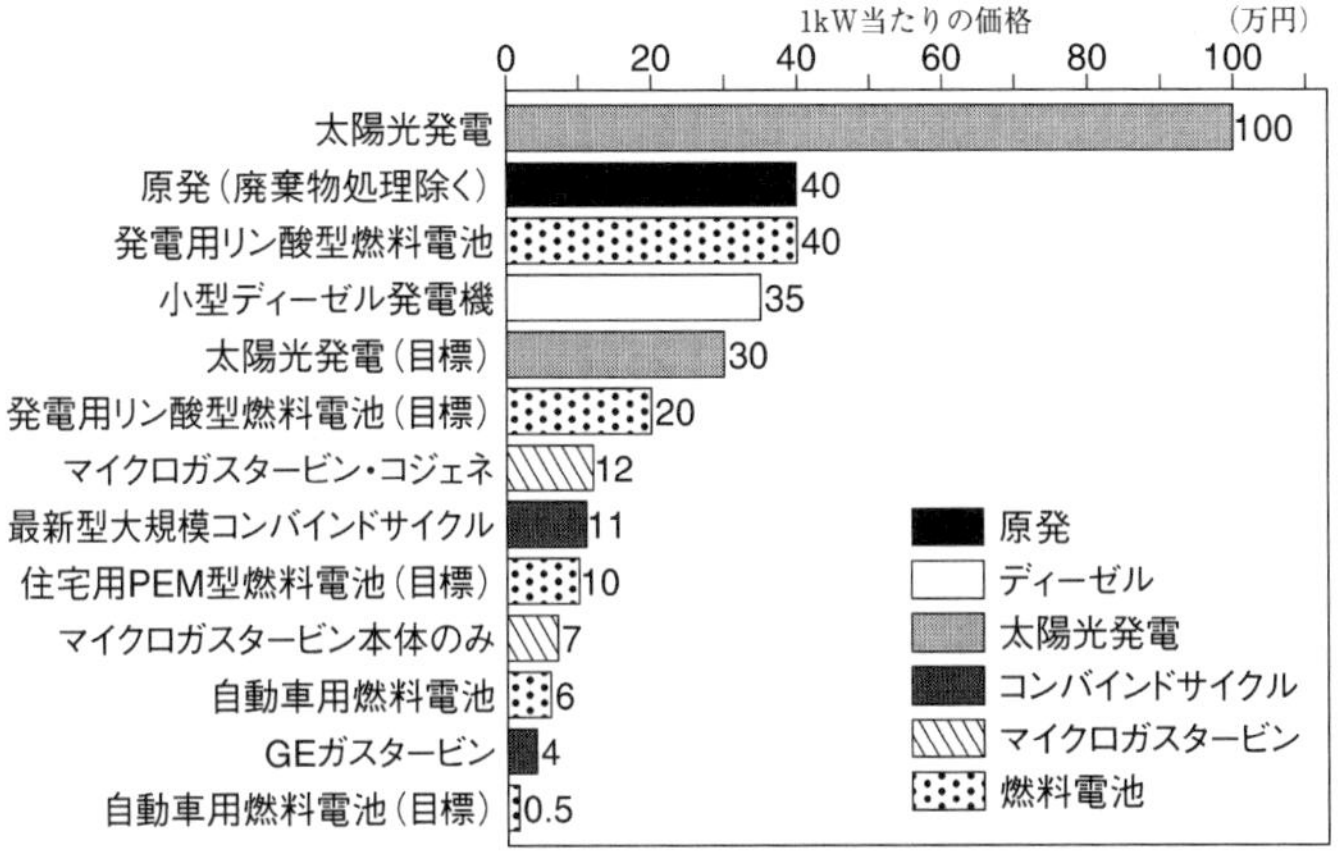

図15　新旧エネルギーの発電価格

あらゆる技術を掌中にしたGEも当然その開発を進めているはずである。ABBもヴォルヴォと組み、両方を持っている。燃料電池の開発企業グループは、大半が両方に進出して提携関係を深めてきた。

この分野では、小型のPEMより、溶融炭酸塩型と共に、一〇〇〇℃という高温で作動するセラミック型燃料電池とマイクロガスタービンの組み合わせにしたほうが、燃料電池の排ガスを使ってガスタービンを回す効率が高くなる。

これらの普及にとって一番の鍵を握るのは、発電業者にとっても、ユーザーにとっても、何よりも金と便利さである。家電製品も自動車もパソコンも携帯電話も、その壁を破ったので、大普及した。「クリーンなことは結構だ。しかしそれで、もうかるのか」という人間の欲望が、大量普及の未来を支配する。人類の過去をみる限り、便利な道具が広まった動機は、決して地球環境問題ではない。情緒的なエコロジームードは氾濫しても、大量の廃棄物を減らす努力はほとんど払われていない。真剣に考える人間は少ないのだ。

二〇〇〇年末までの価格を、まとめて比較すると図15

のようになる。

図15は、装置の購入・設置・建設にかかるおおまかな価格である。いずれもここに、燃料費とメンテナンスの費用を加算する必要がある。原発の建設費は原子炉によって大きな差があるが、平均して一〇〇万キロワット四〇〇〇億円台にあり、そこに膨大な放射性廃棄物の管理費を要している。これと巨大な税金の投入は、ほかの発電法にない支出で、通産省らはコスト計算で正確に加算しないが、天文学的な額を加算しなければならない。長大な送電線コストを考えれば、原発は一キロワット五〇万円に達するのが実態である。

新エネルギーの「目標価格」として示した数字は、全世界のメーカーの少なくとも一社がすでに達成可能として公表した販売予定価格である。マイクロガスタービンと燃料電池の実際の使用現場では、コジェネを利用して得られる熱エネルギーの大きな利得があるので、これらの利用度を高めるシステムは、実質価格が大幅に下がる。消費地で採用されるコンバインドサイクルはコジェネが応用可能である。

したがって、これらの細目を個々の使用現場のケースごとに計算すると、いま示した価格はごく大まかな目安にすぎない。発電事業用の燃料電池は、リン酸型の小規模〜中規模を目標価格として二〇万円としたが、溶融炭酸塩型の大規模発電の実用化によって、大幅に下がる可能性が高くなってきた。

アメリカでは、電力需要が大きくなる時期に発電機をフル操業して収益をあげるマーチャントプラントと呼ばれる発電ビジネスが急増し、そこにコンバインドサイクルを大規模に導入して巨額の利益をあげている。それほど利益率が高く、燃料の消費量が少ないのがガス・コンバインドサイクルである。

彼らがここで利益を狙う理由は、アメリカのモービル・パワー社の価格データから明らかである。八五年における天然ガス・コンバインドサイクルは、発電効率が四五％で、一キロワット時の発電コストが六・五セントだったのに対して、二〇〇〇年には、発電効率の六〇％達成に基づいて計算すると、コストが四セント近くまで、実に三八％も削減されたのである。四セントは日本円でほぼ四円であり、日本人が電力会社から買っている家庭用の電気二三～二四円は、その六倍近い。いかに効率の悪い電気を高く買わされているか分る。

マイクロガスタービンは量産によって、近くコストダウンされることがメーカー側から示されている。現在すでに実績とみなせる年間一〇〇〇台の量産時には、一キロワット当たり〔本体価格七万円＋排熱回収費二万円＋工事費三万円＝合計一二万円〕となり、大幅なコストダウンの利益をユーザーにもたらす。従来のレシプロ型ガスエンジン発電機に比べて、マイクロガスタービンは驚異的に安い。メンテナンスコストは、従来のガスエンジン発電機が一キロワット時当たり四～八円に対して、マイクロガスタービンは一～二円ですみ、はるかに安い。一キロワット当たりの発電コストは一五円だが、日本の業務用電力の販売価格は、二〇円以上なので、その四分の三ですみ、二年～数年以内に投資した元がとれる。製品価格が安いのは、マイクロガスタービンの燃焼温度がコンバインドサイクルのガスタービンの一三五〇℃に比べて一〇〇〇℃以下と低く、発電効率三〇％程度であれば高価な耐熱セラミックなどが不要で、すでに自動車用ターボチャージャーなどで量産化されている部品が使え、ずっと楽になるためである。実売価格は、まとめ買いによって下がり、ユーザーの交渉次第の余地があるので、ここでは深く立ち入らない。キャプストーンの社長によれば、何もかもつけたセットと、簡便なシステムでは二割以上の差が出る。

二〇〇一年一月のカリフォルニア州の停電騒動では、地元のキャプストーン社が早速、「電力会社に頼らず、自分で安価な発電機を持ちましょう」と、大がかりなキャンペーンを展開したが、このPRは大いに効き目があったはずだ。

燃料電池テスト車として示した価格は、バラード製燃料電池を搭載したダイムラークライスラーの第四世代四人乗り小型乗用車NECAR4の数字である。これは初めての液体水素搭載型で、出力五五キロワットで、最高時速一五〇キロメートルの性能を証明した。その燃料電池システム価格が三万ドル、およそ三三〇万円だったので、一キロワット当たり六万円となる。

最も気がかりな家庭用燃料電池の価格は、まだ未知の要素が大きい。しかし、自動車用の燃料電池の主流製品は、PEM回路のセルが積み重ね状のスタックになっている。乗用車は五〇キロワットを必要とするが、家庭では、その一〇分の一の五キロワットで充分である。したがって、自動車で完成された製品の一部を住宅用に使えば、基本的にはすでに誰でも購入できるレベルまできていると考えてよい。発電量は燃料電池セル一個の面積と数に比例するので、必要分だけのセルを買えばよい時代がくるはずである。

燃料電池の完成を望んでいるのは、日本の全産業界である。

こうしてすでに実現され、また実現間近となった新エネルギーのすべてに共通する最後の問題は、燃料に何を使うかである。エネルギー革命の三本柱をになうガス・コンバインドサイクル、マイクロガスタービン、燃料電池、いずれも天然ガスを大量に必要とするのだ。一方で、資源は枯渇すると言われてきた。果たして、この問題をどのように解決できるのか。

第6章　巨大な天然ガス田をめぐる国際戦略

古代生物から石炭・石油・天然ガスが甦る

地球の全生命と自然の営みをつかさどる現象は、ふたつのエネルギーだけで支えられている。ひとつは、地震と火山活動と温泉として、地球内部の中心からしばしば表出する熱エネルギーである。もうひとつが、天からの恵みをもたらす太陽の光と熱だ。

ガスタービンや燃料電池を使いこなして、ガスや油から人類が巧みに取り出そうとしているのは、この地球と太陽のエネルギーなのである。しかしその未来を成功への道に導くには、地球と太陽が与えたエネルギーがどこに保存され、どれほどの量が蓄積されているかという、歴史的なメカニズムを頭に入れておかなければならない。

地球に降り注ぐ太陽エネルギーがつくり出したもの、まずそれは、地中の水分を使った植物という生命であった。光は電磁波であり、この太陽光を受けて、植物は葉っぱの葉緑体が空気中の炭酸ガス（二酸化炭素）を使って光合成をおこないながら成長した。動物の生命源となる酸素を空気中に送り出しながら、ブドウ糖をつくる作用である。

光合成によって生まれたブドウ糖 $C_6H_{12}O_6$ は、高分子（ポリマー）の鎖となってつながり、デン

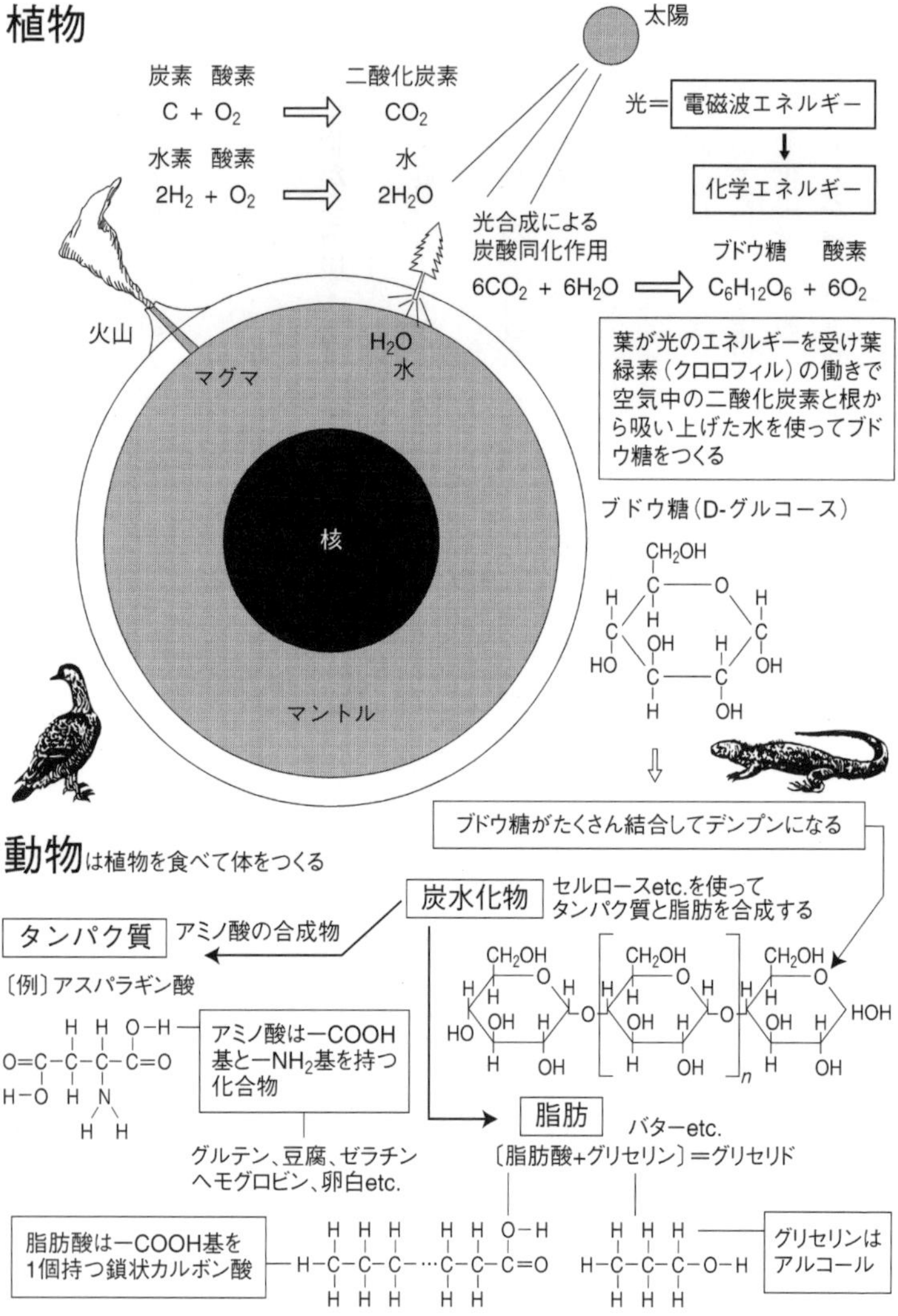
植物
太陽
炭素　酸素
C + O2
二酸化炭素
CO2
水素　酸素
2H2 + O2
水
2H2O
光＝電磁波エネルギー
化学エネルギー
光合成による
炭酸同化作用
ブドウ糖　酸素
6CO2 + 6H2O
C6H12O6 + 6O2
火山
H2O
水
マグマ
核
マントル
葉が光のエネルギーを受け葉緑素（クロロフィル）の働きで空気中の二酸化炭素と根から吸い上げた水を使ってブドウ糖をつくる
ブドウ糖（D-グルコース）
ブドウ糖がたくさん結合してデンプンになる
動物は植物を食べて体をつくる
炭水化物
セルロースetc.を使って
タンパク質と脂肪を合成する
タンパク質
アミノ酸の合成物
〔例〕アスパラギン酸
アミノ酸は—COOH基と—NH2基を持つ化合物
グルテン、豆腐、ゼラチン
ヘモグロビン、卵白etc.
脂肪
バターetc.
〔脂肪酸+グリセリン〕＝グリセリド
脂肪酸は—COOH基を1個持つ鎖状カルボン酸
グリセリンはアルコール

図16　石炭と石油を生み出した動植物の誕生

プンのような炭水化物をつくり出した。これが植物の繊維、セルロースの成分となり、のち人類が、こうぞ、みつまたのような植物繊維を紙に適した原料として使うようになった。

この「炭水化物」は、ふたつのものを生み出した。第一に、脂肪酸とグリセリンの化合物として「脂肪」を合成し、第二に、空気中にある窒素を組み込んで、アミノ酸のような「タンパク質」をつくり出した。菜種油のような種子の脂肪、あるいは豆腐、ゼラチンのようなタンパク質である。こうして三大栄養素の炭水化物、脂肪、タンパク質ができると、さまざまな分子の組み換えが起こり、動く肉体を持った新たな生物として動物が誕生した。動物はたらふく植物を食べ、血液中にタンパク質としてヘモグロビンを持ち、わが物顔で地球上を徘徊するようになった。

これと並行して起こったのが、全生命の循環であった。インド思想の輪廻が語るように、すべての生物には寿命があり、生命全体は、循環することによって初めて生きることが可能な仕組みになっていた。その生命サイクルによって、地中や海底に、人類の未来のエネルギー源が蓄積されたのである。

三大栄養素の炭水化物と脂肪が、石炭と石油に変った歴史は、こうであった。樹木が倒れたあと、地中に入った炭水化物は、その源となった炭酸ガスの成分、すなわち炭素に戻ってゆこうとした。実に長い歳月をかけて、植物繊維の基本的物質であるセルロース（ブドウ糖の高分子化合物）とリグニン（芳香族の高分子化合物）が、地下の水分と細菌の作用で腐敗・分解し、朽ちていった。

水性植物は泥炭になり、樹木は亜炭から褐炭に変化し、ついには瀝青炭というしっかりした石炭に生まれ変った。瀝青炭は、樹木の持っていた水分がほとんどないため、燃やすと薪の二倍という大きな熱を出す燃料として珍重され、石炭という名で使われるようになった。今から六五〇〇万〜二億五〇〇〇万年前という中生代の大昔に生きていた、ソテツやシダ類が変化したものである。それを食べて巨大な爬虫類が大いに繁栄し、鳥類と哺乳類が誕生したのがこの時代であった。爬虫類の化石と同時代に生まれた燃料なので、石炭は化石燃料と呼ばれるようになった。

二億五〇〇〇万年よりさらに古い時代の植物は、瀝青炭より良質の無煙炭になり、続いて石墨や黒鉛と呼ばれる純粋な炭素の鉱物にまで変化した。また、特殊な条件のもとでは、純粋な炭素の結晶が、強固な構造体となって輝くダイヤモンドにまで変化した。この黒鉛が、燃料電池で水素を吸蔵する高性能容器として注目され、水素ガスを供給する薄いプレートとして使われ、重要な鍵を握る物質「グラファイト」である。

一方、三大栄養素のうち脂肪は、文字通り油分である。動植物の脂肪は、地中で水と酵素の働きで朽ちてゆき、もとの脂肪酸とグリセリンなどのアルコール類は、地中の熱で高分子の炭化水素がこまぎれに分解されはじめた。やがて最後には低分子の炭化水素となり、どろどろの液体に変りながら流れて、陸地や海底の地層と地層のあいだに大きな油溜まり（油田）をつくった。この黒い液体は石油と呼ばれ、燃やすと石炭よりさらに大きな熱を出し、運びやすいので大いにもてはやされた。この動物の大半は、海中のプランクトンであったと言われる。

ところが長いあいだ人間に発見されなかった石油は、さらに小さな分子にまで分解してゆき、少しずつガスとなって蒸発すると、密閉された地中の洞窟の内部に、天然ガスとなってとじこめられた。その最も単純なガス体の成分が、メタンCH_4であった。

いま人類は、これら石炭・石油・天然ガスを、地中や海底から一生懸命に掘り出している。ジョン・D・ロックフェラーがスタンダード石油を創業してからここ一三〇年というもの、人類はもっぱら石油の採掘に明け暮れてきた。ヨーロッパでは、ノーベル兄弟がロシアのバクー油田を開発し、それをロスチャイルド家が買い取ってシェル石油を生み出した。果たしてこれらの化石燃料は危険なものであろうか。石炭・石油・天然ガスの成分は植物と動物である。その生命のすべては、太陽の光合成からはじまっている。燃料電池は、エネルギーを水素に求めるが、これは根が吸いあげた水に由来する。そこに光合成で炭素と酸素が加わったのが化石燃料の源だ。

貴重な油絵の具として、カドミウムレッドがある。過去の大画家たちが愛用し、名画を彩ってきたこの鮮やかな絵の具に勝る赤はない。しかしこの原料は、骨に蓄積して激痛をもたらすイタイイタイ病の原因物質、カドミウムという金属から製造される。このふたつの事実がある時、人間はいかにこれを扱うべきか。

鉱山の採掘から、絵の具の製品として販売されるまで、カドミウムが人体に摂取されず、自然界にも排出されないようにすればよい。現在この画材は、そのように製造されている。そのあと画家がキャンバスの上で、画材として使うのはごく微量であり、画布が焼却や廃棄の処分を受けても、被害をもたらさない。ところがカドミウムを充電式のニッケル・カドミウム電池に使用した場合には、危険性を知らない人によって使われ、リサイクルされずに膨大な量が一般ゴミ処分場に投棄され、地下水の汚染を招く。したがってカドミウムを電池材料として使用するのは不適である。

原料のカドミウム自身には罪がない。使用することも可能である。それをどのように利用するかが人間の知恵である。化石燃料も同じである。

多くの環境保護論者は、地球温暖化論が登場して以来、化石燃料に対して偏見を抱くようになったため、最もきれいな天然ガスの使用まで批判することがしばしばある。それは、生物の体内に入る環境ホルモンのような人工的化学物質の危険性と、天然に産出する罪もない化石燃料を混同するためである。石炭・石油・天然ガスの主な成分は、さきほどの図16で炭水化物・タンパク質・脂肪の分子式が示す通り、わずか四つの元素、水素・炭素・窒素・酸素からできているにすぎない。石炭・石油・天然ガスが、太陽の恵みを受けて人類の先祖である生物から生まれたという由来を知れば、罪もない化石燃料を否定するのは偏見だと分る。薪は、近ごろバイオマスという新語でもてはやされるが、実は昔から使っていたその薪や木屑が地中で変化しただけのものが化石燃料である。

ところがここで注意しなければならないのは、ダイオキシンや発癌物質が、生体細胞とさほど違わない成分と構造を持つことである。発癌性を持つ危険物に含まれる亀の甲と呼ばれるベンゼンのような炭素の六角形構造は、人体にも植物にも山のようにある。石油は、古くは染料として化学工業を発達させ、現代ではアクリル繊維、ポリエチレン、塩化ビニール、発泡スチロールと大量の有機合成物質が、ここから生み出されてきた。あらゆる化合物を分解・合成して、需要に合わせて必要な化学物質をつくり出してきたが、もともと太古の植物繊維だったものから、化学繊維が誕生したことになる。繊維から繊維が生まれたのだ。

環境ホルモンがなぜこわいかという答がここにあった。生物は、植物繊維と化学繊維の微妙な違いを見分けることができない。同じように自然界にある本物のホルモン化合物と、人間がつくり出したホルモンに似た作用を持つ物質を、生物の生殖器官は、見分けられないのである。化学者が石炭と石油の分子を取り出し、切りばりしながらつくり出した合成物質は、生物の繊維分子と非常に似ていながら、わずかに異なるのだ。この作業から危険物が生まれ、これらの物質が廃棄物や焼却ガスとして自然界に入ると、生物が誤って体内に取り込んで自分の体に異常をきたすことが分ってきた。

石油についてこれらの問題を解決することは、石油を使い続ける生活と矛盾しない。石油を非難する前に、あるべき道を探ってゆくほうが早い。まず石炭・石油・天然ガスの「採掘と輸送」で、自然界を汚染したり、生態系を崩さないことが出発点になる。近年続いたタンカーの重油流出事故のように直接生物に被害をおよぼす問題について、これまでの対策技術はあまりに未熟であった。石油は自然界が生んだ物質なので、やがて海水中で分解されて海は回復するが、被害を受けた動植物の傷痕は、必ず生態系を狂わせる。

また天然ガスやプロパンのような液化石油ガス（LPG）を利用する場合には、ガス基地とパイプラインが必要になる。かつて大阪ガスは、福井県敦賀市の中池見湿地に巨大なLNG（液化天然ガス）基地を建設しようとした。大阪ガスは、日本のエネルギー革命をリードしてきたすぐれた企業である。しかしそのガス基地は、広大な湿地に生息する希少生物を根絶やしにするプロジェクトであった。ガス基地は、基本的にそのガスを大量消費する土地の住民が自ら判断して選択する問題であり、この場合は大阪湾岸を建設候補地とするべきである。大阪ガスは、この計画を当分延期すると発表した。ガスパイプラインは、これまでアメリカとヨーロッパで広大なネットワークを構築してきた実情をみる限り、ほとんど自然破壊を起こさず、異変が発生したときにガスをシャットダウンする安全システムは、きわめて高度になっている。水道管と同じと考えてよい。危険性はLNG基地に潜んでいる。

次に、化学工場で発生する人工合成物質は、㈠工場の生産過程で大気中と排水中に出さないこと、㈡食物サイクルに入らないよう農地と食卓を避けること、㈢工業製品として使っているうちは問題なくとも、廃棄物を燃やさずにリサイクルすること、この三つの条件が必要になる。

ダイオキシン対策としてゴミを焼却する「熱分解ガス化溶融炉」がもてはやされてきたが、燃やすという発想は禁物である。この溶融炉は、ゴミを酸欠状態にして蒸し焼きにし、そこから発生する可燃性のガスを使って、燃えにくい成分を一三〇〇℃以上の高温で燃焼する。こうして高温燃焼させれば、ダイオキシンが生成されず、しかも完全燃焼されて大幅にゴミの容積を減らすことができ、最後に残った灰を溶融して固めれば建設工事用などの材料に転用リサイクルできるという数々の特長がある。

日本は世界に類を見ないほど、ゴミ焼却炉が大量に設置され、ダイオキシン問題の深刻さが議論されてきた。その対策として画期的なシステムであり、自治体が飛びついたのも無理はなかった。それでも、燃やされるゴミは、もともと石油や石炭から生まれたプラスチック類と、植物繊維だった紙類が主成分であるから、燃やしてしまえば大気中にガスとして放出され、二度と資源に戻ることはない。ガス化溶融炉は一時的なゴミ対策であって、資源対策ではない。すべての物質は分解して原料に戻す、という発想で考え直す必要がある。

廃棄物をリサイクル後、再び四つの元素、水素・炭素・窒素・酸素に戻すことについて、人類はほとんど努力してこなかった。しかし今、膨大な産業がこの技術に取り組みはじめた。そのひとつの大きなきっかけをつくったのが、燃料電池である。

燃料電池を使って人類がおこなおうとしているのは、燃料となる天然ガス、メタノール、ガソリン、合成燃料などの成分である水素・炭素・窒素・酸素の四つから、水素だけを取り出し、もう一度地底のエネルギーを使おうという試みなのである。太古の昔から人間は、火を燃やし、エネルギーをとって初めて生きてこられたが、一九世紀までは石炭の採掘を除けば、地上にあるエネルギーでほぼ間に合った。二〇世紀の人類が直面したのは、工業化によって産業が膨大なエネルギーを必要とするようになり、大量のエネルギーを工業的に生産しなければならないという問題であった。

ここで、原子力のように、半永久的に危険な放射性廃棄物を大量に残す手段は、まず第一に除外される。

第二に、物質を燃やしてエネルギーをとる方法は最も手がかからない。が、その燃焼によって排出される有害物質と排熱を減らし、なおかつその燃料資源を使い果たさないことが必要である。しかもそれを可能にする三つの技術が誕生した。化石燃料を使うコンバインドサイクルと、マイクロガスタービンと、燃料電池である。この三つとも、最大のエネルギー源を、石油かガスに求めている。これまでの火力発電所と、工場と、自動車が出していた有害物質と排熱を極限まで減らすために知恵をしぼったエネルギー獲得手段である。燃料電池の哲学は、これまで人類がもっぱら没頭してきた「燃やす」という行為と、まったく異なる。燃やすとは、「燃料をそのまま酸素と結合させる」ことだが、燃料電池では、まず燃料の元素を「ばらばらにする」ことからはじめる。分解してから、電子を動かすため、そのうち水素だけを取り出し、酸素イオンと結合させるのである。

第三に、水力、太陽熱・太陽光、風力、地熱のように自然界からエネルギーをとる方法である。

驚くべきことと言ってよいが、そのうち石油は、五大工業国ではほとんど火力発電に使われていない。九六年時点で、アメリカ三%、フランス二%、ドイツ一%、イギリス四%である。発電用燃料のうち二一%もの石油を火力発電所で燃やしていたのは日本だけで、そのため九九年度には石油を一三%まで減らし、天然ガスを二六%に高めた。この五ヶ国を総合した九六年の主力は石炭で、アメリカ五三%、ドイツ五五%、イギリス四二%に対して、フランス六%、日本一八%と少ないが、合計では最も大きな比率を占めていた。石炭の長所は、安価で大量に埋蔵量があることだが、最大の欠点は硫黄成分を多く含むため、無条件に燃やすと硫黄酸化物が発生し、酸性雨によって植物を枯れ死させることにある。現在の先進国では、硫黄酸化物や粉塵をほとんど排出しないような燃焼法が用いられているが、石炭はこれから石油と共に、燃やす燃料としてではなく、工業用の原料に利用する傾向が高まると見られる。またそうでなければならない。

石油を燃やさないのは、無数の化学製品を生み出すのに最も便利な液体原料だからである。石炭や天然ガスを使ってもプラスチックのような化学製品を製造できるが、石炭と天然ガスは石油に比べて埋蔵量がはるかに多い。そこで石炭のガス化を含めて、ガスを燃料に使い、石油を工業用原料にすれば、油田の採掘量を減らすことができる。特に最近は、燃焼した時に、排ガスがきれいであるという理由から、天然ガスのエネルギーとしての価値が高まり、コンバインドサイクルでの利用率が大幅に伸びた。

こうして最も便利な地下資源である石油を発電所で燃やす必要がなくなれば、石油から抽出した自動車用のガソリンを燃やすほかには、もっぱら化学工場で使い、リサイクルして半永久的に使えることになる。燃料電池車がガソリンを使わなくなれば、資源は一層温存される。これまでさまざまなエネルギー機関や官公庁の統計部門が、将来のエネルギー消費量の増加グラフをもとに、地下資源論を進めてきたが、こうしたグラフから「何年後にはこうなる」と評論したり、企業戦略を立てること自体が間違いである。そのようなグラフは無視してよい。官僚統計的予測グラフには、地球の自然を守るという哲学が一片もなく、新技術について確たる方向性もないからである。

世界人口が爆発的に増加する地球上で、人口の増加を抑制しながら、どうすれば有効に資源を使いこなせるかという視点から、必要な新技術を確立すればよいのだ。燃料電池のエネルギー源を生み出すテクノロジーとして、すでに数々の手法が誕生しつつある。実際に使用する場合には、大別してふたつの方法がある。

第一は、ガス会社や化学工場や製鉄所が、水素を含んだ原料を使って、安価に水素を大量生産し、それを燃料電池の利用者に供給するシステムである。

第二は、燃料電池を使用する場所（工場・家庭・自動車など）で、メタノールやガソリンから直接水素を取り出しながら発電・給熱する方法である。この場合は、改質器（reformer）と呼ばれる小さな装置にメタノールなどを送り込み、燃料電池が出す熱と触媒を使って水素を取り出す。

カーボンナノチューブは成功するか

燃料電池はクリーンで効率のよい発電法だが、エネルギー源となる水素の供給方法が決まらず、将来像があいまいであった。水素は揮発性ガスで、空気中では四％に達すると爆発し、パイプライン輸送がむずかしく、プロパンのようにトラック輸送するにはかさばりすぎ、非常に高価につく。水素問題を解決した者こそ、燃料電池の開発レースでトップに立つ、と言われてきた。

水素は一般にガスボンベに充塡した形で、産業界ではかなり使われるが、一般にはそれほど普及したガスではない。一九三七年五月六日に、水素を使ったドイツの誇る飛行船ヒンデンブルク号がアメリカのニュージャージー州に着陸する寸前に火を噴いて炎上し、多くの乗客が死亡した歴史的事故があってから、水素の危険性が広く認識されたからであった。この火災事故は、のちに水素が原因ではなかったという説が有力になったが、水素が爆発性であることは事実で、工場内の水素ボンベはそれを警告するため真っ赤に塗られている。カリフォルニア州ヴァレンシアにある水素ガスセンサーのトップ企業ＤＣＨテクノロジーは、爆発性ガスの水素を検知するための道具として、火花が飛ばない光ファイバーや膜センサーによる安全な装置を開発してきたが、その技術の延長線上に燃料電池が浮かびあがるや、たちまち燃料電池メーカーとして名乗りをあげた。

九九年四月には、首府ワシントンでデモンストレーションをおこない、議員らが見守るなかで、ごく小さな燃料電池が二台の蛍光灯をともし、ＣＤプレーヤーを動かし、小型テレビを映し出すという成功を収めた。これを演じたのが、全米水素協会の会合だったので、水素関連メーカーは色めき立ち、ＤＣＨは大いに喝采を浴びた。すでに一〇〇〇億ドル、ほぼ一〇兆円市場にまで成長した水素が、今後、爆発的に伸びると予想されたのである。三ヶ月後には、ノースウェスト・パワーがDCHの燃料電池システムを購入し、DCHは二〇〇〇年一月に、ロスアラモス国立研究所とモトローラと共同で、通常のエレクトロニクス機器だけでなく、ノートパソコンや携帯電話に使用できるダイレクトメタノール電解方式のポータブル燃料電池を開発したのである。DCHは燃料電池用に工場を拡大し、燃料電池の専門メーカーとして子会社を設立する勢いであった。

〈水素の製造方法〉

㈠ 水の電気分解によって、無限に得られる。

無限と言っても、燃料電池が水をつくる反応だから、工業的には必ずエネルギーをロスする。しかしソーラー発電のような自然エネルギーを利用すれば、太陽の恵みから水素が生まれるのだから、これは無限と考えてよい。燃料電池と太陽電池の組み合わせは、地下資源に頼らない将来の理想像として、アメリカやヨーロッパで実用化のテストが進められている。そのためには、太陽の照射時間帯や風力の強弱によって左右される自然エネルギー利用者のために、余った電力をフル活用できる水素製造・貯蔵システムを完成する必要がある。

㈡ 石炭・石油・天然ガスからの水素分離は、古くからおこなわれてきた。

㈢ 石油製品の製造過程や廃棄物プラスチックの分解処理で得られる。

最近では、荏原製作所・宇部興産グループが開発したように、あらゆる種類のプラスチックをガス化炉で処理し、アンモニアを製造しながら、水素と一酸化炭素が八〇％の混合ガスをつくり出す技術がある。ダイセル化学工業・新日本製鉄グループも、微粉炭ガス化処理に廃棄プラスチックを吹き込み、水素と一酸化炭素を取り出す技術を開発している。これらは、プラスチックを石油に戻すのではないが、原料が有効に使われるので、すぐれた方法である。

㈣　製鉄所の副生ガスとして得られる。

製鉄所のコークス炉から発生するガスを原料に、燃料電池用の水素を低コストで製造することができる。コークス炉のガスには、水素のほか、メタンも多く含まれているので、製鉄所内の排熱を利用してメタンから水素を製造することもできる。国内総エネルギー消費の一割以上を占める鉄鋼業が、このような排熱とガスを有効利用することは重要である。

〈水素の貯蔵・供給方法〉

㈠　高圧ボンベに水素ガスを貯蔵する方法――工業界では一般にこの方法が使われてきた。しかし、燃料電池車ではガス・ボンベがかなりの容積をとるので、小型車には問題が出てくる。九三年に誕生したバラード〜ダイムラー製の第一世代バスでは、ガラス繊維で強化したアルミ製高圧水素ボンベを一〇本も積んで、おそろしく場所をとっていたが、アメリカやカナダで路上走行がくり返されてきたテスト車では、車体の床に燃料電池が収納され、後部に水素ガスのボンベが積まれるようになった。すでに二〇〇〇年時点ではスマートだが、ボンベはトランクを占拠するばかりか、自動車は必ず衝突事故を起こす乗り物で、そのたびに爆発が起こらないかという不安がある。しかし水素は、密閉した空間では爆発性があるが、開放空間では爆発せず、無害で安全な物質なので、実際には爆発は起こらない。二〇〇〇年九月にホンダがバラード製燃料電池車の三作目として公開した試作車ＦＣＸ―Ｖ３は、燃料に高圧水素を用いて高性能を発揮した。

㈡　液体水素を耐圧タンクに貯蔵する方法――水素を液化すれば、ガスよりはるかに小さな体積に燃料を収められるので、自動車用として検討されてきた。しかし水素を液化するには、マイナス二五九℃に冷却しなければならないため、充填に大きなエネルギーを使い、そのエネルギーが、消費する水素の三〇％にも相当すると言われてきた。また液体水素は、一日一％以上が気化するという欠点も指摘されてきた。ところが九九年三月にバラード〜ダイムラーが発表した第四世代の四人乗り小型乗用車NECAR4は、初めて液体水素を使った燃料電池車で、最高時速一五〇キロメートルを出し、燃料電池システム全体の価格が一キロワット当たり六万円という驚異的なコストダウンを達成したのである。特にダイムラーのドイツ側では、アメリカと違ってガソリンのような化石燃料を使うことに神経質で、完全にクリーンな水素燃料を使いたいという要望が強い。

㈢　結晶の隙間に水素を内蔵する水素吸蔵合金を使う方法——水素を吸蔵する合金は、ごく小さな体積の中に、大量のガスを閉じ込められる物質、たとえばランタン・ニッケル合金に水素を吸着させる方法である。ビデオやコンピューター、携帯電話などに利用されるニッケル・水素蓄電池の技術として、すでにかなりの開発が進められ、燃料電池用として安価な合金の開発をめざして技術の競争がおこなわれてきた。トヨタなど日本の自動車メーカー大手三社が採用してきたこの方法は、自動車事故などの破損時に水素の放出が自然に止まるという安全性を持っているが、水素を積載できる重量（重量密度）が小さいので、自動車の走行距離は短くなる。それでもトヨタは、従来は合金タンク一〇〇キログラムで水素一キログラムしか吸蔵できないとされていたところを、九九年一〇月に発表した燃料電池車では、二・二キログラムまで吸蔵できるようになった。トヨタは、技術提携したGMと共に「純水素を積載する方法を最終目標とする」と正式発表してきたが、GMがガソリン改質に成功したため、路線の変更もあり得ると見られていた。その状況が、新技術によって大きく変りはじめた。

二〇〇〇年一〇月に、広島大学総合科学部の藤井博信教授が、マグネシウム＋パラジウムの複合金属に水素を重量比で六％も吸蔵できる飛躍的な技術を開発し、ＧＭが藤井教授と接触を開始したため、水素吸蔵合金がにわかにトップの線上に出てきたのである。ただしこれを実用化するには、ロシアが動向を握る貴金属パラジウムの価格が問題になる。

㈣　カーボンナノチューブなどの水素吸蔵物質――水素を吸蔵させるのが炭素材であれば、金属に比べてはるかに軽量なので、最も有望と考えられるが、コストが一グラム五万円もするので、実用化は未知とされてきた。しかしこの成功に向けて、世界中の科学者が近未来の夢のナノ材料として開発に取り組んでいるので、大いに期待されている。

八五年にイギリス人化学者らが、黒鉛にレーザーを照射したところ、炭素原子六〇個が立体的にサッカーボール状になった直径一〇〇億分の七メートルという超微細分子が生み出され、これをフラーレンと名付けた。一〇億分の一の単位をナノと呼ぶことから、この大きさは〇・七ナノメートルと表わされ、これ以後、一挙にナノの世界への研究に注目が集まった。続いてこれを量産する方法を研究していたＮＥＣ主席研究員・飯島澄男氏が、九一年に六角形の亀の子構造が結合した直径およそ一ナノメートルの、今度は筒状の炭素構造体を発見し、カーボンナノチューブと名付けた。のちにこれは、レーザー照射での合成が可能になったが、フラーレンと共に、ミクロ結晶のカーボン物質であるカーボンナノチューブ、カーボンナノファイバーは軽く、ほぼ一〇％という大量の水素を内蔵できるので燃料電池車には欠かせない材料である。

そうこうするうち、二〇〇〇年八月に、前述の広島大学の藤井博信教授と折茂慎一助手が、京都大学原子炉実験所の福永俊晴教授らと共同で、ナノ単位にこまかく粉砕したグラファイト（黒鉛）に、水素を吸蔵することに世界で初めて成功したニュースが流れた。しかもその吸蔵量は七

〜八重量%にもなり、トヨタの水素吸蔵合金の三〜四倍であった。この研究では、ドイツのマックス・プランク研究所の協力も仰ぎ、これまで水素を吸蔵しないと考えられてきたグラファイトについて定説が覆され、燃料電池用として大いなる希望を生み出した。

産業界でも、燃料電池を実用化したサッポロビールが、島津製作所と共同で、二〇〇〇年七月に面白い実験に取りかかった。ビール工場の有機廃棄物を使って、二酸化炭素とメタンが混合したバイオガスを発生させ、この二酸化炭素を炭素に変換してカーボンナノチューブやフラーレンのような高性能炭素材料を製造しようというのである。これが成功すれば、大幅なコストダウンが可能になる。しかし最も進んでいるのは、燃料電池システムのトップメーカーである大阪ガスの炭素テクノロジーだと言われる。すでに、直径一〜数十ナノメートルのカーボンナノチューブの高純度合成に成功し、キログラム単位での量産化が可能になったというのだ。

(五) 水素化ナトリウムのボールに水素を貯蔵する――これはアメリカのパワーボール・テクノロジーズという会社が開発した世界で最もユニークな方法である。しかしいささか危険な感じがする技術である。水素化ナトリウムという化合物を、水中で分解しないプラスチックでコーティングすることによってボールをつくり、この化合物として水素を貯蔵するのだ。使うときには、このボールを破壊することによって、水素化ナトリウムが迅速に水と反応して発熱し、容易に水素を取り出せるという。同社によれば、誰もがこのテクノロジーの説明を聞いて、「ごめんだね」と言ったそうである。

$$NaH + H_2O \rightarrow NaOH + H_2$$

日本で九五年一二月に、高速増殖炉もんじゅがナトリウム漏れによって火災事故を起こしたのは、ナトリウムが空気中の水分と一瞬で激しく反応し、燃えあがったからである。パワーボール社は、そのナトリウムと水の反応を利用しているのである。しかもそこに爆発性の水素を発生させるのだ。ところが、これでまったく危険はないという。そして水素の内蔵量は、次のように圧倒的にパワーボール方式のほうが多くなる。

圧縮水素（二〇〇気圧）一リットル→水素　二〇四リットル発生
液体水素　一リットル→水素　七七八リットル発生
メタノール　一リットル→水素　八〇〇リットル発生
パワーボール　一リットル→水素一三〇七リットル発生

したがって圧縮水素のように危険な二〇〇気圧の高圧をかける必要がなく、液体水素のように液化するのにマイナス二五九℃の低温にする必要もなく、メタノールのように改質のために大きな熱量を必要とすることもなく、高濃度で水素が得られるので、この高い水素発生率によって、輸送の大幅なコストダウンができるという。

ざっとこのように、軽量でコンパクトな水素運搬用の吸蔵物質が開発されれば、自動車に搭載できるが、その場合でもガソリンと同じように補給用の水素スタンド（ステーション）が必要になる。そのための試みが、すでにはじまっている。

水素ステーションの実用化と石油暴騰の怪

水素ステーションは、アメリカ、ヨーロッパ、カナダを含めて、全世界で十数ヶ所に設置されている。有名なのは、九九年八月にドイツのミュンヘン空港に設置された「世界最初の水素供給ステーション」である。これを使って、早くもBMWの水素自動車が走り出し、二〇〇〇年二月からはダイムラーの燃料電池車も運行を開始し、五月にはミュンヘン市内の路線バスに水素自動車が走りはじめた。ここでは、かねてから緑の党を中心にヨーロッパ全土を巻き込む国際的な自然保護運動を展開し、八九年にヴァッカースドルフ再処理工場を閉鎖に追いやって原子力産業の息の根を止めた地元らしく、バイエルン州政府が資金を出し、全面的に支援して水素ステーションを設置することができたのである。

しかもその原子力プラントの敷地だったところは、自動車メーカーのBMWなどによって普通の工業団地に変貌した。BMWは、「燃料電池車は内燃機関より効率が悪い」と、二〇年以上前に独自の路線を選んでから、ガソリンの代りに水素を燃やすエンジンの研究に全力を投入してきた。

表面上はそう言いながら、BMWは世界最大の自動車部品メーカーであるデルファイと燃料電池の開発で提携し、同時にユナイテッド・テクノロジーズ／東芝グループのインターナショナル・フュエル・セルズとも秘かに燃料電池車の商品化に取り組み、燃料電池を補助用として用いるハイブリッドカーの開発を進めてきたので、真相は闇のなかにある。いずれにしろBMWが水素を燃料とする自動車の開発にターゲットを絞っていることは事実で、九九年には新世代の水素自動車を多数完成し、ミュンヘン空港の水素ステーションで燃料を供給しながら、タンクに積んで走る自動車を実現した。アメリカのカリフォルニア州パートナーシップにその水素自動車をデモンストレーションしようとしたが、「ここは燃料電池車のパートナーシップだ」と断られたBMWは、時速二〇〇キロメートル、二〇四馬力という高性能の水素自動車を二〇〇一年には市販して対抗するというのだ。これも、水しか排出されないゼロ・エミッションなので、強力なライバルが燃料電池車の前に登場したことになる。

一方、北国では、北海油田グループの中核であるノルウェーの最大企業ノルスク・ヒドロが、九九年二月にダイムラークライスラー、ロイヤル・ダッチ・シェル、アイスランドのビストルカとの四社合弁で、「アイスランド水素燃料電池会社」を設立することを決定して以来、アイスランドを拠点に水素を大量に生産する国際的プロジェクトが始動した。ここでは、燃料電池バスだけではなく、北洋漁業の漁船二五〇〇隻も燃料電池で操業するという世界で初めての船舶用燃料電池の実用化がテスト段階に入った。

これら一連のプロジェクトは、スウェーデンのABBアセア・ブラウン・ボヴェリが北海油田・ガス田で海上用の燃料電池発電機を開発中のプロジェクトとも連動し、スウェーデン、ノルウェー、アイスランド、ドイツ、フランス、イギリス、イタリア、スイス、オランダ、カナダ、アメリカのすべての燃料電池関連企業が、直接的・間接的にさまざまな形で参加してきた。つまり背後に天然ガスの採掘と結び合った世界的な最先端ビジネスでもあった。将来、メタンハイドレートという巨大な北洋資源から天然ガスを取り出す地上最大のエネルギープロジェクトが動き出したのである。

かくして二〇〇〇年九月中旬に、水素ステーションの本拠地ミュンヘンで、BMWグループ、未来エネルギーフォーラム、国際銀行家フォーラムの共催で、「国際水素エネルギー会議二〇〇〇」が開催され、シュレーダー首相自ら出席して、アメリカのエネルギー省と本格的な水素利用について数日間の議論が展開されたのである。

カリフォルニア州パートナーシップに参加してきたエネルギー省は、州内のパームスプリングスで水素燃料バスを動かすプロジェクトをスタートして、水素ステーションの設置に全面的な支援をおこなってきた。ロサンジェルスでも、ゼロックス工場に太陽光発電の電力で水を電気分解しながら水素を製造するプロジェクトがスタートし、水素ステーションを使って水素エンジンを搭載した小型トラックのテスト走行がはじまっていた。将来有望とされる水素と天然ガスの混合ガス「ハイタン」(水素hydrogen+メタンmethaneの意)もクリーンな燃料として使用され、これもすぐれた成果をあげたのである。

こうなると、燃料電池車だけに絞るのは危険と見た自動車メーカー各社も、BMWへの追撃を開始し、まずフォードが水素自動車の開発に成功し、コストダウンの可能性を探る時代に入った。しかし水素の製造価格は、現在のガソリンにはとうてい勝てない高価格なので、大気を浄化する目的のために、原油価格との競争という不思議な問題が起こった。

原油価格が高騰すれば、相対的に、水素価格は大幅に安くなる。その原油が、九九年から暴騰をはじめたのである。世界の原油価格は、アメリカのニューヨーク・マーカンタイル取引所(NYMEX)でのウェスト・テキサス・インターミディエート(WTI)原油価格が最大の決定権を持っていた。これは、ブッシュJrが権力を持つテキサス州内で産出される中質原油の価格である。世界的な産出量ではテキサスは中東よりはるかに少ないにもかかわらず、石油メジャーがアメリカに集約されているので、莫大な取引量があるアラブ首長国連邦のドバイ原油価格より強かった。しかも生産額よりはるかに多額のマネーが動き、実際の需要の二倍という一億五〇〇〇万バレルが毎日取引きされるのである。NYMEX価格は、もともとがウォール街の投機屋集団によって動かされるペーパー価格である。その投機屋がヘッジファンドとして四〇〇〇億ドルを操作する時代に、ニューヨークでの石油取引きが二〇億ドルの規模では、一夜にして価格操作ができる。ニューヨークの価格を先に知る者が、ドバイ原油などほかの相場でかせぐためのマシーン、それがテキサス原油価格である。

九九年に、石油輸出国機構(OPEC)が日量四二五万バレルの減産に合意して以来、九八年末に一バレル一一ドル台だった原油価格が、二〇〇〇年九月までに三七ドル台へと三倍以上に暴騰した。日量四二五万バレルは、単純に三六五日を掛ければ年間一五・五億バレルの減産であり、その中東に依存する日本の年間原油輸入量と同じという大きな量なので、暴騰しても説明はついた。日本が輸入する原油は八五％が中東産ドバイ原油だが、これもニューヨークに引きずられて暴騰した。しかしその前から見てゆくと、それ以前に九八年にＯＰＥＣが「減産」を決定しても原油価格は下降したままで、暴騰がはじまってからＯＰＥＣが逆に「増産」を決定しても、暴騰が止まるどころか、価格は上昇を続けたのである。ＯＰＥＣの責任どころか、投機屋による人為的な暴騰であることは明白であった。

二〇〇〇年九月には、ガソリンと軽油の暴騰に怒る運送業界がフランスで決起し、タクシーやトラックの運転手たちがパリへの幹線道路を封鎖する行動に出ると、ドイツ、ベルギーなども呼応し、イギリスからヨーロッパ全土にこの動きが広がった。トラック運転手が集まって道路を封鎖した名優ジャン・ギャバンのフランス映画を彷彿とさせる光景が展開し、至るところでガソリンスタンドが休業に追い込まれ、空港は使えず、観光名所セーヌ河周辺も通行不能という異常事態となった。日本では灯油価格が上昇し、石油化学業界が深刻な状態となった。主要製品のポリエチレン、ポリプロピレンなどの樹脂について、二〇〇四年から関税率が引き下げられるので、国際競争が厳しくなることを見込んで、石油メジャーが投機筋を使って戦略的な原油暴騰を演出したのだ、という推測が出された。一方アメリカでは、好景気による需要増加と、前年の価格低迷のため天然ガス開発が遅れて発電用ガスを石油に代えたため、石油在庫が二十数年ぶりの量まで減り、投機業者がそれに便乗して莫大な先物取引きに資金が投入されたことが原因だと、ウォール街は説明した。

では、原油価格の暴騰を演出した投機屋とは、一体誰だったのか。アメリカのテレビ局は連日のように、石油メジャーの利益が一〇〇％も上がった、と指摘した。するとアメリカ石油協会は、

「ジョニーがレモネードを売った話」で防戦した。ジョニーはレモネードを売るしがない男だったが、金曜日は二ドルのもうけしかなかったのに、土曜日には四ドルのもうけがあった。このたった二ドルの硬貨でも、ジョニーはわずか一日で一〇〇%の利益率の上昇があったことになるではないか。石油産業の利益とはそのようなもので、利益率はほかの産業の半分しかないのだ、という〝貧しい石油業界の真相〟を語り続けた。この興味深い物語は、一方で高い利益率など意味もない数字だと言い、他方で石油業界の利益率は低いと言う、矛盾したストーリーから組み立てられていた。

なるほど、原油価格の上昇で、ブリティッシュ・ペトロリアム（ＢＰ）は、二〇〇〇年四〜六月期に実質利益が前年同期比で二・六倍の三六億ドルとなり、純利益も九〇%増加して三一億ドルを記録、ガスの売上げも五一%増加するという〝予想外の恩恵〟に浴した。ジョニーがかせいだレモネードの利益二ドルの一八億倍であった。ＢＰは表向きイギリス企業だが、内部企業にスタンダード石油オハイオ、スタンダード石油インディアナ（アモコ）、アトランティック・リッチフィールドという三つのロックフェラー・グループを抱える多国籍企業である。

そのロックフェラー・グループ本体でも、二〇〇〇年七〜九月期の純利益はエクソン・モービルが前年同期比で二倍、シェヴロン（旧スタンダード石油カリフォルニア→ソーカル）が二・六倍、テキサコが二倍を記録し、それぞれ四五億ドル、一五億ドル、八億ドルを計上したのだから、三社合計六八億ドルに達した。ジョニー・レモネードの利益二ドルの三四億倍ではないか。

九九年における石油メジャーの売上高と保有する石油とガスの埋蔵量は、その後に合併した企業の分を加算して、次のような順位であった。

一位　エクソン・モービル　（アメリカ）
二位　ロイヤル・ダッチ・シェル（イギリス・オランダ）

三位　BP（イギリス・アメリカ）
四位　シェヴロン・テキサコ（アメリカ）旧ソーカル＋ガルフ＋テキサコ
五位　トタール・フィナ・エルフ（フランス）
六位　ENI（イタリア）

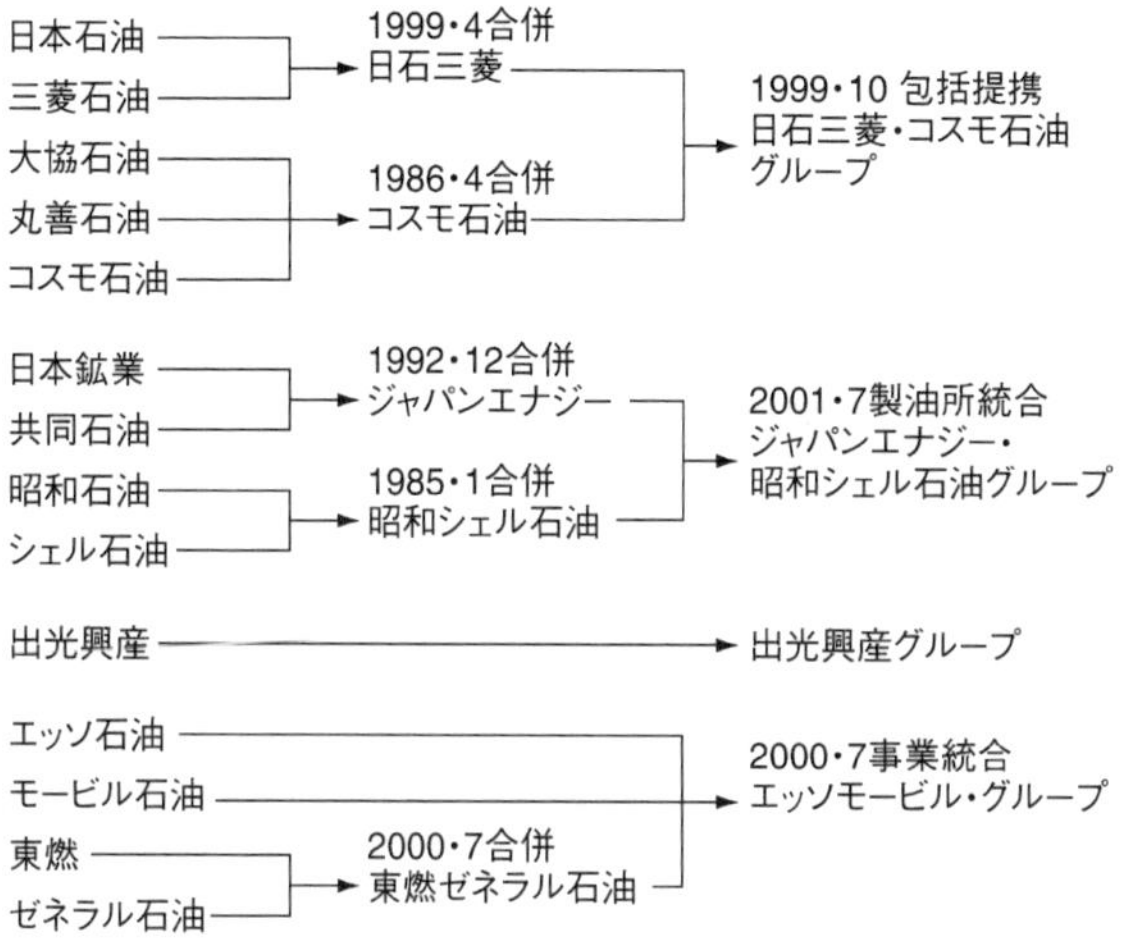

図17　石油元売り業界の再編図

このわずか六社が、世界の大半の石油と天然ガスを支配しているのである。

これらのメジャーから石油とガスを買いつける日本の石油元売り会社は、かつて一四社を数えたが、二〇〇〇年までに四グループに統合され、図17のように再編された。

外資系のエッソモービル・グループは、エクソン・モービル傘下の石油メジャー系であり、ジャパンエナジー・昭和シェル石油グループもロイヤル・ダッチ・シェルに呑み込まれた形なので、日本の石油会社は、グループ全体で一兆数千億円の借金で苦境に立たされた一匹狼の出光興産と、旧五社の総合力で気を吐く日石三菱・コスモ石油グループとなった。しかし石油業界は、昔から七つのメジャーと七つの海を相手にしてきたので、もともと狭い日本人意識は持っていない。

日石三菱が進める新エネルギー開発はきわめて精力的で、子会社の日本石油ガス、日本石油開発、日石三菱精製、帝国石油に、グループの三菱系企業とコスモ石油を加え、総力をあげて燃料の手当てから発電テクノロジーの開発に取り組んできた。

すでに、石油残渣を燃料に使ったガス化コンバインドサイクルを採用し、オーストラリア北西沖合のガス田でシェヴロン、シェル、BPなどに伍して権益を確保し、マレーシアのLNGティガ社へ出資し、インドネシアのLNGタングプロジェクトにも出資するなど、国内石油会社としてひとり開発オペレーターとして、新エネルギーのための液化天然ガス（LNG）ビジネスを展開してきた。

日本石油と三菱石油が合併した九九年から二〇〇〇年にかけての主だった成果を見ると、窒素酸化物の排出量を大幅におさえることのできるオイルバーナーを自社開発。ダイムラークライスラーと、自動車用燃料電池で共同研究することで合意し、マツダと共に二〇〇一年からの燃料電池車の走行テスト開始を発表。ナフサを燃料に、PEM型燃料電池に水素を供給する改質器の開発に着手し、ナフサと、世界初の灯油を燃料にしたリン酸型燃料電池用の改質器を開発し、インターナショナル・フュエル・セルズ社の燃料電池に供給。新潟県に国内最大のガス田を有する帝国石油の筆頭株主になり、開発から販売まで手がける総合石油会社となる。コジェネシステムを導入した企業のために、発電のモニターとメンテナンスの代行サービス業務を開始するなど、日本の燃料油供給のシェア四分の一を握る企業としての役割を果たしてきた。そこに襲いかかったのが、原油の暴騰であった。

この原油価格暴騰ほど、おかしな出来事はなかった。

カスピ海周辺の油田の大発見にわくカザフスタン

二〇〇〇年七月、カザフスタンのカスピ海油田探査区域で、世界で五位以内に入るとてつもない海底大油田「カシャガン油田」が確認された。これは、新エネルギーを進めなければならない日本にとっての大きな朗報であった。

石油公団五〇％、日本政府系の石油開発会社「インドネシア石油」四五％、石油資源開発と三菱商事が二・五％ずつ出資する合弁会社「インペックス北カスピ海石油」が、その原油の七％の権益を確保できる見通しがついていたからである。生産開始は二〇〇四年が予定され、二〇一〇年以降は日量一〇〇万バレルが見込まれた。七万バレルが毎日割り当てられれば、三六五日で日本の原油輸入量の一・五％に相当する原油が獲得できる話であった。

その後、日本の「インドネシア石油」が参加する日米欧九社の国際企業連合が、試掘で日量三七七四バレルの原油と日量二〇万立方メートルの天然ガス産出を確認したとの発表がなされ、北海油田を上回る規模だという推定も出されるほどであった。国営カザフ石油によれば、推定埋蔵量は五〇〇億バレル、日量二〇〇万バレルの原油生産が可能で、前述の二倍の見込みを示したのだ。ナザルバエフ大統領は「可採埋蔵量が九〇億バレルもあるわが国最大のテンギス油田の数倍規模であり、一五年後にカザフはサウジアラビアと並ぶ石油輸出国になる」と、熱っぽく展望を語るほどであった。

このカスピ海周辺の油田の経緯はこうであった。

アゼルバイジャンでは、首都バクー沖合にある「アゼリ」、「チラグ」、「ギネシュェリ」の三つの鉱床開発プロジェクトがあった。世界最古の油田発見の歴史を持つバクーは、ノーベル兄弟による採掘によってシェル石油が誕生した記念すべき土地であり、ソ連崩壊までロシア帝国の領土だった。そのためロシアのもと国営ガスコンツェルン「ガスプロム」出身でロシア連邦最大の石油会社「ルクオイル」と密着するエネルギー支配者チェルノムイルジンだけでなく、燃料エネルギー大臣のキリエンコらロシア国内の石油マフィアが暗躍した。両人とも、首相に就任したのはその利権者だったからである。九四年九月には、アゼルバイジャン石油公社、ロシアのルクオイル、アメリカのアモコ（現ＢＰ）、トルコ石油公社など計一〇社が国際コンソーシアムを結成して開発をスタートし、九六年一月にロシアとアゼルバイジャンが石油輸送に関する政府間協定を締結した。その三月に伊藤忠が参入して、日本も足がかりをつかんだ。ここは、確認埋蔵量九五億バレル規模であった。

これに対してカザフスタンの「テンギス油田」では、九三年四月に、カザフスタンとアメリカのシェヴロンが開発をスタートし、その後、ルクオイルが参加して日量約二〇万バレルを産出しはじめた。ここの確認埋蔵量は四〇億バレル規模であった。

北カスピ海の沿岸大陸棚では、世界最大級のカザフスタンの巨大油田・ガス田の独占開発権は、すでに九二年七月にイタリア炭化水素公社ＥＮＩの子会社アジップがＢＰと共に取得していたが、九三年一二月にカザフスタンとアジップ、フランスのトタールなど計七者から成る国際コンソーシアムが油田探査を開始し、九六年六月には複数の油田を合わせて推定埋蔵量三〇〇億バレル以上の大油田が発見された。その後、確認埋蔵量だけでカザフスタンが二〇〇億バレル、アゼルバイジャンが四二億バレルに達し、推定埋蔵量はその一〇倍の二〇〇〇億バレルと言われるようになった。確認埋蔵量世界一のサウジアラビアが二六〇〇億バレル、イラクが一〇〇〇億バレル、中国が二四〇億バレルだったので、巨大という言葉に誇張はなかった。これが二〇〇〇年に「カシャガン油田」の発見につながったのである。

もうひとつ、イラン北部およびカザフ南部と国境を接する国トルクメニスタンの油田とガス田もあった。九八年時点では、カスピ海沿岸で石油埋蔵量三〇億バレル、天然ガスの推定埋蔵量が四兆八〇〇〇億立方メートルと、世界第四位にのしあがった巨大な宝庫であった。この国は、九一年の国民投票でロシアからの独立を賛成九四％で決定してから、ロシアとの距離をとり、アメリカに急接近すると、ニヤゾフ大統領がクリントン大統領と会談して、エクソンおよびモービルと天然ガスの開発を契約するまでにこぎつけ、メジャーの世界に登場した。ニヤゾフ大統領がイラン・ルートのパイプラインを望んでいたので、アメリカの石油メジャーは、ホワイトハウスにイラン制裁解除を強く求めた。のちに大統領候補者となって、石油企業の利益を批判したアルバート・ゴア副大統領こそ、このプロジェクトのためのカスピ海横断パイプライン敷設協定に調印した当人であり、ゴアが自分のしたことを棚に上げて、大企業を批判する人気取り発言に許しがたい感情を抱いた石油企業は、彼の人間性に対して信頼を完全に失ったのである。

そうした複雑な政治的取引きが交錯するなかで、二〇〇〇年にカシャガン巨大油田が出現し、一層激烈な利権争いに発展する様相を呈した。折も折、アメリカ司法省とスイス当局が調べたところ、ジュネーブの銀行口座に九五年以来五年にわたって、裏金と見られる金六五〇〇万ドルが振り込まれていたことが判明した。捜査によって、このカシャガン油田開発に参加しているメジャー三社のエクソン・モービル、ＢＰアモコ、フィリップス・ペトロリアムの関連会社から、カザフスタン政府幹部に対する賄賂だったという疑惑が濃厚となってきたのだ。

さらにペルシャ湾でも活発な天然ガスの開発が続いた。二〇〇〇年七月には、ＥＮＩがイランの民間石油会社ペトロパルスと、ペルシャ湾中央部の海底天然ガス田の開発契約に調印し、二〇〇五年までに開発を終了して、日量五〇〇〇万立方メートルの天然ガスと、日量八万バレルの液化天然ガス（LNG）を生産できる見込みとなった。ここでは、推定ガス埋蔵量が世界全体の六％に達し、とてつもなく巨大な天然ガス田の扉が開かれたのである。

さらに九九年九月に、イランは国内最大の確認埋蔵量二六〇億バレル以上の新油田「アザデガン油田」の存在を発表した。中東でも、最大規模の超巨大油田である。この油田の開発で優先交渉権を二〇〇〇年一〇月二九日に取得する合意文書に調印したのは、日本政府である。『旧約聖書』の大洪水で、ノアの舟が最後に漂着したアララト山周辺に、なぜこれほど石油とガスが存在するのか。古代の生物の流れとの関係を、いずれ地質学が解き明かすであろう。

膨大な石油とガスの発見が相次ぐ地球上で、二〇〇〇年九月に原油価格とガス価格が暴騰を続けたのは、まったく不可解な現象であった。そのころ大統領選挙では、冬場に向けて暖房用灯油の値上がりが大きな問題となるや、大統領候補ゴアが、アメリカの石油備蓄を取り崩す政策を打ち出し、ブッシュ候補がその応急的な措置を激しく攻撃して、大統領選挙で最大の争点に「石油問題」が浮上した。いずれが投機筋と組んで仕掛けた暴騰だったのか、それとも新エネルギーへの移行を促すはるかに高度な石油メジャーの戦略であったのか。

新技術のコンバインドサイクル、マイクロガスタービン、燃料電池のいずれも天然ガスを最大のエネルギー源と位置づけてきた。その天然ガスの問題点は、このように操作される相場価格と、資源が枯渇しないかどうかという埋蔵量との相互作用にあった。九九年にはじまった石油価格の暴騰によって、天然ガスへの移行が加速されたことは確かであった。天然ガスが燃料の主役を演じることも間違いなく、石油より埋蔵量が多いのも事実だが、可採埋蔵量は七〇年と言われてきた。五種類の出典（Masters、石油鉱業連盟、BP統計、Oil & Gas Journal、CEDIGAZ）の数字はみな異なる。その範囲は、可採年数として、最短が八六年時点の推定「四九年」で、最長が九七年時点の推定「七六年」となっており、近年になるほど量が増大している。現在では、石油鉱業連盟による九五年時点の推定「六八年」を除いて、いずれも七〇年以上とみなしている。これが、七〇年説の根拠であった。

天然ガスの埋蔵量の定義は、次のようになっている。実際に存在が確認されている「埋蔵量」と、未知ではあるが、ほぼそれと同量が存在すると予測される「資源量」という概念に、大きく分けられる。この埋蔵量のうち、経済的・技術的に採掘できる量を示すのが、可採埋蔵量である。

この量は、天然ガスを採掘する業界としては、少なめに評価することによって販売価格が上がるので、控えめの数字に設定される性格を持つ。しかし極端に過小評価すれば、需要家が将来の不安を考えて離れるので、その中間的な呼吸から、いつの時代でも埋蔵量は数十年という数字が出される。

天然ガスの埋蔵量は豊富だと言われるが、実際にはどれほどあるのか。

採掘可能な年数（可採埋蔵量）はこれまでの通説七〇年が崩れ、大きく変りつつある。すでに世界のガス業界では、二五〇年説が現在の常識となっている。一方、人類が天然ガスの使用量を増やせば、この期間は短くなる。需要は、国際ガス連盟の世界ガス会議での見通しでは、二〇三〇年までに現在の二兆二〇〇〇億立方メートルの二倍になる。ところがそれで可採埋蔵量の年数が減るかと思えば、「確認されている埋蔵量だけで五一一年分ある」という説が出されてガス業界は騒然となった。

九八年九月にテキサス州ヒューストンで開催された第一七回世界エネルギー会議で、国際応用システム解析研究所（International Institute for Applied Systems Analysis）のナキシェノヴィッチを中心とするグループが、二一世紀の一〇〇年間、つまり二一〇〇年までの世界のエネルギー需給見通しを発表した報告の中に、「在来型の採掘法を使った場合、天然ガスの可採年数は九五年の全世界の消費量の二四七年分ある。大深度ガスを含めると五一一年分ある」と書かれていたため、資源枯渇論が吹っ飛んでしまい、大きな話題となったのである。これは従来、ガス田が地底深くなると高温で掘削できなかったところ、耐熱性の良好な掘削機械が開発されて採掘量が増え、また、ひとつのガス田の掘削が多数の方向からできるようになったため「資源量」が「可採埋蔵量」へ変った結果としての数字であり、将来、資源としての天然ガス田が新たに大量に発見される可能性を計算していない。したがって、二〇〇〇年にカスピ海周辺で続々と発見された事実を考慮し、これから膨大な量のガス田が発見される間違いない推定に基づけば、もはや天然ガスについて資源枯渇を議論する必要がないことは明白であった。

この考え方は、ふたつの科学的事実によって裏付けられつつある。第一は、七九年に発表された地球の深層ガス説であった。天然ガスが地底で誕生したメカニズムは、従来は石油と同じように古代生物の腐敗にあると考えられてきたが、それだけではなく、地球の深層ガスによって発生する可能性がある。この説を唱えたアメリカ・コーネル大学の天体物理学者トマス・ゴールド教授によれば、四六億年前に地球が誕生した時、大量の隕石が地球に降り注いだ。それと同時に、宇宙にあった炭素、水素、炭水化物がガスとなって地球の表面に引きつけられ、地球内部の地殻へと侵入した。これらのガス体が長い歳月を経て、現在の天然ガス（メタン）という物質に変化したのである。これらのガスが地中の高い圧力と温度の作用を受け、石油が誕生した可能性もある。つまりこれまで確認されている生物腐敗と、この深層ガスの両者が、天然ガスと石油を生み出してきた。深層ガスが原因であれば、ほぼ無限に天然ガスが地中から湧き出してくることになる。

第二は、九二年にアメリカ・コロラド州の地質調査会社が世界一二ヶ所の海溝に大量の天然ガスが眠っていると発表したメタンハイドレート説であった。海溝の深い部分には、これまで発見されなかった巨大なメタンの貯蔵庫があり、これらのメタンはガスとして存在せず、シャーベット状になって封じこめられている。これらのメタンは、従来の天然ガス埋蔵量に匹敵するほど膨大であると当初発表されたが、その後、九九年の世界消費量の二七二年分にも達することが確認されてきた。

大きな反響を呼んだこれらの説は、各国で確認のための調査がおこなわれ、深層ガス説はまだ完全に確認されていないが、その可能性を示唆するデータが蓄積しつつあり、メタンハイドレート説は後述するように、世界各地で実在が確認され、日本を含めて採掘テストの段階に入ってきたのである。

天然ガス資源が枯渇しないという事実は、将来、石油メジャーやエネルギー関連企業による脅迫的な価格操作ができなくなり、原発必要論の根拠が崩れたことを意味した。化石時代のように狭小なナショナリズム資源論はまったく時代後れで、意味をなさなくなり、買い手に選択権のあるフリーマーケットで売買できる商品に変貌したのである。警戒しなければならないのは、ヘッジファンドの投機屋によって流されるニュースに惑わされやすい大衆心理的動揺だけである。資源が充分にあることを、マスメディアが伝え続けることが肝要になる。一方、病んだ地球を回復させるために、コンバインドサイクル、マイクロガスタービン、燃料電池によって、資源の使用量を大幅に減らす技術が生まれ、実用化がスタートした現在、資源の浪費が抑制されれば、「可採埋蔵量」はさらに大きくなるという新しい希望が生まれた。地球を浄化しながら、従来の定説に基づくグラフを書き換える時代に入ったのである。

現状の世界貿易を、頭に入れておく必要がある。九九年時点で、従来法で採掘できる天然ガスの確認可採埋蔵量は、全世界で一二〇～一四〇兆立方メートルに達し、日本では四〇〇億立方メートルである。"Oil & Gas Journal" によれば、九〇年時点での世界の天然ガス確認埋蔵量一一九兆立方メートルの内訳は、以下の通りであった。

	〔%〕
旧ソ連+東欧	三九・二
中東	三一・四
アフリカ	六・八
アジア太平洋	六・三
北米	六・三
中南米	五・八
西ヨーロッパ	四・二

この比率は、九五年時点でもほとんど変らず、確認された天然ガス田四〇ヶ所のうち旧ソ連圏と中東が七割を占め、第一位のロシアと第二位のイランに大きく左右される資源だが、大きく中東に依存する石油に比べて、はるかに資源の偏りが小さい。そこへ、カスピ海周辺の大ガス田の発見によって、生産量のシェアが一層分散しつつある。日本の産業界はこの状況を的確にとらえ、活発な活動を展開してきた。

日本商社に一〇兆円の金の卵

日本が輸入する原油は、二〇〇〇年時点で八五%が中東に依存している。ＯＰＥＣとイスラエル問題を知れば、エネルギー資源の主役が、不安定な石油から天然ガスに変ることは常識となっており、エネルギー革命が進めば今後一〇年で激変する。

天然ガスは産地が偏在しないだけでなく、硫黄酸化物の排出がゼロに近く、新エネルギーの舞台では主役の座についた。日本における一次エネルギーのほぼ一割を占めているにすぎないが、輸入依存度が九四%に達し、輸入量が世界一であるから、今後の伸びを想定すれば、早急な対策が必要になる。国内の天然ガスで需要をまかなうことは無理である。

ガス田で採掘されるときの埋蔵状態は、次の四つに分類される。

㈠　油田ガス――石油の上に共存するもの
㈡　炭田ガス――石炭層と共存するもの
㈢　構造性ガス――地殻層に独立したガスとして存在するもの
㈣　水溶性ガス――地下水の中に存在するもの

日本の国産天然ガスは、新潟県、福島県、千葉県だけが天然ガスの主な産地で、新潟県と福島県は構造性ガス、千葉県では水溶性ガスから得られ、この三県で国産ガスの九七%を生産する状態が続いてきた。西暦六六八年の天智天皇の時代に、「越《こし》の国から燃える水と燃える土が朝廷に献上された」という記録があり、この越の国が現在の新潟県刈羽《かりわ》郡で、燃える水が石油だったと考えられている。刈羽が日本のエネルギー資源発祥の地であったことから石油・ガス産業が栄え、柏崎刈羽原発が建設されるという結果を招いた。それが今、三条市コロナの燃料電池、東新潟火力のコンバインドサイクル、日本石油ガス新潟ターミナルの燃料電池によって、再び新潟は日本のエネルギー革命発祥の地になろうとしている。二〇〇〇年一一月、コロナが柏崎に技術開発センターを増設する起工式があり、燃料電池の開発をおこなうことになったのである。

一方最近になって、国産天然ガス田として、北海道の苫小牧周辺でも続々と大型ガス田が発見されている。苫小牧・勇払《ゆうふつ》地区を開発してきたのは、通産省人脈が支配する石油資源開発だが、特にここの天然ガスは純度が高いため有望視されており、九七年二月に確認埋蔵量が国内最大の百数十億立方メートルに達したことが明らかにされ、続く五月には、苫小牧の東に位置する穂別《ほべつ》町で、北洋油田開発が大規模なガス田を発見し、苫小牧をしのぐ国内最大級の埋蔵量が予測されることを発表したのである。北海道というひとつの地域にとって、充分に生活を支えられる大きな資源である。

九九年時点での日本では、全世帯の五五%に都市ガスとして天然ガス（主成分メタン）が使われている。九五年の家庭のエネルギー源は、電気四〇%に対して、灯油二六%、都市ガス一八%、LPガス一四%、その他二%であった。

このガスは、出世魚のように名前が変化する。地中や海底で生成したとき「メタン」→ガス採掘業者が採掘すると「天然ガス」→日本向けに液化してタンカー輸送すると「液化天然ガスLNG」→ガス会社が消費者に配管で供給すると「都市ガス」→その組成によって「13A」などの規格名がつく。つまり主成分は、メタンである。

ガス会社が現在の台所用ガスレンジのバーナーに合わせて家庭に供給している一般的な都市ガス13Aは、東京ガスと大阪ガスでも少し組成が異なるが、燃焼の熱量（カロリー）を調整するため、大体はメタン八八%、エタン五〜六%、プロパン三〜五%、ブタン一〜三%の組成で、空気を一とした比重が〇・六五である。これに、ガス漏れ対策用のにおいをつけて供給する。

これらのガスは、いずれも炭素に水素が結合しただけの親戚である。つまり水素原子が持つ自由な電子一個と、炭素原子が持つ自由な電子四個を組み合わせれば、炭素一個のメタンから、順々に炭素の数が増え、それにつれて水素も増えた最も単純な化合物が、これらガスの成分である。燃料電池を考えてこれらの成分を見ると、水蒸気を加える改質反応によって、次のように水素が得られる。メタンのようなガスではないメタノールやエタノールのアルコール類も、同じように水素を生み出して、燃料電池のエネルギー源になる。九九年時点で、燃料電池でガソリン一ガロン（三・七八五リットル）と同じエネルギーを出すための水素コストは、自動車上で天然ガスから改質する場合、一・二〜一・五ドル（一二〇〜一六〇円前後）ですむ。

〈燃料電池のエネルギー源となる化合物から水素を取り出す改質反応の例〉

	（燃料電池の燃料）		（水蒸気）		（水素）		（二酸化炭素）
メタン	CH_4	+	$2H_2O$	→	$4H_2$	+	CO_2
エタン	C_2H_6	+	$4H_2O$	→	$7H_2$	+	$2CO_2$
プロパン	C_3H_8	+	$6H_2O$	→	$10H_2$	+	$3CO_2$
ブタン	C_4H_{10}	+	$8H_2O$	→	$13H_2$	+	$4CO_2$
ペンタン	C_5H_{12}	+	$10H_2O$	→	$16H_2$	+	$5CO_2$
ヘキサン	C_6H_{14}	+	$12H_2O$	→	$19H_2$	+	$6CO_2$
ヘプタン	C_7H_{16}	+	$14H_2O$	→	$22H_2$	+	$7CO_2$
オクタン	C_8H_{18}	+	$16H_2O$	→	$25H_2$	+	$8CO_2$
メタノール	CH_3OH	+	H_2O	→	$3H_2$	+	CO_2
エタノール	C_2H_5OH	+	$3H_2O$	→	$6H_2$	+	$2CO_2$

採掘されたままのガスには、炭酸ガス、硫化水素、水分などが含まれているので、これらの不純物を取り除いて、メタンを主成分としたガスが、一般に天然ガスと呼ばれるものである。このガスが出す熱量は、一立方メートルでほぼ一万キロカロリーと大きいので、都市ガスとして普及した。窒素酸化物の発生量は、燃焼する条件によって変化するが、一般に石炭を一〇〇とした場合、石油

七〇、天然ガス四〇、硫黄酸化物は石炭一〇〇に対して石油七〇、天然ガスがゼロであるから、ガソリン自動車を天然ガス自動車にするだけでも大気汚染は大幅に抑制できる。

しかし燃料電池車を動かそうにも、天然ガスの供給ステーションは、日本全国に五〇しかない。そこでガス会社は、すでに都市ガス配管として走っているパイプから消火栓のように小さな供給口を立ちあげ、免許証とコインを入れればガスを買えるような、簡単に天然ガスを取り出せる安全な社会的システムを構想中である。燃料電池車の型が決まれば、自動車メーカーとのタイアップで、これは非常に実現性が高い。

しかしその前に日本にある問題は、天然ガスのコストである。

欧米では、パイプライン輸送によって天然ガスを簡便に利用できるシステムができあがっているが、島国の日本では、輸入するのにできるだけ体積を小さくするため、ガスを液体にして輸送しなければならない。そのように液化されたものが、液化天然ガス（ＬＮＧ――liquefied natural gas）である。主成分のメタンは、気体から液体にすると体積が六〇〇分の一に減少し、同時に液化するプロセスで硫黄化合物を取り除くことができるので、燃焼しても硫黄酸化物を排出しないクリーンな原料となる。つまり日本で使われているＬＮＧは、欧米で使われている天然ガスより高価だが、酸性雨を起こさないクリーンな燃料である。

日本は主にインドネシアなど東南アジアとアラスカ、オーストラリアから、ＬＮＧを輸入している。この液化された天然ガスの成分は、産地によってかなり異なる。メタンの含有率は、アラスカのニキスキ産が九九・七％、マレーシアのルコニア産が九一・六％、アブダビのダス島産が七八・〇％といったように、産地によって二〇％以上も差がある。輸送プロセスは、天然ガス生産地で、気体の天然ガスをマイナス一六二℃に冷却して液化→ＬＮＧ専用タンカーで運搬→使用地域に近い

LNG基地のタンクに貯蔵→ガスに戻しながら（気化して）、その地域の短いパイプラインでプラントに送り、使用する。天然ガスの産地で船積みするために、液化によってかなりのエネルギーを消費するが、使用するとき、体積が膨張によって生ずるエネルギーを利用する発電によって、次のようにエネルギーを回収できる。

LNG基地があるのは港なので、常温の海水を使ってマイナス一六二℃の液体（LNG）を温める→メタンの沸点はマイナス一六一・五℃なので、マイナス一五六℃へとわずか六℃も上昇すれば、液体は沸騰してガスになる→液体からガスに変るとき、体積が六〇〇倍にふくれあがって高い圧力が生ずる→この高圧ガスの力でタービンを回転させ、発電機を回して発電する。液体がガス化するときには気化熱を奪って周囲を冷やす作用があるので、冷えるたびに、無尽蔵にある海水を使って温めるのである。そこで、このような方法を冷熱発電という。

日本には、LNG基地が二十数ヶ所あるが、基地は大都市周辺に集中し、都市ガス配管が普及した首都圏、関西圏、名古屋周辺では、ガスのほぼ八八％にLNGが使われている。LNG方式による天然ガスは、パイプライン輸送に比べて、末端ガス料金が二〜三倍になるという欠点がある。それでも、全世界の天然ガス貿易の中では、LNGが四分の一近くを占める。コストが高くなる原因は、輸送規制が多すぎるためと言われてきたが、現在その輸送対策の技術として注目されているのが、このあと説明する天然ガスをハイドレート化して大量に運ぶ手法と、北海道の北部サハリンで伊藤忠商事などが中心になって進めているパイプライン輸送計画である。九九年の日本のLNG輸入総量五一六九万トンは、一〇年間で一・五倍の増加を示し、ほぼ次のように商社が中心におこなってきた。

〈輸出国〉	〈日本の輸入量〉〔万トン〕	〈取り扱い商社〉
インドネシア	一八三八	日商岩井、三菱商事
マレーシア	九九五	三菱商事
オーストラリア	七二二	三菱商事、三井物産
ブルネイ	五四八	三菱商事
アラブ首長国連邦	四七五	三井物産
カタール	四六九	三井物産、丸紅
アメリカ	一二二	三菱商事
合計	五一六九	

これらの商社が、マイクロガスタービンと燃料電池と電力小売りに次々と名乗りをあげてきた動きは、注目に値する。日本のLNG輸入量は、世界貿易量の六〇～六五%を占め、断然トップである。このうち、電力会社が七二%（発電用）、ガス会社が二七%（都市ガス用）を輸入し、日本の天然ガス輸入量のうち三割以上を東京電力が消費してきた。つまりガス会社より、電力会社のほうがガス貿易に支配力を持っているのである。

東京電力は、最も電力を消費する首都圏にありながら、九〇年代前半まで「東京都内の電力自給率は一割を切り、地方を犠牲にしている」という批判が強まったため、東京湾を取り囲む臨海工業地帯に次々と高性能ガス火力発電所を建設しはじめたからである。神奈川県側には川崎火力、根岸火力、東扇島火力、南横浜火力、横浜火力が建設され、千葉県側には富津火力、袖ヶ浦火力、姉崎火力、五井火力が建設され、そのうちのいくつかに、すぐれたコンバインドサイクルを導入して、LNGを主燃料とするクリーンな電力も首都圏に送られるようになった。このうち横浜、五井、姉崎は重油とナフサを併用し、川崎もナフサを併用、このほか神奈川県の横須賀火力、東京都の大井火力、品川火力、千葉県の千葉火力が重油を用いてきたが、千葉火力、品川火力、川崎火力ではコンバインドサイクルの導入に踏み切り、東京湾一帯が石油からLNGへと大きく脱皮しはじめたのは、まぎれもない事実である。こうした状況から、LNGを大量に消費するようになった東京電力だが、マレーシア、アラスカ（アメリカ）、インドネシアなどからの輸入契約で二〇一〇年までLNG必要量を確保しているので、サハリン・パイプライン計画には興味を持っていない。

一方、東京ガス、大阪ガス、東邦ガスの三大ガス会社は、日本の都市ガス供給の大部分を占め、九州の西部ガスがこれに続き、ほかに二百数十のガス会社がある。大手四社は主に、輸入したLNGを首都圏、関西経済圏、名古屋経済圏、北九州経済圏を中心にガス管で供給し、地方の中小ガス会社は天然ガスではなくプロパンなどの液化石油ガス（LPG）を用いて、都市ガス配管またはボンベで家庭や工場まで供給する構造となっている。売上高では、西部ガスを一とすれば、東京ガスがその九倍、大阪ガス七倍、東邦ガス二倍の規模であるから、都市ガスの大半は首都圏と関西で占められている。

LNG輸入の主役をつとめる三菱商事は、六九年に日本で初めてアラスカから輸入を開始したパイオニアで、シェルなどと組んで、インドネシア、マレーシア、オーストラリア、ブルネイ、アメリカからLNGを輸入し、輸入シェアの半分以上を占める。この商社が、サハリン第二鉱区をマラソン・オイル、ロイヤル・ダッチ・シェル、三井物産と共同で開発中であり、海底に眠る巨大な天然ガスのメタンハイドレート開発に唯一の商社として参加してきた。こうした燃料資源を確保する一方で、三菱商事はその燃料を効率的に燃やすキャプストーンのマイクロガスタービン販売代理店をつとめ、電力小売り会社としてダイヤモンドパワーを設立し、新エネルギー開発で要《かなめ》の役割を果たしてきた。これから間違いなく進むエネルギー革命の流れを読めば、一〇兆円の金の卵が、天然ガス田に潜んでいるからである。

三菱商事のエネルギービジネスは広大である。九九年には、三菱重工業と共同で、シンガポール・チュアスパワー社から出力七二万キロワットのガスコンバインドサイクル発電プラントを受注。二〇〇〇年にはマレーシアの新規ガス田に日石三菱と共同出資して、LNGを確保。ブラジル・リオデジャネイロ州カンポス沖海底油田開発では、伊藤忠商事、三井物産、丸紅、住友商事の大手四社と組んで、総事業費四八〇〇億円のプロジェクトへの参加を表明し、ここでは石油のほかにLPガス回収もめざすことになった。そして前述のカザフスタンの海底大油田「カシャガン油田」に出資して大きな山を当て、イギリスのプレミア・オイルなどが進めるミャンマーの原油・天然ガス開発・生産事業に参加して、七月から本格稼働をスタートし、二〇〇五年には生産量を倍増する計画である。ミャンマーはこれまでアメリカの石油メジャーがほとんど進出しない空白地帯だが、旧ビルマとして見れば、インドネシアに次ぐ巨大な石油埋蔵量を抱え、イギリスのバーマー・オイル（ビルマ石油）の利権地域として、かつてはチャーチル・ファミリーが支配し、戦時中には日本のアジア戦略の拠点として、日本とイギリスの利権争いに巻き込まれた国である。さらに三菱商事は、三井物産などと共同出資する中東のオマーンから、大阪ガス向けに二五年契約でLNGの供給をスタートした。こうして八月、通産省本省ビルへの電力入札で、子会社ダイヤモンドパワーが東京電力を押しのけて落札したのである。

これに対して伊藤忠商事は、風力に進出すると共に、確認埋蔵量三億トンのサハリン第一鉱区をエクソン、サハリン石油ガス開発（通称新ソデコ）、ロシアのエネルギー企業二社と開発中であった。傘下企業に四日市LPG基地（コスモ石油五五％、伊藤忠液化ガス二二・五％、日商岩井二二・

五％の出資）を持ち、そこからＬＰＧを販売している。

さらに伊藤忠は、三菱商事と共にブラジルのカンポス沖海底油田開発に参加するほか、二〇〇〇年七月には、東芝、岩谷産業と共にキャプストーンのマイクロガスタービン輸入・販売代理店アクティブパワーに資本参加し、取引先へのマイクロガスタービン販売に乗り出した。また伊藤忠と帝国石油とオーストラリアのブローケン・ヒル・プロプライエタリー（ＢＨＰ）の国際企業連合が、アルジェリア炭化水素公社ソナトラックと開発請負契約に調印し、アルジェリアの天然ガス田の開発に進出したのである。このリビア国境に近いオハネットガス田は、九六二億立方メートルの天然ガスと、一億一六〇〇万バレルのＬＰＧなどの埋蔵が確認された大プロジェクトである。日本の天然ガスの年間需要の一割弱に相当する量を二〇年間供給できる見込みで、権益比率はＢＨＰ六〇％、伊藤忠の子会社・伊藤忠石油開発と帝国石油と石油公団が設立する事業会社が三〇％、アメリカのエンジニアリング会社ペトロファックが一〇％でスタートした。

サハリン・パイプラインと中国の胎動

丸紅も風力に進出し、サハリン第一鉱区を伊藤忠と共同開発するほか、九九年一二月にフランスのヴィヴェンディ（Vivendi）と自家発電の合弁会社を設立し、長野県の水力発電所を買収して電力小売りへの参入を表明した。日本での表記はビベンディ、フランスで一部ヴィヴァンディと呼ばれるが、ラテン系の会社なのでヴィヴェンディとイタリア式に発音するこのフランス企業は、本業はスエズ・リヨネーズ・デ・ゾーと共にフランスの水道事業を独占する公益事業である。ところがヴィヴェンディは、携帯電話と有料テレビなどメディアに進出し、高速無線通信、ケーブル通信、衛星通信の複合企業へと脱皮をはじめ、売上高四一六億ユーロ、ほぼ四兆二〇〇〇億円、従業員二七万人の巨大企業となっていた。九九年三月にはソフトバンクと折半でベンチャーキャピタルを設立し、二〇〇〇年六月には、傘下の有料テレビ会社カナル・プリュスと共に、カナダの酒造業者シーグラムを買収・合併することを承認し、新会社は株式時価総額一〇〇〇億ドル、ほぼ一〇兆円、売上総額六七〇億ドルとなった。

アメリカ・オンラインとタイム・ワーナーの合併新会社に匹敵する巨大メディア企業が誕生したのである。というのは、ヴィヴェンディはシーグラムの銘酒シヴァス・リーガルなど酒造部門には興味がなく、通信・メディア分野への拡大を狙って合併を進め、シーグラム傘下にあるハリウッドのユニヴァーサル映画と、エンリケ・イグレシアスやボン・ジョヴィをはじめとする七五万曲の版権を持つユニヴァーサル・ミュージック・グループを買収することが目的であった。そこで新社名をヴィヴェンディ・ユニヴァーサルとし、ミュージック部門では世界最大、映画フィルムのコレクションとテーマパークでは世界第二位、さらに系列企業を通じて双方向テレビ、ゲームソフトウェア、出版などでも世界的な企業となった。新会長に就任するヴィヴェンディ会長ジャン＝マリー・メシエはもと蔵相補佐官で、副会長には世界ユダヤ人会議会長の息子エドガー・ブロンフマンJrが就任し、この合意を、屈指の投資銀行ラザール・フレール、ゴールドマン・サックス、メリル・リンチ、モルガン・スタンレー・ディーン・ウィッターの連携によって成し遂げたのである。エンロンと並んで、これが、日本への電力市場に参入を表明したもうひとつの巨人であった。

そのパートナー丸紅は、ABBとアルストムの重電部門が合併した世界最大の発電機器企業ABBアルストム・パワー（のちABBが撤退）と共同で海外発電プラントを展開し、アルストム・パワーが事業用ガスタービンで川崎重工業とIPP（独立系発電業者）向けにコンバインドサイクル発電を立ちあげ、小型ガスタービンコジェネでも四〇のプロジェクトを進めてきた。さらにアメリカのフュエルセル・エナージーが開発した最も有望な溶融炭酸塩型の燃料電池大型発電システムについて、日本国内および東南アジアでの独占販売権を取得したのも丸紅であった。ブラジルのカンポス沖海底油田開発へも参加し、二〇〇〇年九月には、昭和シェル石油、オリックスと共同で、ついにキャプストーンのマイクロガスタービンやディーゼル発電機を使った電力小売り事業への参入を表明し、合弁会社オンサイトパワーを設立することになったのだから、丸紅は、三菱商事と連携しつつ既存の電力会社包囲網を大きく広げた商社に生まれ変っていた。

日商岩井は、インドネシア独裁者スハルト時代の国営石油会社プルタミナと深い関係にあったが、九九年四月にインドネシアの新規ガス田の生産権益の一部を獲得すると、一〇月に改めてプルタミナと日本の販売先確保に協力する覚書を結び、インドネシアからLNGを輸入することを、経営再建の目玉とする方針を打ち出した。そして二〇〇〇年一〇月には、初めて自社のLNG船を保有することになり、通常の五分の一の小型船で新分野への積極的な進出を図ってきた。それには、次のような事情があった。

日商岩井は、一〇〇％子会社の日商岩井石油ガスが、LPG元売り二九社の中堅卸業者で、傘下に関東地区の日商岩井ガス、関西地区の日商岩井ガス、長野地区の長野プロパンガスといった販売網を全国に展開してきた。LPGの全国シェア四・六％を占め、日商グループ唯一のLPG基地会社が、先の伊藤忠と共同出資する四日市LPG基地である。ところが二〇〇〇年に日商岩井石油ガスの株式の過半数を大阪ガスが取得して傘下に収めたため、天然ガス主体であった大阪ガスの子会社リキッドガスが近畿一円でおこなってきたLPGセールスを全国展開できる態勢となり、大阪ガスの高性能マイクロガスタービンと燃料電池がセットで全土に姿を現わす日も近くなったのである。日商岩井の小型タンカーがLNGを積んで日本の各地をまわり、大阪ガスのマイクロガスタービンのLNG需要をまかなうという将来図が浮かぶほど、エネルギッシュな動きである。

残る大物商社・三井物産は、オーストラリア、アラブ首長国連邦、カタールからLNGを輸入し、ブラジルのカンポス沖海底油田開発へ参加してきたが、サハリン第二鉱区を三菱商事と開発中で、ここでの権益は三菱を上回る二倍の出資であった。しかも三井物産は、ただ天然ガスを開発しているだけではなかった。鹿島北共同発電と共同で、二〇〇キロワット級レドックスフロー電池システムを研究中だったのである。この新テクノロジーは、二〇〇〇年四月にイギリスの電力会社ナショナル・パワーが、デュポンから一万六〇〇〇平方メートルという広大な面積のフッ素系高分子膜、すなわち燃料電池のPEM材料ナフィオンを購入し、世界初のレドックスフロー電池システムのデモンストレーション設備を年内に立ちあげることになり、業界で大いに注目を集めた。レドックスフロー電池は、水溶液中で酸化系と還元系を二種類組み合わせて電池を構成し、電気をためて放電する電気貯蔵システムだが、ここにPEM型燃料電池が利用されるのは画期的で、三井物産が研究開発に取り組んだ背景には同じ考えがあった。というのは、二〇〇〇年六月に自家発電の電力売買への事業参入を表明し、日本短資と合弁会社イーレックスを設立した三井物産にとって、ロスの少ない大型電気貯蔵システムがあれば、自由度が高くなるからである。

その電力ビジネスに参入した三井物産のふたつの強力な武器は、すでに登場した通り、イギリスのボーマン・パワー・システムズのマイクロガスタービンを日本国内に導入する販売権と、アメリカの数千万世帯をターゲットに燃料電池の販売契約を結んだHパワーから、日本市場でその住宅用燃料電池の販売権を得たことである。こうして三菱商事と共に進めるサハリン・ガス田の生産は、いよいよ二〇〇五年開始というスケジュールで進められてきた。

果たして、その壮大な天然ガス・パイプライン輸送は実現するのか。

日本のパイプライン構想には、八〇年代末から計画されてきた「LNG基地を結ぶ連携型」と、海外から「直接パイプラインを敷設する海外型」がある。海外型の大きなプロジェクトの代表が、アジア・エネルギー共同体構想であった。総延長四万五〇〇〇キロメートル、建設費七兆円をかけてヤクーツク、イルクーツク、トルキスタンその他の旧ソ連諸国から、中国の北京や上海を通るルート、あるいは北朝鮮から韓国のプサンを経由して九州から東京まで向かうルートと、サハリンから北海道を経由して東京まで向かうルート、さらには南方のオーストラリア、インドネシア、ベトナム、フィリピンなどからのルートが検討されてきた。

サハリン・パイプライン計画とは、次のようなものであった。

サハリン北東部の大陸棚には、巨大な埋蔵量の天然ガスと石油があり、その開発を進めるサハリン資源開発プロジェクトのうち、九六年にサハリン・ガス田の権益の分与がスタートした。

●第一鉱区（通称サハリンⅠ——確認埋蔵量三億トン）をエクソン三〇％＋サハリン石油ガス開発（通称新ソデコ）三〇％＋ロシアのエネルギー企業二社が開発中で、サハリン石油ガス開発は、石油公団、石油資源開発、伊藤忠商事、丸紅などが出資するグループであった。

●第二鉱区（通称サハリンⅡ）をマラソン・オイル三七・五％＋ロイヤル・ダッチ・シェル二五％＋三井物産二五％＋三菱商事一二・五％の出資比率で開発中だったが、二〇〇〇年一二月の合意で、マラソン・オイルが全株をシェルと三菱商事に売却し、シェル五五％、三井物産二五％、三菱商事二〇％となった。

●第三鉱区は、テキサコなどによって実現の可能性を探る調査が進められた。

サハリンⅠとⅡを合わせて、天然ガスのピーク時の年間生産量は一六〇〇万トンで、日本のLNG輸入量四八三五万トン（九七年）の三分の一、日本国内の年間消費量の三〇％にあたる膨大な量

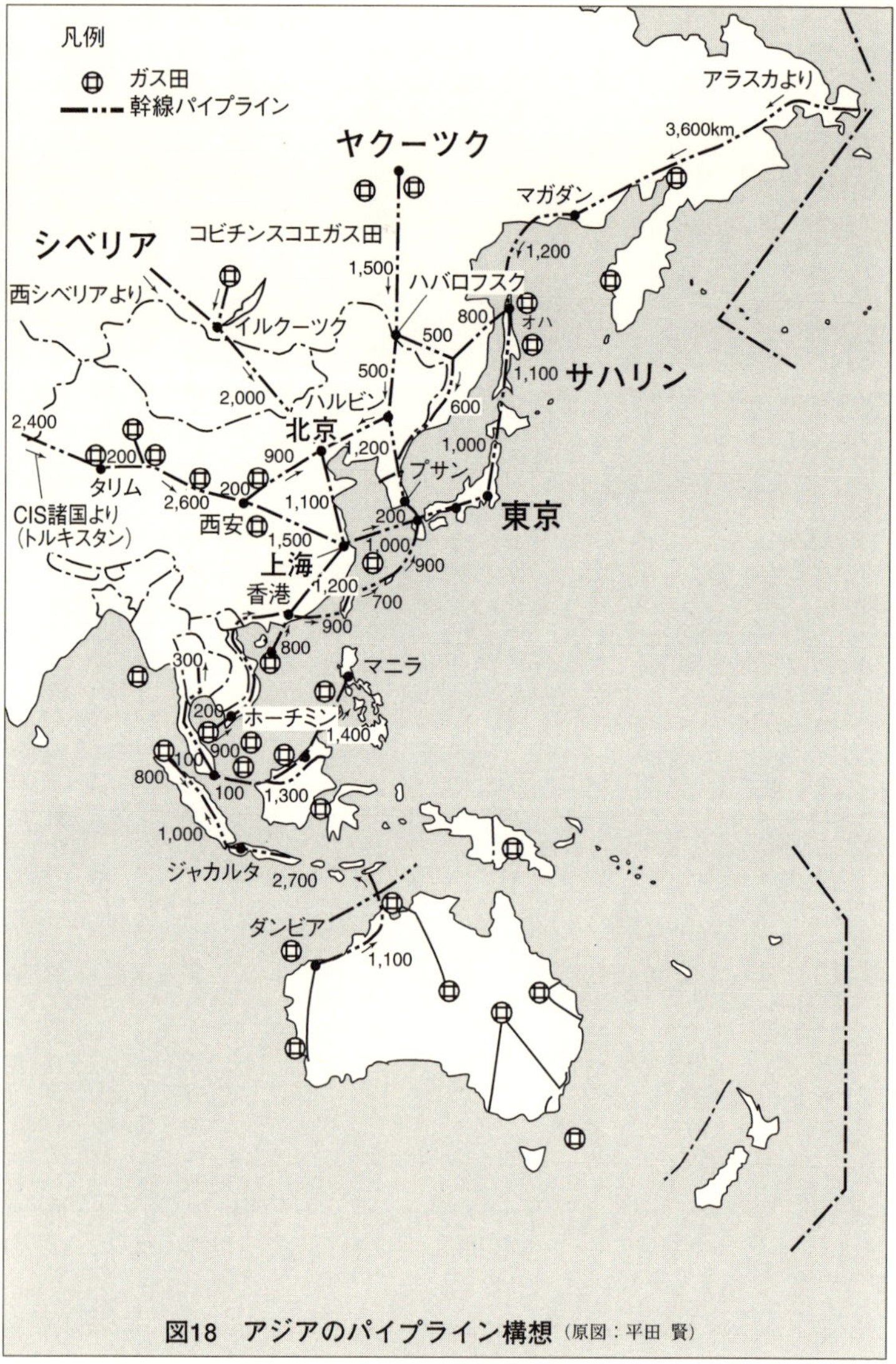

図18　アジアのパイプライン構想（原図：平田 賢）

であった。石油はサハリンⅠが日量二〇万バレル、サハリンⅡが日量九万バレルと見込まれた。第二鉱区は九九年七月に日量九万バレルの原油生産が開始されたので、二〇〇五年には石油、天然ガスとも本格生産をめざす段階に突入した。第一鉱区はパイプラインで日本に輸入する計画で、それが二〇〇五年ごろ始動するプロジェクトだが、実際は需要をにらんで二〇一〇年ごろにずれこむと業界は見ていた。サハリンから消費地の大都市に向かうパイプラインが、太平洋側になるか、日本海側になるか、未定のままであった。二〇〇〇年五月に石油資源開発が日本海ルートの検討に入り、同年度内に太平洋側ルートの検討が開始されることになった。

サハリン・パイプライン敷設のための海洋調査は、石油資源開発と、伊藤忠商事、丸紅の三社が、アメリカのエクソンと共同で九九年夏からスタートした。建設費は数千億円規模だが、需要が明確でないと投資できないため、"井の中の蛙"を絵に描いたような政府のエネルギー政策が原発に拘泥している現状では、到底エネルギー革命が進まず、日本の企業と国民が世界から置いてゆかれることに関係者はいらだった。ライバルの台頭が見えていたからである。

サハリン沖の石油と天然ガスが、中東と並ぶ埋蔵量を誇っているからこそ、目の前の権益を確保しなければならないと商社は懸命な活動を展開してきた。ところが二〇〇〇年三月にロシアと中国が、ロシアの油田・天然ガス田を共同開発し、パイプラインで中国に輸送するという大規模なエネルギー提携の合意に達したのである。日本の商社がサハリン沖のガス田開発を計画しながら、このまま日本政府が傍観していれば、そっくり中国に天然ガスを持ってゆかれかねないのである。ロシアのプーチン大統領は、二〇〇〇年一〇月のヨーロッパ連合（EU）首脳会議に出席して、ヨーロッパ全土への天然ガスと原油の輸出に力を入れることを約束し、EU共同宣言にその内容を盛り込んだ共同声明を採択するところまで積極的に動いた。一一月には、中国・ロシア・韓国が、イルクーックの天然ガス田開発とパイプライン建設のための本格的な調査を実施する協定に調印するところまで、急ピッチで事態は進んでいた。韓国・北朝鮮を含めた天然ガス輸送計画である。燃料資源とパイプラインは、両輪となってユーラシア大陸のすみずみまで翼を広げつつあったのだ。

日本はこれまでアジア太平洋地域にだけ目を向け、専門家の予測でも、中国はここしばらく天然ガスの需要ゼロと見ていた。その需要予測が大きく変化する可能性が、中国〜ロシアの提携で浮上し、目算が狂ってきたのである。

そこで七月になって、ようやく通産省の諮問機関である石油審議会が、サハリン・パイプライン建設を急いで推進するよう提言がなされた。こうした重大事が進行しながら、数百人の議員を抱える国会はまるで機能していなかった。

急遽日本のライバルとして台頭してきた中国では、すでに内陸の広大なパイプライン計画が進められてきた。内陸の西部地区から天然ガスを輸送するため、全長四二〇〇キロメートルの大陸横断パイプライン・プロジェクトが始動していたのである。二〇〇一年建設スタート→二〇〇四年完成→二〇〇五年新疆ウイグル自治区タリム盆地の年産一二〇億立方メートルという天然ガスを、上海を中心にした長江デルタ工業地帯に供給する、というスケジュールである。中国は安価な石炭を主力エネルギー源にしてきたが、パイプラインではその三〜四倍のコストがかかるので、財政不安定な状況で建設費が重くのしかかっていた。そのため七月に、中国の国家発展計画委員会が思い切った手を打った。「西部タリム盆地の天然ガスを東部の上海まで送るパイプラインの建設プロジェクトについて、関連する事業を無条件ですべて外国資本に全面開放する」と重大発表をおこない、建設を早める意志を内外に示したのだ。

もともと二〇〇〇年を期して中国で始動した「西部大開発」の中核プロジェクトである。急いで完成させるには、パイプラインの建設四〇〇億元（一元一三円として五二〇〇億円）に、採掘、ガス化学コンビナートの完成、家庭への都市ガス供給という実質的な利用システム構築まで含めて一二〇〇億元（一兆五六〇〇億円）という巨大な資本をひねり出さなければならなかった。これまでのように国内資本だけで進めることは不可能なので、たとえ外資であっても、天然ガス開発を実施する企業には、一年目は探鉱権料や採掘権料を無料とし、二〜三年目は五〇％、四〜七年目は二五％を割り引くほか、関税の免除などの優遇措置をとるという大胆な開放政策であった。その中国を虎視眈々と狙ってきたアメリカは、中国との貿易で、九九年に六八七億ドル（七兆六〇〇〇億円）という巨額の貿易赤字を記録していたのである。両国が最も大量に輸出し、輸入したのが、ＩＢＭとＧＥを中心とする電機設備と発電設備であり、総額二五二億ドルを占めた。

中国の石油大手である中国石油化工集団公司（ＳＩＮＯＰＥＣ）が株式上場する機会をとらえて、エクソン・モービルが同社の株一九％を取得したと発表したのは、二〇〇〇年一〇月一八日であった。同社には、ロイヤル・ダッチ・シェルとＢＰが参入する姿もあったが、一〇億人という未曾有の巨大マーケットの中国に、今度はアメリカが最も得意とするパイプライン建設で、大きな貸しをつくる機会が訪れたのだ。

しかし、その先のプロジェクトには、さらに巨大な宝庫メタンハイドレートがあり、各国が深海の探査に踏み出していた。

日本近海に眠る深海のメタンハイドレート

メタンハイドレートと呼ばれる「燃える氷」がある。これは、海底に横たわるシャーベット状になった天然ガスの塊である。メタンハイドレート原料を含めると、天然ガスの埋蔵量は、推定で世界消費量の三二七年分以上あり、エネルギー資源の枯渇についての心配はなくなったと言われてきた。だがそれが、まだ未知の世界に眠っていたのである。

アメリカでは、エネルギー省の推定で、メタンハイドレートの一%でも従来の天然ガス採掘コスト程度で採掘できれば、現在の二倍の天然ガスを確保できるとされていた。そのため、国家的プロジェクトとして、二〇一三年にテスト生産を開始し、二〇一五年には実用化までこぎつける計画で、文字通り壮大な技術開発が進められてきた。

日本近海のメタンハイドレートは、現在国内で消費されている天然ガスのほぼ一〇〇年分の埋蔵量がすでに見込まれ、自称「資源小国日本」にとって、初めてのエネルギー資源だと見られている。推定埋蔵量は以下の通りであった。

世界のメタンハイドレート　六〇〇兆立方メートル（九九年の世界消費量の二七二年分）
日本のメタンハイドレート　九兆立方メートル（九九年の日本消費量の一六二年分）
天然ガスとの合計　七二〇兆立方メートル（九九年の世界消費量の三二七年分）

この埋蔵量は、次のような事実に照らしてみれば、どれほど巨大であるか理解できよう。イギリスのブリティッシュ・ガスが九二年七月、イタリアの国営石油公社ＥＮＩの子会社アジップと共に、世界最大級のカザフスタンの巨大油田・ガス田の独占開発権を取得した。ソ連が崩壊したのち、西側資本が急いでこの採掘権を取得したのは、イギリス最大のガス田の四倍の埋蔵量五六六〇億立方メートルが見込まれたからであった。これにより、同社が全世界に持つ埋蔵量が二倍になると見られ、イタリアも巨大な利権を獲得したとして注目されたのだ。ところが、日本近海のメタンハイドレート推定埋蔵量は、この巨大ガス田の一六個分であった。

九二年にコロラド州の地質調査会社（Geoexplorers International）が、世界一二ヶ所の海溝に大量の天然ガスが眠っていると発表して以来、各国でメタンハイドレートの探査がはじまった。そして九八年三月には、カナダ最北部マリック鉱区（Mallik 2L–38）でメタンハイドレートの実証サンプルが回収され、大きな話題となった。これまでハイドレートの氷の塊は、天然ガスを採掘する時に、パイプラインの内部に詰まって輸送をストップする物質として嫌われていた。それが、永久凍土の中から発掘される宝物と変ったのである。ロシアの永久凍土地帯でもサンプルが回収され、メタンハイドレートの存在が明らかにされると、二〇〇〇年七月には、中国科学院広州エネルギー研究所の専門家が、南シナ海の海底に膨大なメタンハイドレートが確認されたと発表した。南シナ海の領有権をめぐっては、南沙諸島周辺の天然ガス田と海底油田をめぐる利権獲得のため、たびたび周辺諸国が衝突してきたので、これが再びアジア諸国の資源争いに発展するおそれもあった。

日本では、音波探査などによって、太平洋側の南海トラフに四兆立方メートルの天然ガスが埋蔵されている可能性が明らかにされていた。日本近海では二〇〇〇年現在、開発可能なメタンは、総量で七兆四〇〇〇億立方メートルと見られ、国内消費量の一四〇年分に達するのだ。

ハイドレートとは、分子が水と結合した形態のものを指し、水和物あるいは水化物という。メタンハイドレートは、水の分子がつくる籠《かご》の中に、ちょうど一個のメタン分子CH_4がおさまったものである。

この結晶構造は、一立方メートルのメタンハイドレートに一六四立方メートルのメタンを内蔵することができる。一センチメートル角のサイコロのメタンハイドレートから、五・五センチメートル角の体積の天然ガスが出てくる。ハイドレート構造には、内蔵されるガスの大きさと、籠をつくる水の分子間距離によって、ちょうどよい形が三種類ある。メタンハイドレートの場合は、五角形と六角形を三二枚組み合わせて球形にしたサッカーボールと同じである。サッカーボールの真ん中に、メタンの分子がすっぽり入ったものと考えればよい。

　では、どのようにしてメタンはそのボールの中に入り込み、ハイドレートが生まれたのか。メタンガスがハイドレートになるには、水の籠にメタン分子を押し込める圧力が必要である。特に、温度が高くなるほどメタンは膨張するので、メタンハイドレートをつくるには、低い温度と大きな圧力が必要になる。図19は、温度と圧力を示しているが、この線の上に出ると、メタンが籠から抜け出て、ガスとなってふわふわと放出されてしまい、線の下にあればメタンハイドレートとして籠にとじこめられる。

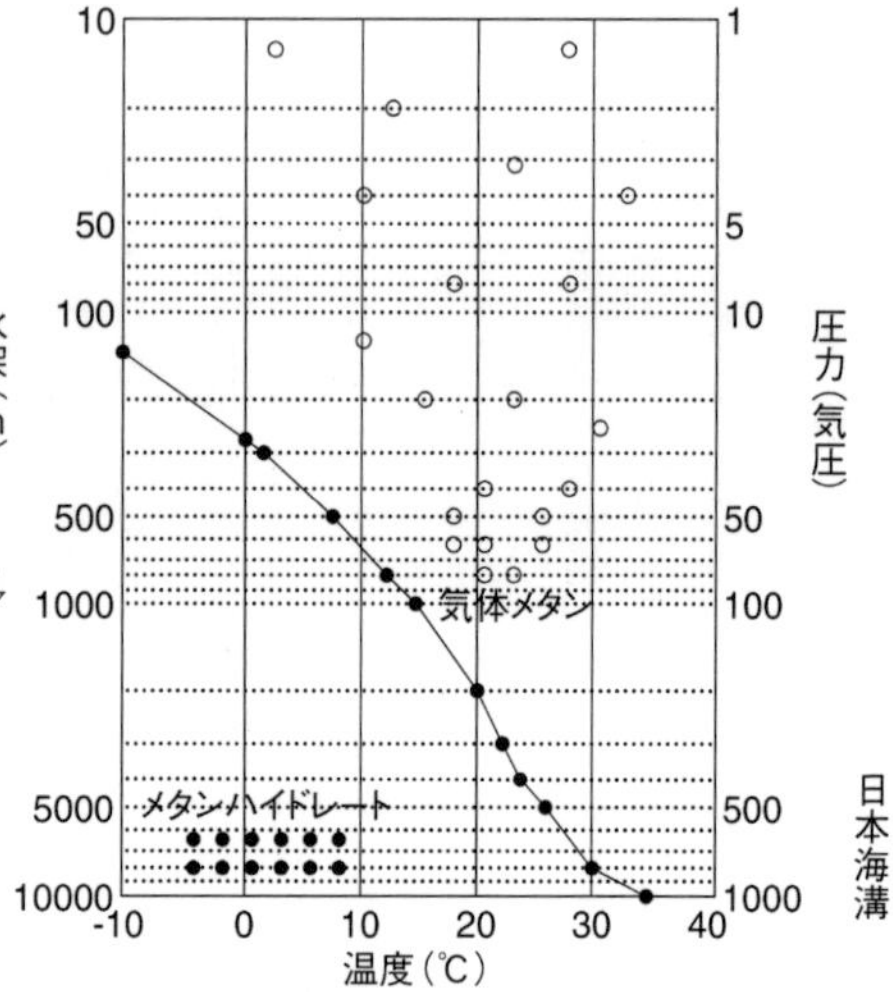

図19　メタンハイドレートの相図
(1959年 Kats, Kobayashi et al.)

　海底では、水深が一〇メートルごとにほぼ一気圧高まる。つまり水深一〇メートルで一気圧、一〇〇メートルで一〇気圧……五〇〇〇メートルでは五〇〇気圧という大きな圧力が作用する。一万メートルの深海底では一〇〇〇気圧もあるため、三〇～四九℃というかなり高い温度であっても、メタンハイドレートをつくることができる。しかし必ずしも深海底ほどの高い圧力を必要とするとは限らず、寒冷地では、小さな圧力でもハイドレートになる。シベリアやカナダでサンプルが回収されたのは、陸域であった。

　日本では、北海道南部から太平洋側に伸びる日本海溝は最も深いところで八四一二メートルあり、さらに鳥島の東方のラマポ海淵と呼ばれる海底は一万六八〇〇メートルに達する。地殻の下にあるマントル層は、深さ三〇〇万メートルから一万メートル前後まで層を成しており、最深部では三〇〇〇℃以上の高温である。地球内部のマントル層では、この熱の作用によってメタンガスが発生し、世界中でほぼ無限に存在する可能性があるという説が有力になってきた。しかし日本近海の場合は、従来の考え方の通り、陸上の動植物が腐敗して有機物が堆積したあと、これが南海トラフや日本海溝などのプレート運動によって海底に引き込まれ、高温度の作用を受けて分解されたガスがメタンを生成したと考えられている。

●日本のどこにあるか——海底資源の採掘という現実の作業を考える場合には、漁業と同様に、経済水域として設定されている二〇〇カイリ内にあるかどうかが問題になる。幸いにも、静岡県沖の東海から四国までの南海トラフ、十勝〜日高沖、さらに北部では網走沖のオホーツク海、青森県津軽海峡西方の函館沖（西津軽海盆）、奥尻島周辺海域（奥尻海嶺）の五つの海域は、メタンハイドレートが埋蔵されている可能性が高く、二〇〇カイリ内にある。

●御前崎沖の実証——二〇〇〇年一月下旬に、通産省と石油公団は、「メタンハイドレートの含有率が約二〇％に達する砂岩層を御前崎沖のテストボーリングで確認した」と発表した。これは、これまで知られている深海底のメタンハイドレート層としては、最も含有率が高いものであった。国家プロジェクトによる御前崎沖「南海トラフ」のメタンハイドレート・ボーリング（基礎試錐）は、通産省資源エネルギー庁の委託を受けて石油公団が九九年一一月にスタートし、二〇〇〇年二月まで実施された。場所は、静岡県天竜川河口沖合約五〇キロメートルの海域で、水深は意外にも九四五メートルと浅く、一〇〇〇メートル未満であった。ボーリングの結果、海底の下方二〇〇〜二五〇メートル（海面下一一五二〜一二一〇メートル）の深さでメタンハイドレート層が確認され、厚さ合計一六メートルにおよぶ三層の存在が明らかになった。厚さはそれぞれ一メートル、五メートル、一〇メートルで、メタンハイドレート層が水平方向に広く存在していることが確認された。メタンハイドレートを含むサンプルは、ハイドレートの含有率二〇％のものを回収し、そのハイドレート飽和率は七五％であった。天然ガスとしてのフリーガスは確認されなかった。物理探査による予測と、実在するメタンハイドレートの位置が一致したので、将来の埋蔵量予測がかなり有望となった。燃料電池の開発に精力を注ぐトヨタ自動車にとっては、自社の目の前の海に巨大なエネルギー源が存在する話であった。

●採掘できるか――採掘時には、海底のメタンハイドレート層を破壊しないで、これを取り出さなければならない。また、低温・高圧に保てば、氷が溶ける〇℃でもメタンハイドレートは溶けないので、ハイドレートのままの形で輸送容器に入れて、LNG輸送と同じように小さな容積で運べるので経済的に有利である。

この技術が、今後の大きな課題になるとされていたが、現在まで知られているのは、メタンハイドレートの自己保存効果である。採掘されたメタンハイドレートが、高圧から常圧になると、さきほどのグラフのようにガスの領域に入り、水の籠からメタンが抜け出てメタンガスとなる。この時、メタンの気化熱が奪われるため、水分が急速に冷却され、メタンハイドレート全体が氷の膜で包まれてしまい、内部のハイドレート構造はそれ以上破壊されなくなる。この自己保存効果を利用して、輸送容器に導入できれば、海底のメタンハイドレート層を破壊せずに、しかも理想的な形で輸送できると考えられている。

●メタンハイドレート輸送――この技術から発展して研究されているのが、LNGに代るメタンハイドレート輸送である。従来の天然ガスを液化する方法や、計画されている海底パイプライン輸送の代りに、コストを大幅に減らすため、専門家のあいだではメタンハイドレート輸送がにわかに注目を集めている。天然ガスを液化せず、深海底と同じ条件をつくり出し、シャーベット状にして輸送するのである。シェルと人脈が共通する北海油田・ガス田のオーナー、ブリティッシュ・ガスは、天然ガスとメタンハイドレートを中心に燃料電池の燃料を研究開発中で、キャプストーンのマイクロガスタービンの販売もスタートしている。カザフスタンに五〇〇〇億立方メートルという巨大なガス田の独占採掘権も持つこのガス会社が、ロンドン北東のラフバラという町の技術研究センターに、巨大なメタンハイドレート製造プラントを建設したのだ。円筒形の反応塔で、海面下七〇〇メートルと同じ水圧の超高圧をつくり出し、パイプから送り込まれるメタンガスをドライアイス状のメタンハイドレートに変え、そのまま輸送する技術を実用化中である。すでに一立方メートル以上の巨大なメタンハイドレートの製造が可能になっており、従来の天然ガスを液化する方法で必要な液化プラントとLNGタンカーに比べて、大幅なコストダウンになるとされている。

●自然破壊の危険性――海底のメタンハイドレートで最大の問題は、どのように無事に取り出せるかという技術である。深海底だからと言って、人間が無制限に急いで資源を掘り出せば、海の生態系に新たな自然破壊をもたらす。取り出されるメタンは、構造が単純であるだけに、分解しにくい。宇宙への熱の放射を遮断する効果は、二酸化炭素の一〇〜二〇倍とみなされている。五五〇〇万年前に、急激な地球温暖化が起こったとされ、アメリカ・フロリダ州沖の海底に、ちょうどその五五〇〇万年前に大規模な海底地滑りが起こった証拠が発見されたため、その当時の温暖化はメタンハイドレートが何らかの原因で融解して、大量にメタンが放出されたためという説がある。とすると、メタンハイドレートを採掘したほうが危険なのか、メタンハイドレートを放置して、自然界がその層を破壊するのを待つほうが危険であるか。むしろ、徐々に採掘して、危険を取り除くほうが安全である、という考え方のほうが有力になる。自然界の地震力によって、次のように絶えずメタンハイドレートの破壊が起こっているからである。

●地震・津波の危険性——九八年のパプアニューギニア地震では、大型津波の被害が発生して二〇〇〇人以上が死亡したが、「海に火が見えた」あるいは「異様な臭気と共に目に刺激を受けた」という住民報告があり、メタンハイドレート層の破壊が地滑りの誘因であった可能性が出ている。その逆に、地震によってメタンハイドレート層が破壊されたとする考えもある。サハリン地震や奥尻島の大津波など、いずれも未解明のままだが、メタンハイドレートとの関連が疑われることは確かである。兵庫県南部地震（阪神大震災）では、淡路島〜本州間の明石架橋の建設のため、巨大土木工事で海底に人間が手を加えたから地震が起こったのだ、と言われたが、こうした説は、温泉や地熱発電のための地底ボーリングでも、かなり確率の高い相関性を示しているので、これからの地震工学で、充分に検討する価値がある。

人為的であれ地球の自然運動によるものであれ、海底地滑りによって、大型津波あるいは地震を誘発する可能性がある。この場合は、地震が自然界によって必ず引き起こされる現象であるという考えに立てば、まず、その被害がどこにおよぶかを考えることが必要になる。地震は人間に制御できない天災である。しかしそれによる取り返しのつかない人災として想定されるのは、原発災害である。メタンハイドレートの探査が進められている御前崎沖は、東海大地震の発生海域であると同時に、浜岡原発が四基運転されている危険地帯で、さらに五号機の建設が進められてきた。二〇〇〇年に、噴火と共に連続発生した伊豆諸島の地震は、この東海大地震を誘発する可能性を秘めている。しかも東海大地震は、メタンハイドレートの採掘と関わりなく必ず発生するので、まず原発を停止することが先である。

●メタンハイドレート開発の国家体制――通産省傘下の石油公団と国立試験研究所が核となって、メタンハイドレート開発推進委員会のもと、民間企業と大学が参加して開発が進められてきた。「資源開発会社」としては石油資源開発、帝国石油、地球科学研究所、日本海洋掘削、テルナイト、インドネシア石油、AOCエネルギー開発、「都市ガス会社」として東京ガス、大阪ガス、東邦ガス、日本ガス協会、「発電会社」として電源開発、「重工業」として三菱重工業、石川島播磨重工業、川崎重工業、NKK、三井造船、住友金属、新日鉄、「商社」として三菱商事が参加している。

冷遇されるもうひとつの貴重なガスLPG

さきほどからしばしば登場していたLPGとは、何であろうか。これは、液化石油ガス（liquefied petroleum gas）の略語で、LPガスとも言う。

一般にLPガスと呼んでいるのは、プロパン九八%、エタン一%、ブタン一%という組成のガスで、プロパンガスのことである。しかし正確には、こうした組成にかかわらず、液化石油ガスの略がLPGであるから、プロパンC_3H_8、ブタンC_4H_{10}などを、LNG同様に液化したもののすべてを指す。ブタンには、直鎖状のノルマルブタンと、側鎖状のイソブタンの二種類の異性体があり、一般にLPG用ブタンガスとして用いられているのは、ノルマルブタンである。LNGと比較して計算する人のために、主な分子構造と物性を示しておく。

身近なLPGとしては、一九二九年に日本に飛来した飛行船ツェッペリン号がプロパンを燃料にし、東京オリンピックの聖火台に灯された火も、広島平和公園で燃え続ける火もLPガス、最近の熱気球もLPガスで空を浮遊している。

現代で最も普及している分野としては、ほとんどのタクシーが燃料にしているLPガスと、LP

メタン methane	エタン ethane	プロパン propane	ノルマルブタン n-butane	イソブタン iso-butane
H | H—C—H | H	H H | | H—C—C—H | | H H	H H H | | | H—C—C—C—H | | | H H H	H H H H | | | | H—C—C—C—C—H | | | | H H H H	H | H—C—H H | H | | | H—C—C—C—H | | | H H H

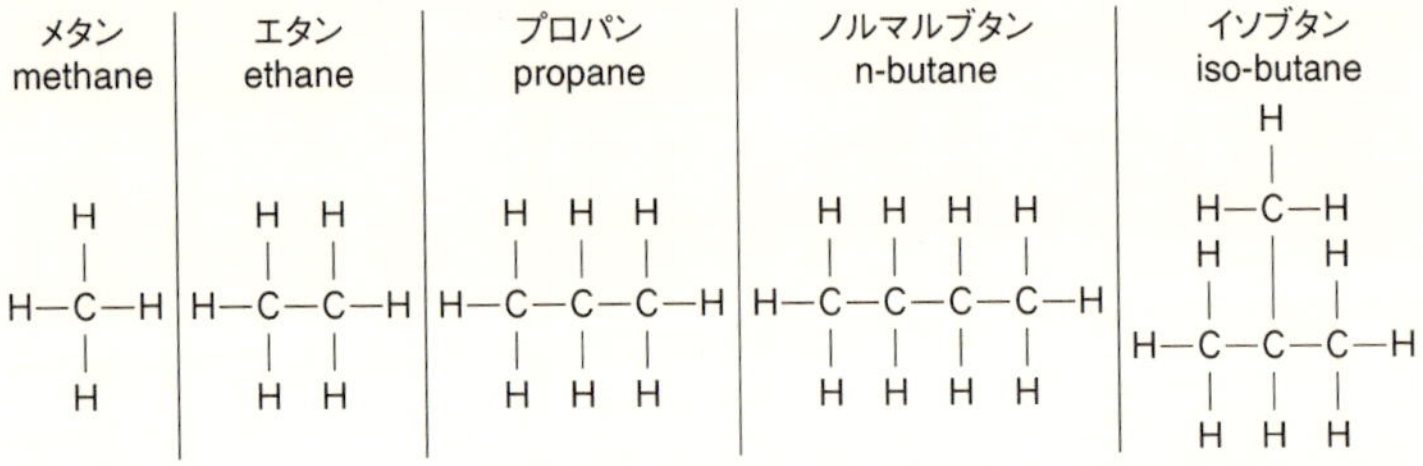

——物性——			methane	ethane	propane	n-butane	iso-butane
分子量			16.0	30.1	44.1	58.1	58.1
沸点	℃		-161.5	-88.6	-42.1	-0.5	-11.7
液体密度	(15℃)	g/ml	0.26	0.358	0.508	0.585	0.563
比重	(15.6℃gas)	空気比	0.555	1.047	1.550	2.076	2.068
液体比容積	(15℃)	ml/g	3.8	2.665	1.907	1.710	1.775
ガス比容積	(1atm,15.6℃)	l/g	1.474	0.781	0.528	0.394	0.396
密度	(15.6℃gas)	kg/m³	0.678	1.280	1.895	2.538	2.529
総発熱量	(25℃)	kcal/kg	13270	12400	12030	11830	11800
	(15.6℃)	kcal/m³	9010	15890	22830	30050	29850
真発熱量	(25℃)	kcal/kg	11950	11350	11080	10930	10890
	(15.6℃)	kcal/m³	8110	14530	21000	27730	27540

　総発熱量は、燃焼によって発生した水蒸気が液化する潜熱を計算した場合のカロリーである。通常は潜熱を利用しないので、それを除外し、やや低めの真発熱量で計算する。ほかのエネルギーとの単位の換算で必要になる密度は、次の式で求められる。

$$\text{密度} = \frac{\text{分子量}}{22.4 \text{リットル}} \text{kg/m}^3 = \text{グラム／リットル}$$

（1molの気体の体積は0℃、1atmにおいてすべて同じ22.4リットルになるというアヴォガドロの法則による）

表1　各種ガスの分子構造と物性

Gのブタンを燃料にしている使い捨てライターのガスがある。タクシーの場合、LPGの燃料コストは九六年末価格で、一キロメートル当たり八・六円で、ガソリンの一七・五円の半分という安いコストであるため、ガソリンではタクシー経営が成り立たない。ガス自体もクリーンで、汚染物質をほとんど出さず、これほどエネルギー効率がすぐれた燃料をなぜ誰もが自動車に使わないのか、という疑問がある。

タクシーはどこでLPG燃料を補給しているかと探しても、LPGスタンドを街中で見かけることはほとんどない。近くに川がある所でなければLPGスタンドを設置してはならないという法律がつくられ、日本全土でも一九〇〇ヶ所しかないからである。LPGのプロパンは、ガス漏れがあった場合、空気に比べて一・五五倍の重さを持っているので、漏れたガスが上にあがって飛散せずに、地を這うように流れて広がる。そのガスが川面に流れれば爆発しないので、この規制がつくられた。

八二年一月九日に川崎市の下布田小学校で埋設管からプロパンガスが漏れ出し、爆発はしなかったが、教室の床下にガスが充満して子供たちは避難しなければならなかった。翌八三年一一月二二日には、静岡県掛川市のレクリエーション施設「つま恋」バーベキューガーデンで、使用者の不注意でコックの締め忘れによるプロパンガス爆発事故が発生し、死者一四人、負傷者二七人の被害を出した。年代は遡るが、八〇年八月一六日には、静岡駅前の地下街で、プロパンではなく都市ガスが漏れて爆発し、死者一四人、重軽傷者一九九人の惨事を招いたことがあり、ガス漏れに対する消費者の恐怖感には根強いものがある。これらの事故に学んで、ガスの保安対策はきわめて厳しいものになった。

その厳しい対策の結果として、阪神大震災では、電気が各地で漏電による火災を発生し、都市ガスも大阪ガスが初めて供給を全面的に停止するなか、各家庭にあったプロパンガスは最も早く使用できる状態に復旧し、最も被害が少なかったことから、災害対策の上でＬＰＧが見直されつつある。
しかし東京のような大都会では、街中を流れていた川は、ほとんどが上をコンクリートの蓋で覆われて道路として利用され、暗渠《あんきょ》となったため、近くに川がある所でなければＬＰＧスタンドを設置してはならないという法律の規制に阻まれ、タクシー用ＬＰＧスタンドを設置する場所が失われた。タクシーの運転手はスタンドの場所を知っているので利用できるが、マイカー族はやはりガソリンを選ぶほかない。
こうした都市構造の道路環境が、燃料電池車の燃料として、最も普及しやすい燃料を何にするか、つまり水素か、メタノールか、ガソリンか、都市ガスか、ＬＰガスかという選択の問題にかかってくる。誰もが簡単に燃料を入手できなければ、燃料電池が完成しても普及は後れることになる。いずれにしてもＬＰガスは、排ガスがクリーンであるなど、すぐれた特性を数々持っているにもかかわらず、次のようなガス誕生の由来が原因となって、日本では意味もなく冷遇されてきた。
ＬＰＧを生み出す原料としては、以下の四種類がある。
㈠　石油に含まれているガス
㈡　天然ガスに含まれているガス
㈢　精油施設でガソリンなどを製造する過程で得られるガス
㈣　石油化学工業でナフサ分解成分を使って製造されるガス
日本に輸入されているＬＰＧは、大部分が㈠油田と、㈡天然ガス田からのもので、中東からの輸入が八割を占めている。サウジアラビアが群を抜き、同国のサマレック社がＬＰＧ輸出を取り仕切っている。続いてアラブ首長国連邦、インドネシアの順で、この三ヶ国で九割を占める。
これに対して、国内産のＬＰＧは、大部分が㈢精油施設と、㈣ナフサ分解である。㈠～㈣を合計すると九三年時点でほぼ二〇〇〇万トン程度で、「油田＋天然ガス田」対「精油施設＋ナフサ分解」＝三対一の割合である。つまり液化石油ガスと呼ばれるものは、大半が天然に産出するガスであって、人間が石油を使って化学的に合成したものではない。その成分が、メタンより大きな分子のプロパンやブタンだというだけで、天然のガスを液化したものである。

プロパンやブタンも、輸入するには液化しなければならない。ところが液化コストは、LNG（メタン）が極低温のマイナス一六二℃にしなければならないのに対して、液化石油ガス（LPG）では、プロパンがマイナス四二℃、ブタンがマイナス〇・五℃で液化でき、液化したプロパンは体積がガスの二五〇分の一になるので、コストダウンが容易である。また天然ガスは液化温度がマイナス一六二℃と低いので、事実上ボンベで家庭に供給することができないのに対して、プロパンは液化温度が高く、それが可能になる。そのため、都市部では都市ガスとしてメタン主体の混合ガスを用い、ガス管のない地域ではプロパンのボンベを使う社会的システムとなっている。LPガスを燃焼させた場合にLNGのメタンよりすぐれた特長は、体積比で火力（カロリー）が三倍前後強いことにある。さきほどの表に示したように、同じ体積で都市ガスのメタンより、プロパンガスは二・六倍、ブタンガスは三・四倍もの熱量を出すので、風の強いところで消えては困る聖火台の火やライターに最適である。

LPGの用途別の内訳を見ると、ほぼ四割が家庭と業務用オフィスで占められ、プロパンの用途は工業用をはるかにしのいでいる。都市ガスに使われているLPGを含めると、ちょうど五割に達するのだから、すでに国民の生活に非常に密着した燃料であることが分る。九三年時点で、都市ガス一九〇〇万世帯、LPガス二三〇〇万世帯の比率なので、四五％対五五％とLPガスのほうが多く、現在もこの比率は変らない。この点から考えても、LPガスを使った住宅用燃料電池の開発は、都市ガス式燃料電池と同じように重要である。

ところが二〇〇〇年時点で、日本石油ガスがLPガスを使った東芝／ONSI製リン酸型燃料電池の実用化開発を新潟ターミナルで進めながら、通産省の新エネルギー・産業技術総合開発機構（NEDO）からは補助金の援助が得られないという奇怪なことが起こっている。なぜLPGは冷遇されるのか。

NEDOは、オイルショックを契機に、石油の消費量を減らす国策のもと、石油代替エネルギーの開発を目的に掲げる組織として誕生し、一方LPGは、液化石油ガスという石油が組み込まれた名称だからである。しかし液化石油ガスと言っても、前述のように、日本で使っているLPGの大部分は石油の成分ではない。油田やガス田で「石油に含まれているガス」と「天然ガスに含まれているガス」を液化したものである。ほとんどが生まれた時から純粋なガスである。石油を使うわけではないから、天然ガスを液化したLNGの兄弟である。これを石油製品扱いすることは、科学的に間違っている。

そこで二〇〇〇年八月三日、LPガス自動車普及促進協議会は、ガソリンエンジンに比べて汚染物質をほとんど出さず、エネルギー効率のすぐれたLPG車を普及すれば、東京や大阪が抱えているディーゼル車代替用の低公害車対策に有効だとして、一〇年後の二〇一〇年までに、トラックなどで六〇〜一〇〇万台の普及を提言し、国の補助金制度見直しを求めた。

このような通産省の予算配分は、プロパンガス消費者である半数の国民生活をまったく考えていない。その予算の納税者たちから、「不公平で許しがたい」という声がそちこちであがっているのも当然である。

LPGには、もうひとつの問題がある。二〇〇〇年六〜七月ごろ、サウジアラビアの国営石油会社サウジアラムコが、ＬＰＧの日本向け輸出量を三割ほど削減すると、日本のＬＰＧ元売り各社に一方的に通告してきたのである。日本の元売り一四社は、サウジアラビアと合計五八〇万トンの長期契約を結んできたが、その分についてプロパン一五〇万トン、ブタン二〇万トンの供給が削減される見通しとなった。日本のＬＰガス業界は、国内最大のＬＰＧ元売り業者が岩谷産業で、日本の石油会社の中でＬＰＧシェアが最も高いのは出光興産だが、この通告にはみな頭をかかえた。クウェートの製油所事故によって七月の価格が大きな影響を受け、プロパン、ブタンいずれも前年比六割高の暴騰となった。この原因は、日本がＬＰＧ消費量の八割を輸入に頼る弱みを見透かし、サウジアラビアが輸入量の四一％を握っているためのわがままであった。

誰がどのように燃料から水素ガスを取り出すか

ＬＮＧとＬＰＧが、コンバインドサイクルとマイクロガスタービン用の燃料で主役を演ずることは間違いないが、燃料電池のエネルギー源は、ガスだけではない。水素をそのまま供給する方法だけでなく、メタノールやガソリン、灯油をはじめとするさまざまな有機物質から、いかようにも水素を取り出すことができるからだ。ところが、そのメニューがあまりに多すぎて、産業界は収拾がつかなくなったのである。

ヨーロッパとアメリカの水素ステーションは、前述のように実用化に向けて走り出したが、日本も水素実用化の試みに挑戦しはじめた。愛知万博の開幕に備えて二〇〇五年に開港をめざす愛知県常滑《とこなめ》市沖の中部国際空港は、公共事業の見直し論のなか、二〇〇〇年八月一日に建設工事に着工し、民間資本が半分とはいえ、総額一兆円を超えるこの空港が果たして必要なのかと批判されてきた。その反対の声を意識して、中部国際空港社長に地元経済の牽引車であるトヨタ自動車出身の平野幸平氏が起用され、建設プロジェクトに知恵を盛り込むことになった。

ミュンヘン空港の水素ステーションに倣って、その一帯をプロトンアイランズ（陽子の島）と名付けて、陽子交換膜（PEM）型燃料電池を射程に入れた広範な水素利用プロジェクトを進めることになったのである。構想は、沖合の空港なので海上の強風を利用した風力発電で電力をまかない、LNGタンカー輸送が容易な天然ガスを改質して水素を製造し、日本でこれまでにない水素供給ステーションを設置するモデルケースである。ここで生まれる水素を使って、空港一帯のオフィスすべての電気と熱を燃料電池でまかない、ここを訪れる自動車にも燃料電池カーを導入し、将来有望と目されている水素型燃料電池カーを普及する大きなステップにしようという。

夢のように聞こえるが、中部国際空港が実用化しようとしている燃料電池開発とは、一体、何のためであろう。人工島建設のため、総面積で七〇〇ヘクタールにおよぶ造成工事の埋め立てには、八〇〇〇万立方メートルの土砂が必要で、愛知県幡《は》豆《ず》町の山林から五〇〇〇万立方メートルという膨大な量の土砂を採取する計画である。この自然破壊だけで、自然保護を謳う愛知万博に大きな疑問符がつく。そのようなプロトンアイランズは、燃料電池の開発に不要である。

これと別に通産省のNEDOが二〇〇〇年八月に打ち出したのは、燃料電池車のための水素供給ステーション開発を一年半前倒しして、二〇〇一年末までに実証設備を完成するという方針であった。水素の生産方法は、㈠PEMを使って水を電気分解する、㈡天然ガスを改質する、この二種類の方法を同時に開発することになった。PEM方式の電気分解は世界初めてだが、電気で水素を取り出し、その水素で燃料電池に電気を発生させるのだから、エネルギーの元はとれない。それ以上に疑問があるのは、その電気を安い夜間電力によって供給するという計画である。夜間電力が安いのは、夜間に発電すると安いからではない。日本では原発をつくりすぎて、原発は夜間にも止められないので、電気があり余る。その無駄な発電を消費者に気づかれないよう、深夜電力の価格を大幅に下げて電気温水器で消費させ、原発必要論をかろうじて取りつくろってきた。通産省の水素生産プロジェクトは、余って困る原発の夜間電力を消費させることによって、原発建設を推進する根拠ができるという猿知恵である。燃料電池が高レベル放射性廃棄物を生み出すのでは、燃料電池などはないほうがいい。官僚のこざかしい企みは、呆れるばかりである。二一世紀をみなで変えようという時代に、新エネルギーをめざすNEDOたるものが情ないというほかない。

こうした偽物の環境保護が氾濫するなか、まともな技術が次々に生まれつつある。前述した改質器がそのひとつである。水素を取り出す技術を古くから改質（リフォーム）と言い、その装置を改質器（リフォーマー）という。要するに、メタンでもガソリンでも、リフォーマー（改質器）の中を通ると、分子構造が改造されて、水素が出てくる。その改質には、熱エネルギーが必要だが、「燃料電池からは、電気と熱が出る」。その熱を使って、触媒を入れておくだけで、どんどん水素が出てくる。これは古くから使われてきた最も基礎的な技術である。その改質技術と関連技術を列記すると、これまでに次のような方法が提唱されてきた。

家庭では、都市ガスやプロパンボンベのガス管をつなぐのが、燃料電池にとっては最も簡単である。自動車では、ガソリンスタンドを使えば、それが手っとり早い。これは誰でも分る事実である。しかし、この燃料電池のブームという機会をとらえて、果たして何が社会の循環システムにとってすぐれているかというテーマに、世界各国の企業エンジニアが取り組んでいるのは、ここ何十年来、産業界で見ることのなかった姿勢である。たとえそこに利権が潜んでいようとも、最後にマーケットを制するのは、すぐれた技術である。

ガスの改質、従来からある液体の改質、新しい液体の利用、固体の液化とガス化という形で大別して列記しよう。

〈ガス改質〉

◆天然ガス＝都市ガス＝メタン

水素ガスの原料として一番便利なのは、都市ガスに使われているメタンである。メタンの分子は、CH_4なので、炭素一個に水素が四個もくっついて、最も効率よく水素を得られる。メタンが都市に配管されているという点では、住宅用燃料電池にとって、実用化に一番近い燃料である。純粋なメタンガスを使う場合には、水蒸気を加えて、次のような反応を進める。この吸熱反応は冷える反応なので、改質するには熱を加える必要がある。また、改質反応で生まれる一酸化炭素に水蒸気を加える反応を変成といい、これによっても水素が生まれ、これは発熱反応である。

改質　$CH_4 + H_2O \rightarrow CO + 3H_2$　（吸熱反応）

変成　$CO + H_2O \rightarrow CO_2 + H_2$　（発熱反応）

ふたつの反応を合計すると、メタン一分子から水素四分子ができるので、分子量を計算すると、一キログラムのメタンから五〇三グラムの水素が得られる（または水素一キログラムをつくるにはメタンが一・九八九キログラム必要である）。

家庭用の都市ガスを使う場合には、ガスの組成がほぼメタンCH_4八八％、エタンC_2H_6六％、プロパンC_3H_8三％、ブタンC_4H_{10}三％なので、次のような処理プロセスとなる。

→脱硫器でにおいづけ成分の硫黄を除去

→改質器で水蒸気を加えて七〇〇℃に加熱し、

$CH_4 + 2H_2O \rightarrow CO_2 + 4H_2$の反応により水素取り出し

（同時反応でCH_4 ＋ H_2O → CO ＋ $3H_2$が起こるためCO約一〇％発生）

→CO変成器でCO ＋ H_2O → CO_2 ＋ H_2の反応によりCOを約五〇〇〇ｐｐｍに減少

→CO除去器で2CO ＋ O_2 → $2CO_2$の反応によりCOを一〇ｐｐｍ以下に減少

→改質ガス（水素）の取り出し

これまでは、以上の工程を別々に組み立てていたため大型になっていた改質器を、大阪ガスではプレス加工によって脱硫、蒸気発生、改質、ＣＯ変成、ＣＯ除去まで、完全一体型としてコンパクトにまとめ、一キロワット用都市ガス処理装置を開発した。これによって、効率よい水素取り出しに成功し、コストダウンが可能となった。二〇〇〇年七月時点での試作改質器における大阪ガス実測データでは、得られた改質ガスの組成は、水素七五・五％、二酸化炭素一九％、メタン〇・五％、窒素五％、一酸化炭素八ｐｐｍであった。このうち燃料電池が最も嫌うのは、白金触媒の性能を落とす一酸化炭素で、一〇ｐｐｍ以下でなければならないが、この改質器はその条件をクリアしている。

◆液化石油ガス（ＬＰＧ）

メタンの代りにプロパンやブタンを使うので、原理と処理プロセスは都市ガスとまったく同じである。この改質器を、日本石油ガスやコロナが開発中である。

改質（プロパン）　C_3H_8 ＋ $3H_2O$ → 3CO ＋ $7H_2$　（吸熱反応）

変成　3CO ＋ $3H_2O$ → $3CO_2$ ＋ $3H_2$　（発熱反応）

ふたつの反応を合計すると、プロパン一分子から水素一〇分子ができるので、分子量から求めると、一キログラムのプロパンで四五七グラムの水素が得られる（または水素一キログラムをつくるにはプロパンが二・一八七キログラム必要である）。

◆水素＋メタンの混合ガス（ハイタン）

欧米やロシアのように天然ガスをパイプライン輸送するとき、ガス採掘現地で最初に水素ガスを製造してしまう方法が検討されている。その場合、水素だけを輸送するより、天然ガス（メタン）と混合したほうが取り扱いやすくなるので、水素（ハイドロジェン）とメタンを混合したハイタンガスが使われる可能性がある。この改質プロセスは、天然ガスと同じである。

◆天然ガスからゼオライト触媒を使って水素を取り出す――北海道大学・触媒化学研究センターの市川勝教授は、「天然ガスから初めて高性能触媒を使って芳香族化合物と水素を取り出す新技術に成功した」という。九九年に明らかにされたこの方法は、脱臭剤や吸着剤に使われる多孔質ゼオライトに、炭化モリブデンの微粒子を結合させ、天然ガスをこの触媒流路内部に通すと、芳香族化合物と水素が出てくるという魔法のような装置であった。ゼオライトの穴は、わずか〇・六ナノメートル（ナノは一〇億分の一）という小さなもので、芳香族化合物とは、六角形の亀の甲で知られるベンゼン型の化合物で、甘い香りがするのでこの名がある。

　市川教授によれば、得られた芳香族化合物の九割以上がベンゼンで、ほかに医薬品に使われるトルエンやキシレンも含まれる。沸石《ふっせき》と呼ばれるゼオライトは、陶器に用いる長石と似た組成で、セラミックの原料分野に入る。長石とは、$KAlSi_3O_3$, $NaAlSi_3O_8$, $CaAl_2Si_2O_8$という三種類の化合物の固溶体、つまりはアルカリとアルミニウム、シリコン（珪素）、酸素という自然界のどこにでもある元素の化合物だが、ゼオライトも、(K, Na, Ca) ＋ Si ＋ Al ＋ O ＋ H_2Oを主成分としてイオンを効率よく吸着する性質があり、農業の土壌改良などで注目されてきた物質である。このイオン吸着率が、市川教授の発見の鍵を握るメカニズムと推定される。ゼオライトは、このような「土砂」の成分なので、ともかく価格が安い。

無機物質は、華やかな繊維材料の有機物質に押されて影が薄かったが、現在では半導体、セラミック、触媒へと、新しい応用分野が次々に開拓されてきた。それが有機化合物のシンボルである芳香族化合物をつくり出すこの現象は、地中で石油が誕生したメカニズムを示唆する興味深い発見である。この新技術を実用化できれば、ゼオライトの触媒一キログラムを使って、天然ガスから水素が毎時一〇〇〇〜一五〇〇リットル、ベンゼンC_6H_6が四〇〇〜五〇〇グラム誕生する。さらにベンゼンに熱を加え、水素と反応させて、亀の甲のままシクロヘキサンC_6H_{12}に変化させる。この反応は昔から使われてきた。シクロヘキサンの液体を使用場所に運んで加熱すれば、燃料電池用の水素が取り出せるので、改質器が不要になるとされているが、危険なベンゼンが発生するので問題がある。むしろこの魔法のメカニズムを解明して、まったく新しい水素発生技術が開拓され、燃料電池の大幅なコストダウンが達成されることが期待される。

〈液体改質〉

住宅用としては都市ガスとプロパンが最も便利だが、自動車用の燃料電池を使うドライバーや輸送業界にとって、ガスよりも、従来のガソリンと同じ液体のほうが使い勝手がよい。そのため、原料として水素ガスを使わず、簡単に製造できるメタノール燃料やガソリンの形で自動車に給油し、そこから水素を取り出しながら走る方法が考えられている。

◆メタノール改質――天然ガスやあらゆる有機化合物から、メタノールCH_3OHのような液体アルコールをつくるのは容易である。そこで、メタノール・スタンドで給油するこのタイプのテスト車の開発が進められ、一時は将来の本命と見られていたが、現在ではほかの技術が競合して、まったく不明である。

自動車の場合、水蒸気改質法を用いると都市ガスと同じように吸熱反応となり、内部温度が充分に上がるまで水素が発生しないので、急速な始動ができないという重大な問題があった。メタノールの改質には三〇〇℃以上の高温が必要で、スタートまでに二〜三分かかるのである。これに対して水蒸気を使わず、酸素を使って改質する方法があり、これは燃焼と同じ発熱反応なので、スタートに適しているが、効率は低下するという欠点があった。そこで、このふたつを組み合わせたハイブリッド構造にし、スタート時に酸素、始動後は水蒸気を使うようにすれば、問題は解決される。これを部分酸化改質法と呼び、各社が実用化に取り組んできた。

メタノールの水蒸気改質　$CH_3OH + H_2O \rightarrow 3H_2 + CO_2$（吸熱反応）

メタノールの酸素改質　$2CH_3OH + O_2 \rightarrow 4H_2 + 2CO_2$（発熱反応）

これに対して二〇〇〇年六月に川崎重工業がPEM型燃料電池用に開発したメタノール改質器は、基本的には水蒸気を使って数秒で応答するという画期的なシステムであった。構造は、触媒をちりばめた金属プレートを多層化することによって、熱の伝わり方を大幅に改善した効果によるとされているが、これが実用化されれば再びメタノールが脚光を浴びる可能性がある。

◆メタノールの人体に対する毒性――一部の環境論者が、燃料電池を批判するとき「メタノールは毒性が高い」と言っているが、ガソリンをこれだけ大量に使っている人類が、ガソリンを批判せずにメタノールを批判するのは奇妙である。メタノール（メチルアルコールCH_3OH）は自然界にできるアルコールの最も原始的なものである。酒として飲むエタノール（エチルアルコールC_2H_5OH）と違って、メチルを飲むと失明する危険性は昔から知られるが、悪質な密造アルコールを飲まなければ、そのようなことはない。ガソリンを飲む人がいないように、燃料電池でも食用に利用するわけではないので、危険性を過大に考えるのは不自然で、都市ガスと同じように考えるべきである。

むしろ廃棄されたり漏れたときに、自然界での蓄積と汚染を論ずる必要がある。

メタノールは、ベンゼンなどの発癌物質を含むガソリンよりはるかに毒性が小さく、発癌物質、遺伝子損傷物質には分類されていない。日本の環境庁の発表（二〇〇〇年八月二四日）によれば、全国自治体で九九年度に実施した大気中の有害物質として、ガソリン自動車が走り回る幹線道路沿いを中心に、発癌物質のベンゼンが全国三四〇地点中七九地点（二三％）という広い地域で、一立方メートル当たり三マイクログラムの環境基準を超えていたことが判明した。この調査自体、九七年に大気汚染防止法が改正されてようやく実施されたものであり、道路沿いの地域はどこも深刻である。

大気汚染の規制で厳しいアメリカ環境保護局ＥＰＡの大気担当部門によれば、メタノールは慢性毒性の危険性がほとんどなく、毒性値を低いほうから高いほうへ一〜一〇〇にランクづけした順位では、きわめて低い七と評価されている。したがって、万一燃料漏れのため皮膚に付着するようなことがあっても、ＥＰＡでは、実害は小さいとしている。またウィスキーを水割りにするように、アルコール類は水に溶けやすく、メタノールも水に溶けてすぐに分解するので、自然界では蓄積しない。この点でも、水と分離して分解しにくいガソリンのほうがはるかに実害は大きい。空気中の引火性でも、ガソリンが一・四％であるのに対して、メタノールは六・〇％と高いので、火災や爆発の危険性は、メタノールのほうがずっと小さい。ガソリン、合成洗剤、殺虫剤、有害滅菌物質などの化学物質をこれだけ無神経に使用している人類がメタノールを問題にするのは、奇怪であり、むしろそうした物質の危険性を小さくする自然な燃料として評価するべきである。

◆ダイレクト・メタノール電解――これは改質器を使わない燃料電池のシステムである。つまり改質器でメタノールから取り出した水素を燃料電池に送り込むのではなく、燃料電池に直接メタノールを送り込んで、そこから水素を取り出しながら電解する方法であり、次のように反応が進行する。

$$CH_3OH + H_2O \rightarrow 6H^+ + 6e^- + CO_2$$

このH^+がPEMを透過し、電子e^-が回路を流れて電流が発生するのである。改質器が不要になれば、燃料電池の数々の問題が解決されるので、かなり期待されてきた。しかしこの反応では、エネルギー効率が大幅に低下するので、その分を補うだけ触媒の必要量が多くなり、ホルムアルデヒドなどの中間生成物が生ずる可能性があるため、反応はかなり複雑になるという欠点が指摘されてきた。

ところがロスアラモス研究所がモトローラと共同開発したダイレクト・メタノール電解方式の燃料電池は、ポータブル用の二五〇ワットという小型ながら、発電効率三九%を達成し、商品化のめどもついて、ほぼ完成の領域に入ったとされている。

自動車分野では、二〇〇〇年一一月にダイムラークライスラーがダイレクト・メタノール型燃料電池を搭載した発電効率四〇%というゴーカートの開発に成功し、NECAR5と共にメタノール路線を強力に打ち出した。

◆エタノール改質——基本的には前記のメタノールと同じアルコールである。

◆ガソリン改質——自動車用としては、現在のガソリンスタンドをそのまま使えるガソリンを燃料電池に利用できれば、ドライバーにとっても燃料業者にとっても最も手間がかからない。つまり燃料電池の実用化を可能にする最短コースと言われてきた。

しかしガソリンとは、メタンやメタノールのようにひとつの分子を示すものではない。石油を沸騰させてゆくとき、ほぼ三〇～二〇〇℃の範囲で得られる軽質成分の総称で、普通には揮発油と呼ばれ、多数の成分が混合した揮発性の液体である。また、一般にナフサと呼ばれるのは、一一〇～

二一〇℃で蒸留される成分なので、重いガソリンを指すが、ライトナフサは軽いガソリンに属する。この温度範囲では、ガソリンと成分の異なる灯油が一五〇〜二八〇℃で同時に蒸留されるので、ガソリンと重なり合う。また次に蒸発する軽油が二五〇〜三五〇℃の範囲なので、これが灯油と重なり合う。ガソリンの製造法にはたくさんあり、灯油も軽油も、温度を高くして分解すればガソリンができる。

このように石油精製業界にとっては、あらゆるルートで簡単につくることができ、自動車という大量販売商品がこれを使ってくれるので、大いに利益をあげてきたドル箱商品である。かなり前の九四年から、アメリカを中心にガソリン改質による燃料電池の開発が進められてきたのは、ガソリンで莫大な利益をあげてきたエクソン・モービルなどの石油メジャーによる圧力が大きかったからである。

本来、自動車用として最近の脚光を浴びた燃料電池であるので、そのガソリンの過去の功績に報いるためにも、自動車業界が必死で取り組んだのは事実である。かくして、二〇〇〇年八月に、GMとエクソン・モービルが、燃料電池用として高い効率で水素を取り出せるガソリン改質器を開発したとの報告が出され、一年半以内にその実走行テストを開始する予定が発表されたのである。ガソリンから水素を取り出すには、九〇〇℃以上の水蒸気が必要になるので、どのようにして成功させたのか、二〇〇〇年時点で、その技術の詳細は未知である。いずれ低硫黄ガソリンの時代がくることは間違いないので、石油業界がそれを早期に達成すれば、ガソリン改質はきわめて楽になり、一挙にガソリン燃料電池車の時代が拓ける。

◆灯油改質——原理的には、ガソリンの改質が低コストでできるようになれば、灯油を使って燃料電池を作動させることも同じように可能になる。日本における家庭のエネルギー源として、都市ガス、LPガスと共に、ストーブ用として灯油を使う世帯はかなりあるので、この実用化が進めば、低価格で寒冷地向けのエネルギー源が大きく拓かれる。すでにアメリカでは、実用化の段階に入っている。日本では、コスモ石油が石油系燃料を燃料電池に使える水素改質器の開発に着手し、灯油を原料として、家庭用PEM型燃料電池によるコジェネシステムの普及をめざして開発を進めてきた。

〈合成石油燃料およびシクロヘキサンなど無数の有機化合物の改質〉

◆GTL——アメリカのシントロリアム社が天然ガスから液体をつくる変換技術(GTL——Gas to Liquid)によって製造した合成石油燃料を使って、ノースウェスト・パワー・システムズの燃料電池をテストしたところ、製造段階で硫黄、ベンゼンなどの芳香族化合物、金属を除去したこの合成燃料が、高いエネルギー効率と、クリーンな排気ガスという成果を実証した。合成する段階で、燃料電池に適した成分を選び、水素の含有率が高くなるようにコントロールできるので、価格が多少高くなっても総合的にはコスト面で数々の難問を解決できる。特に日本のように、外国のガス田で採掘された天然ガスを一度液化してから、LNGタンカーで輸送しなければならない国にとって、液体ガソリンのような形で常温で輸送できれば、大幅なコストダウンが可能になる。また自動車用燃料電池にとっては、ガソリンに代る合成燃料があれば、従来と変らずにスタンドで給油できる。アメリカとヨーロッパの石油メジャーが最も力を入れている分野なので、これまでのガソリン商品を石油業界が自ら一変させる革命を起こす可能性がある。日本では、日石三菱が石油元売り会社としてトップを切って研究開発を宣言し、五年計画での成功をめざし、トヨタも東大と共同で、天然ガスをベースにした有害物質を排出しない合成ガソリンの開発を進めてきた。

◆アルカリ水素溶液――工学院大学の須田精二郎教授は、触媒に接すると常温でぶくぶく水素を発生する液体燃料を開発し、特許を出願した。触媒にはフッ化水素吸蔵合金を用い、液体はホウ素、アルミニウム、ナトリウムを主成分とするアルカリ溶液である。これまでの水素吸蔵合金が重量比率で一～二％の水素しか吸蔵できないのに対して、このアルカリ溶液は一〇％まで吸蔵可能とされているので、驚異的な水素発生器となる。水素を消費後は、再び水素を吹き込めば再利用できる。豊田自動織機、積水化学工業らが共同研究を申し込んでいる。

◆ジメチルエーテル――エーテルとは、酸素原子に二個の炭化水素基RとR'が結合した有機化合物の総称で、一般式はR―O―R'で、化学的に安定性が高い。古くからメタノールに濃硫酸を作用させて製造されてきたジメチルエーテルは、$(CH_3)_2O$という簡単な化学式から分るように、燃焼しても有害物がなく、次世代燃料として期待されている。常温ではガスだが、沸点がマイナス二四℃なので液化しやすく、ＬＰＧの設備を使って活用できる。現在までは、主にディーゼル車や火力発電への用途が検討されてきたが、メタノールと同様に燃料電池の燃料としても将来性が高い。石炭採掘に伴って得られるメタンガスや、石炭、製鉄所の発生ガスなどから、いかにして効率的にジメチルエーテルを製造できるかの実証テストがおこなわれている。

◆アンモニア――アメリカのダイス・アナリティック社が、低出力燃料電池用として、きわめて安価なアンモニアNH_3を燃料にして水素を取り出す方法の実用化に成功している。

〈固体燃料〉

◆石炭の利用――高品質の石炭の確認埋蔵量は、石油換算で六九〇〇億トンある。同じ重量で比較して、石油が一三五〇億トン、天然ガスが一一二〇億トンなので、両者を合計した量の三倍近い。

石炭は固体だが、加熱すると分解されて、石油や天然ガスと同じ使い方もできる。加熱の方法として、次のような例がある。

㈠ 空気を送って加熱する
一〇〇℃で水分蒸発開始→三〇〇℃で燃焼開始→四〇〇℃で分解開始→ガス（発生炉ガス）が発生し、ガスの燃焼がはじまる→最後にわずかにコールタールが残る→コールタールを原油と同じように加熱蒸留すると分解されて、低温から順に、軽油・中油・重油・アントラセン油・ピッチが得られる。

㈡ 空気に水蒸気を混ぜて加熱する
前記と同じだが、発生炉ガスが水蒸気を含んだ水性ガスとなる。

㈢ 空気を遮断して加熱する（乾留）
一〇〇℃で水分とアンモニアの蒸発開始→三〇〇℃で分解がはじまり、二酸化炭素とメタンが発生する→ほぼ五〇〇℃で低温タールが得られ、ここからメタン、エタン、脂肪族炭化水素、パラフィンなどが得られる→六〇〇℃以上で炭化水素が分解されて石炭ガスが発生し、水素、メタン、一酸化炭素が得られる→最後にコークスと高温タールが得られる→タールを原油と同じように加熱蒸留すると分解されて、低温から順に、軽油・中油・重油・アントラセン油・ピッチが得られる。

このように、石炭を加熱すれば、分解されて天然ガスおよび原油と同じ成分を生み出すのである。ここからナフサ（ガソリン）やメタン、水素など、コンバインドサイクル、マイクロガスタービン、燃料電池に使える燃料が生まれるので、「石炭は汚い」という偏見を持つのはよくない。石炭を液化したり、ガス化することによって、各種の合成石炭ガスを生み出すことができ、その処理の過程で、これまで石炭の最大の欠点であった硫黄のような有害物質を除去することができる。

現在まで非常に高度化されてきた石炭の液化とガス化は、石油原料を生産する手段としても、燃料電池のエネルギー源をつくる手段としても、将来性が非常に高い。

◆バイオマス（生物資源）——有機物から燃料を得ようとする点で、石炭と同じメカニズムだが、もう少し積極的に、植物を栽培してそこからエネルギーをとろうとするバイオマス技術が北欧で広範囲に実用化されている。トウモロコシ、砂糖、米などの生産現場にはコーン滓《くず》、木屑、もみ殻、パーム廃棄物などが発生する。それらを燃料あるいは燃料電池用の水素原料として有効利用すれば、かなりのエネルギー源になる。ほぼ二世紀前には、人類の大半の燃料は木炭というバイオマスであり、現在でもうまい鰻《うなぎ》は炭で焼き、炭火焙煎コーヒーが人気者である。ことさらバイオマスと呼ぶ必要はない。昔の知恵を再発見すれば、これまで無用とみなしていた植物のエネルギーが甦る。コンクリート工事のために樹木を伐採するのは自然破壊だが、土を残して適度に樹木を切り、身近な住宅や家具などに利用することは、次の時代のために植林をおこなえば、決して自然破壊ではない。むしろ、樹木の生態を知る者がいなくなってきた最近の「都会人的な森林保護論」のほうが、山林を荒れたまま放置し、植物について知恵の伝承を断絶させる元凶であると、山に住む者は警告を発している。

◆ゴミ（廃棄物）の利用——プラスチックが石油に分解されて、廃棄物の山から原油が湧き出してくれれば、いくらでも水素を回収できる。この技術が完成すれば、これまでの資源に対する考え方が一変する。この世界は著しい進歩を遂げながら、しかしいまだ希望と絶望が交錯する迷路をさまよっているのである。

ボイル・シャルルの法則に反するドコーの大発明

二〇〇〇年八月四日に、世にも不思議なニュースが、〝日刊工業新聞〟に出た。これが本物の技術かどうか未知だが、すべての複雑なプラスチック製品を石油に戻すという人類史上の大発見である可能性を秘めているので紹介しておこう。その記事は、神戸ドック工業が、約五気圧の低い圧力で、三五〇〜一〇〇〇℃の超高温蒸気を発生する装置を開発し、世界特許の取得をめざすというものであった。プラントには、蒸気を発生する装置が二台あり、次のように処理を進めるという。

浄化された水を「蒸気発生器A」で気化する→「蒸気発生器B」に送り、低圧に保ったまま設定温度まで加熱する、というだけのメカニズムである。一〇〇〇℃まで加熱するのに要するのは二〇分である。繊維強化プラスチック（FRP——fiber reinforced plastics）は燃えにくい有機物だが、こうした物質でも、発火させずに容易に溶かすことができる画期的な装置だとされていた。つまり現在処理できないFRPでも、高温の蒸気にさらされれば、樹脂の部分だけがガスになって飛んでしまい、ガラス繊維が残る。ガスとなった樹脂は、冷却して油状にすれば、再び燃料として利用できるのだ。携帯電話のような廃棄物でも、プラスチック部分だけが溶けて、残る金属を酸化させずに回収できる。処理プロセスには水蒸気が使われるので、ダイオキシンは発生せず、殺菌用や家電のリサイクルなどにも有望であるとされていた。

記事の最後に、神戸ドック工業は、岡山県津山市の環境機器開発企業「ドコー」と共同で用途開発を進めると書かれていた。株式会社ドコーの社長・吉田稔夫《としお》氏に直接聞いてみたところ、この処理プラントは自分がひとりで考案したという。

これは熱力学の法則を知る人には、あり得ないことを起こす不思議なプラントであった。気体の

体積と温度と圧力は、一定の関係にある。すなわち、

pv = nRT　(p:圧力　v:体積　n:モル数　R:気体定数　T:温度)

という式で表わされる。(R = 1.986 cal/deg・mol)

ガスに圧力をかければ体積が小さくなり、温度を上げれば体積が膨張することは、誰でも知っている。密閉された容器であれば、膨張せずに、圧力が高くなる。それを表わしたのが右の式である。自動車が走るのは、ガソリンが燃焼して温度が高くなり、気体が膨張し、ピストンを押し下げるからである。それを利用して、ダイムラーとベンツが、自動車用のガソリンエンジンを発明した。これを熱力学で、ボイル・シャルルの法則と呼び、最も基本的な原理である。

ところが吉田プラントでは、気化したガスを蒸気発生器Bに送り、「低い圧力に保ったまま設定温度まで加熱する」というのである。温度と圧力が比例しなくなる。熱力学の法則を外すような現象が、起こり得るのだろうか。いかに二刀流の元祖・宮本武蔵を生んだ土地とはいえ、二台の蒸気発生器を使っても、あってはならないことである。一体プラント内部で何が起こっているのか。「それは秘密である」と明かさないので、筆者は半信半疑でもある。

一七世紀から一八世紀にかけて確立されたボイル・シャルルの法則を書き換える大発明なのか。イギリスの科学者ロバート・ボイルが、「温度を一定に保てば、圧力と体積は反比例する」という事実を数式的に証明したのは、一六六二年という大昔。この三四〇年の歴史を覆す現象が、津山の工場で起こったのか。

気体の体積と温度の関係については、フランスの科学者ジャック・シャルルが、「圧力と量を一定に保った気体では、温度が一℃上がるごとに、〇℃の体積の二七三・一五分の一ずつ体積が大きくなる」、つまり気体の体積は絶対温度に比例するという事実を発見したのが、一七八七年であっ

た。

シャルルがこの事実に気づいたのは、その四年前に、空気より軽い水素ガスを使って気球を製作し、「人類最初の気球」をパリで飛ばすことに成功したからである。それを見ていた観衆の中に、アメリカからパリを訪れていたベンジャミン・フランクリンの姿があった。このとき天を見上げていたフランクリンは、のちに別の実験で人類に大きな貢献をすることになった。雷が電気を放電する現象を、気球ではなく、凧あげによって証明したからだ。

その気球成功から三週間後、フランス国王ルイ一六世の目の前で、今度はモンゴルフィエ兄弟が、ニワトリ一羽とアヒル一羽に羊一頭を乗せて、世界で最初に生き物を乗せた気球の飛行に成功した。彼らが応用したのは水素ではなく、熱気球だった。熱によってガスが膨張し、気体の体積が大きくなることによって、まわりの空気より軽くなる現象を利用したのである。フランス革命の六年前、やがてギロチンにかけられる運命とも知らぬ国王は、ヴェルサイユ宮殿前の大広場で感激しながら、その気球が大空高く舞いあがり、ボールのように小さくなってゆく様を、大観衆と一緒になって眺めていた。当時の天文学者が三角測量術によって計算したところ、四五七メートルの高さまであがったのである。これも、大昔のことだ。

このモンゴルフィエ兄弟の熱気球の原理を知ったシャルルが、四年後に、シャルルの法則を発見した。この法則を覆す、驚くべきプラントが岡山県津山市で誕生したのであろうか。いずれ、その真理は科学的に説明されるであろう。岡山と言えば、江戸時代に、池田藩主の岡山城を前にして、日本人として初めて空中飛行に成功したのが、浮田幸吉であった。

まだある。一九〇三年（明治三六年）に大阪で内国勧業博覧会が開かれ、外国製の乗合自動車（バス）に試乗して感激したふたりの日本人が、大変なことをしでかした。森房造と楠建太郎であった。このふたりは、まだ日本に自動車が一台もないというのに、岡山県の岡山市と備中高梁《たかはし》のあいだに早速バスを走らせようと考えた。岡山市で電気器具の製造を営んでいた頭の切れる山羽虎夫に相談したところ、職人肌の山羽が本気になり、ついに日本最初の国産自動車を完成したのである。ダイムラーとベンツがガソリン自動車を発明してから二〇年たたずして生み出したこの自動車は、蒸気ボイラーを積んで、二気筒、二五馬力、一〇人乗りという立派なものであった。外国のカタログを見て完成してしまったというのだから、備前焼きを生んだ職人の考察力は受け継がれてきた。

散乱するゴミを食べる道具が生まれたのは、現在日本で、環境ビジネスなるものが急膨張しているからである。カリフォルニア州に倣ったゼロ・エミッションを売り物にする企業が大部分だが、その多くは社会が求めるものと異なり、自社工場内で廃棄物を一切出さないことを誇る。ほとんどの人が企業に求めるのは、市場で大量に販売された製品が使えなくなったとき、製造・販売した会社が責任をもって廃棄物を回収し、リサイクルすることである。この作業に取り組む企業は、まだ三割にも満たない。

産業廃棄物はすべて、源が地下資源の採掘にあるので、貴重な資源に戻す努力が払われなければならない。

一方、排水処理場で実用化されている通り、家畜の糞尿や生ゴミ、下水の汚泥などからメタンガスを回収できる。すでに述べた通り、キャプストーン社が、ロサンジェルスの埋め立て処分場から発生するメタンガスを燃料に、二八キロワットのマイクロガスタービンで超クリーンな発電に成功している。ここでは、ガスを圧縮して液体を取り除くだけで発電したのである。

このような自然分解ガスではなく、ゴミから積極的にガスをつくることもできる。普通、動物は酸素がないと生きられないが、逆に、酸素があると生きられない生物もある。こうした生物は、ほとんどが単細胞生物で、有機物を分解・発酵しながらエネルギーをとって生命を維持する。空気が嫌いなので、これを嫌気性（anaerobic）微生物と呼ぶ。つまり人間が困っている有害な有機物を、彼らが分解してくれるのである。これを下水の汚泥に大量に投入すると、次々と汚泥を分解して、メタンという最も単純な有機物、つまり燃料電池のエネルギー源に変えてしまう。農場やゴミ処理場では、大活躍するであろう。

こう考えると、あらゆる原料から水素を効率よく取り出す技術を開発できる。すでに鹿島は、ゴミから燃料電池発電を商品化することに成功した。九九年四月に発表されたこの製品は、生ゴミを発酵させてメタンガスをつくり、リン酸型燃料電池で発電するシステムであった。工程は、生ゴミ→粉砕してどろどろの液状にする→密閉して五五℃に保った高温メタン発酵装置（微生物分解反応器）に投入→微生物を加えて分解→メタンガス発生→改質器で触媒を用いて水素ガスを取り出す→燃料電池に送って発電する、というものである。

一日二〇〇キログラムの生ゴミを処理して、五日分（一トン）の生ゴミから、五八〇キロワット時の電気（平均家庭の二ヶ月分）が生まれる。価格は、この能力の実証プラントが一億五〇〇〇万円で、販売価格は処理能力一日一〇トンの装置で約七億円になる。電気代だけを考えれば、家庭用電気料金の五〇〇〇倍近いコストだが、食品工場やホテルなどでは大量の生ゴミに困っているので、ゴミ処理コストを含めて考えれば決して高くない。廃棄物処理に頭を痛める全国の自治体から引き合いもきているので、生ゴミ発電機として実用化し、ホテル、商業施設、食品工場に売り込む予定である。

東芝は、中国の大規模養豚場で発生する家畜糞尿からガスを回収し、これを改質して水素を取り出し、出力二〇〇キロワットのリン酸型燃料電池で発電するメタン発酵ガス燃料電池発電システムの実用化をスタートした。中国で最初の燃料電池システムになるので、大いに期待される。

この東芝と甲陽建設工業、香港上海銀行などが出資する千葉県浦安市のエキシーも、有機性廃棄物をメタン発酵させ、燃料電池で発電するシステムの草分け企業である。ここでは、生ゴミを粉砕して液状にする→鉱物性の触媒を使ってメタン発酵を進める→メタンガスからアンモニアや硫化水素などの不純物を除去する→高純度の水素を回収する→燃料電池に水素を送って発電する、というシステムを完成し、すでに量産体制に入ろうとしている。

そば屋、弁当屋、八百屋、レストラン、スーパーなどは食べ物を大量に販売するが、売れ残りの食品の大半は、生ゴミになる。飽食の日本と言われるが、実際は膨大な量の食べ残しで輸入食糧を捨てている。そこで、こうした食品廃棄物を大量に出す企業を対象として、食糧資源を再利用し、同時に排出量を大幅に減らすための食品廃棄物リサイクル法が、二〇〇一年四月一日から施行される。

燃料電池にこだわる必要はない。野菜から生まれた生ゴミの最も効率のよいリサイクルは、腐敗・分解して堆肥として再び畑に戻し、野菜に戻ることである。そば屋で売れ残っためん類などは、ほかの食品の混入もなく、ほとんど傷んでいないので衛生的にも問題ないが、味覚が落ちるというだけで生ゴミになる。こうした質の高い生ゴミは、堆肥ではなく、動物飼料としてリサイクルできる。

富士通は、九六年に川崎工場に生ゴミの肥料化装置を導入して以来、社員食堂で出る一日七五〇キログラムの生ゴミを、バクテリアで発酵分解して有機肥料をつくり、農家向け肥料の製造に成功した。これを、長野県の有機栽培農家と契約して供給し、そこでできたキャベツやレタスなどを富士通が割安で買い取り、社員食堂で利用してきた。九八年には小山工場、二〇〇〇年には沼津工場に導入し、二〇〇二年度までに国内すべての製造工場で、この「富士通食物循環システム」を確立する予定だというから、称賛に値する。

滋賀県愛東町では、琵琶湖の水質汚染がきっかけとなって、町をあげて台所の食用廃油をリサイクルして粉石鹸をつくりはじめた。最近は、てんぷらなどの食用油にメタノールと水酸化カリウムを加えて分解し、何と、グリセリンを沈澱させて除去したディーゼル自動車用の燃料を生み出してしまった。ほのかにてんぷらの匂いがする公用車が九八年から走っているそうで、食用廃油二七〇〇リットルから燃料二四〇〇リットルをつくり、残りで粉石鹸をつくるというのだから大した知恵である。

神戸大学工学部、京都大学工学研究科、大阪市立工業技術研究所、長瀬産業などの研究グループも、年間三〇万トン消費されるてんぷら油の廃油を燃料に変える新技術を開発した。大豆油にメタノールを混ぜ、触媒を使わずに燃料をつくったのだ。しかし物量的には、堆肥や飼料とほど遠い世界にある大都会の生ゴミが最大の問題である。マンションやアパートなどの集合住宅に住む人にとって、ベランダでささやかな園芸用に使っても、とても処理しきれないほどの生ゴミが毎日発生する。日本では年間五〇〇〇万トンのゴミが家庭から出されている。

しかし産業界では、国民全世帯の八倍という四億トンを排出しているのだ。国民一人が家庭で出す量と比べれば、企業の産業廃棄物の規模は桁違いに大きく、一〇年間で四〇億トンの資源を捨ててきたことになる。使えるはずのプラスチックゴミも、金属ゴミもある。その処理の責任を負わされるのは、自治体である。これを解決するには、どうすればよいのか。

容器包装リサイクル法と家電リサイクル法の未来

こうしたゴミ問題を抱える大都市向けに、二〇〇〇年八月に大阪ガスが、プラスチック、生ゴミなどすべての可燃性廃棄物を、燃やさずに気体と水に分解する装置「新型アクアループシステム」を日本で初めて開発した。プロセスは、廃棄物を細かく破砕する→廃水を含む廃棄物混合物を高温高圧で濃度の高い液体にする→ルテニウムを主体とする貴金属触媒の反応塔を通過させて酸化を促進する→三時間ほどで窒素、二酸化炭素、酸素のガスと、水に分解される、というものである。排ガス中の窒素酸化物と硫黄酸化物が充分に浄化され、処理廃水も河川に直接放流できるほど浄化される。処理から出る排熱は、空調や給湯のエネルギーに利用できるので、一日五トンの処理装置で三〜五億円の見込みだという。この処理は、折角ここまで分解できたなら、排ガスと排水にして流すことなく、あと一息で、産業用プラスチックや理想の燃料電池用原料の生産までゆけそうである。

こうした技術のヒントは、人類が昔から困っている腐食の現象に潜んでいる。ものが腐る、金属が腐食する、ということは、分解されることとである。最近、石油化学工場のように敷地の油汚染がひどい土壌をきれいにするため、土の中で生きている微生物を使って浄化する方法が広くおこなわれるようになった。これらの微生物は、酸素のほかに、栄養分となる窒素やリンを与えると働きが活発になり、石油を二酸化炭素と水に分解する。つまり油田で天然ガスができたようなメカニズムを利用するのである。

現在まで、灯油、軽油、A重油までの分子であれば、九〇％以上を分解できることが実証されてきた。分子量がさらに大きいC重油では、まだ五〇％の分解率だが、これら自然の生物の力は、さらに研究され、あらゆる化学製品（プラスチック類）の一〇〇％分解も夢ではなくなってきた。

工業技術院生命工学技術研究所の倉橋隆一郎・微生物機能部長と、早大理工学部の桐村光太郎教授らの研究グループは、石油備蓄タンクの腐食の原因を追究してきたが、備蓄されている原油から油成分を抽出し、油ではない成分の中の微生物を調べた。その結果、原油一リットルの中に微生物が一〇〇〇万単位も生きており、備蓄タンクの下層に沈んでいる沈澱物《スラッジ》ではその一〇〜一〇〇倍もの微生物がひしめいていることを確認した。

あの油の中に、よく生きていられるものだと思うが、ここに、地球上の生命の起源を想起させる事実がある。石油も天然ガスも、もとは生物の死骸が分解して生成されたものであり、その分解をおこなったのは地中の微生物であった。こうして原油の内部でも生きられる微生物は、これから大阪ガスが開発したシステムと組み合わせて、プラスチック分解を可能にし、新しい石油製品リサイクル時代の扉を開くものとして有望である。

ペットボトルやガラスビンのリサイクルを進めるための容器包装リサイクル法に、二〇〇〇年四月からプラスチックと紙が加わった。年間のプラスチック容器包装ゴミは三〇〇万トン、紙の容器包装ゴミは二二〇万トンに達する膨大な量である。

ガラス容器は、洗浄しただけでリサイクルできるので最も効率がよい。ペットボトル、プラスチック容器、牛乳パックのような紙容器は、簡単には分解されないので、リサイクルコストを価格に上乗せして、生産したメーカーが自己責任をもってリサイクルする必要がある。

ところが日本全体の廃棄物の流量は、次のようになっている。

自然界から採取しているものは、輸入資源が六・七億トン、国内資源が一〇・八億トンの合計一七・五億トンに対して、リサイクルによって再利用されているのは、わずか一一%の二億トンにすぎない。しかも日本のリサイクルは、ほとんどの場合、使いやすい原料まで分解する方法をとらず、別の固体製品への転用でしのいでいる。それ以外は、廃棄物として燃やすか埋めるかの処理によって、巨大なゴミ汚染を起こしている。

あるメーカーは、粉砕したペットボトルをプラスチック製品にリサイクルする新技術を開発し、それをまったく別の自社製品のプラスチック原料に利用しはじめた。これだけでも、石油原料の使用量が減り、処理エネルギーが少なくなる。ただし、そこから無理に新製品をつくり出すのは、資源の消費量を減らさないので好ましくない。できるだけ原料の石油に近いものに戻せる分解手法が好ましい。

宮崎リサイクル社では、廃棄プラスチックを油化して重質油を効率よく回収する装置を開発した。この装置は、塩化ビニール以外のプラスチックをすべて処理できる。バーナーで四〇〇〜四五〇℃に加熱→気化したガスを熱交換機で冷却→液化して油を回収→不純物を除去して精製する、というプロセスである。プラスチックを一トンずつ処理する方式で、この廃棄物から七五〇キログラムの重質油が回収されるので、重量で七五%の回収率となる。

北海道札幌市と新潟市などで進められてきたプラスチックの油化も、四〇〇〜五〇〇℃で熱分解する方法である。プラスチック廃棄物から石油成分を七〇%回収できるところまで成功し、ナフサ、中質油、重質油などが生産できるようになった。この七〇%のうち、二〇%が油化のための操業エネルギーに消費されるので、実際には五〇%の回収率だが、これまで捨ててきた膨大な廃棄物を思えば、半分のリサイクルでも偉大な進歩である。

ところが実際には、このプラントを誘致した当の自治体が、わずかなコスト高を理由に予定の発注量を大幅に減らす状態となり、事業者が困惑する事態に陥った。このように足を引っ張る自治体が、何を考えているのか、はなはだ疑問である。

容器包装リサイクル法に続いて、二〇〇一年四月から家電リサイクル法が施行される。家電製品は、プラスチックと金属の塊であり、将来は燃料電池がその対象になる。これまで家電製品は粗大ゴミとして自治体が収集し、引き取ったあとは使い物にならない廃棄物として埋め立てなどの処理を余儀なくされていたが、これからは中古家電は廃棄物ではなくなり、資源として再生されることになった。

この法では、地域の家電販売店（小売店）または自治体が消費者から捨てられる家電製品を回収し、小売店はそこからプール場所（引き取り中継点）まで運び、この中継点から家電メーカーが回収してゆくことになっている。住宅用燃料電池は、メーカーが触媒の白金を回収したいので、リサイクルは完璧になると見られている。

しかしほかの分野では、実現するには、かなりの問題がある。

この制度では、家電販売店は消費者から一定の料金を徴収して引き取ることになっている。また、買った店が分らない場合には自治体が引き取ることになっている。しかも家電メーカーは、引き取り場所を限定しなければ、到底回収できない。消費者がわざわざ金を払ってまで、家電製品をきちんとリサイクルするのだろうか、という疑問があるが、家電天国の日本では、誰もが責任をもって解決しなければならない。コストの問題であるから、それを商品価格に上乗せするのが商業のモラルである。

最も簡単な方法は、プラスチック類の消費量を減らすことだが、工業製品に必要な梱包などに、生分解性プラスチックを利用する方法は有効で、大いに普及する必要がある。トウモロコシ（コーン）を梱包材の詰め物に利用する方法がヨーロッパで広く普及したのは、土に返せば腐敗するので、ゴミ処理がいらなくなるからである。

東京・町田市のサンコーワイズが開発したような、ヤシ殻繊維の粉末を混入して生分解性プラスチックの成形品をつくるという方法もある。これを容器などの樹脂製品や生ゴミ用のゴミ袋に使うと、土壌によっては、土に埋めてわずか一ヶ月という非常に速い速度で分解される。山梨県上野村では、これを生ゴミ堆肥用に実用化している。

家電のリサイクル率を高めるには、何よりも、何でも元の原料に戻せる技術を実用化するのが一番だ。岡山のドコー・プラントは、まだ未知である。さて、人類は色々骨折ってきたが、こうして何をしようとしているのだろうか。

第7章　太陽がいっぱい

最も短い回路は最も遠くにある

電子を使った計算事務処理機が、コンピューターである。この機械にようやく慣れ親しんできた技術者たちは、コンピューターに不思議な回路があることに、気づきはじめた。

eコマースだ、eビジネスだ、eメールだと騒ぐeこそ、電子（エレクトロン electron）のe、電子工学（エレクトロニクス）のe、電子計算機のeなのだ。このエレクトロニクス技術は、プラスとマイナスというふたつの性質しか持たない微粒子を操る。両手の指で数えてきた一〇進法に代って、二進法の算術を生み出し、ディジタル文化を謳歌しはじめた。

この一〇〇年間、太陽エネルギーが生み出した石炭、石油、天然ガスを加工し、そこからエネルギーを取り出す発電法を考えつき、エジソンやウェスティングハウスたちが大型発電機として実用化した。そのため、燃料を燃やし、蒸気を生み出し、発電機を回転させ、磁石の作用で電気を生み出し、送電線で送り、ようやく電気を手もとで使えるようになるという、面倒な作業に明け暮れてきた。しかし燃料電池は、陽子と電子を切り離す。

そのエネルギーを握るのは、今もって太陽と、地球内部の熱の塊なのだ。燦々《さんさん》と降り注ぐ太陽の光が電磁波ならば、そこから直接電子を取り出してコンピューターに送ればよいではないか。最も原始的な太陽エネルギーに戻ればよいのだ。

仮に理想的な燃料電池が完成し、電車が燃料電池で動くほどの時代になっても、すでに広大な範囲に張りめぐらされた送電線のネットワークを考えれば、一〇〇％の電力を燃料電池に切り換えることは現実的にあり得ない。すでに太陽熱や太陽光を利用している人は、太陽エネルギーを利用し続けたい。ところが太陽は照射量が不安定である。風力発電も同じだ。しかし燃料電池が存在すれば、太陽エネルギーや風力が得られるときに、ソーラーで余った電気を使って水を電気分解すれば、水素をためることができる。

自然エネルギーをすべて利用できるようになる。これまでは、電気をためることが蓄電であり、電池の原理だったが、燃料電池があれば、水素という原料をためることができる。燃料電池と自然エネルギーの組み合わせが、理想的な二一世紀の姿になるだろう。

しかし自然エネルギーがすべてよいわけではない。抽象的な理想論は禁物である。

その代表者が水力ダムであった。水を下から上へ汲みあげる揚水ダムは、電力会社が電力の捨て場として巧みに考案したもので、これは、熱エネルギーの三分の一をようやく電気に変えた原発の夜間電力を、さらに四割も捨てる無駄の塊だ。これは論外だが、普通の水力発電所でも、ダムに土砂が流入するため、数十年の寿命しかないことが分ってきた。

関西電力が富山県黒部ダム下流に八五年に完成した出し平ダムと九九年に完成した宇奈月ダムは、この土砂を排出できるように設計されたが、出し平ダムから土砂を排出したところ、ヘドロ化した土砂が下流の海に流れ込み、沿岸漁業に大打撃を与えた。これから全国で、大型ダムの閉鎖がはじまる。ダムは自然破壊の象徴となりつつある。

ところが二〇〇〇年八月、東芝エンジニアリングと東芝が、わずか二メートルの落差で発電できる水力発電装置を開発した。人の背の高さほどの落差があればよい。水車と発電機を一体化することによって小型化され、これまでの半額という大幅コストダウンを達成したのである。これならダムは不要で、農業用水路や工場排水など、広範囲の用途に期待でき、流量によって五キロワットという家庭用クラスから一〇〇キロワットまでの発電が可能になった。小型トラックで輸送でき、蓄電池も燃料代も一切いらないため、運転費用を含めた総コストが、使用して五年後にマイクロガスタービンの四分の一になるという。

この水を空に汲みあげ雲となし、大地へ山野へと、雨となり雪となりして水を降らせ、川の流れをつくったのは、太陽のエネルギーであった。自然エネルギーの主役である太陽光発電とは何をする道具なのか。

太陽は地球から一億五〇〇〇万キロメートルの彼方にあるが、その遠方から地表に届く太陽光のエネルギーは、太陽が天頂にあるとき一平方キロメートルの面積で一時間に一二億キロカロリー、原油に換算して一三万リットル分の熱量である。地球全土では、わずか一時間で人類が一年間に消費するエネルギーが空から降ってくる。石油のように限りある地下資源に比べれば、桁の違う無限エネルギーとしての価値を持つ。しかしソーラーと風力だから自然だという考えは正しくはない。太陽電池も風力発電機も工業的な製品であり、山野にあれば、送電線のように景観をこわし、これまで太陽の光と熱を受けて生命を育んできた植物を押しのけて設置しなければならない。日本のように砂漠のない狭い国土で、単純に太陽エネルギーの総量を計算し、自然界にこれを敷きつめるという考えは誤りである。

一方、太陽光発電のエネルギー効率は年々高まり、住宅に設置すれば、ほとんど問題がないところまで大幅なエネルギーの改善がなされ、将来はさらに効率が高くなる技術革新の成果が出てきた。住宅だけではなく、すでに自然が破壊されている場所で、工業的に太陽エネルギーを大量に使う試みが少しずつ芽生えてきた。

太陽エネルギーの特長は数々ある。

㈠　英語のrenewable energyは、再生可能エネルギーと訳される。太陽がある限り、エネルギーを勝手に送ってくれるので、時間的には無限にある。

㈡　すでに自然を充分に破壊した日本では、オフィスビル、工場、学校、公共施設の屋上、看板などは設置に適する。都会的なエネルギーとしてとらえるほうが量的には普及する。二〇〇〇年五月に通産省は、風力と太陽光発電などの新エネルギーを普及させるために、「公共事業」として発電施設の建設に取り組むことを決め、道路や橋などを建設するとき、中央分離帯に太陽光発電のソーラーパネルを設置し、信号機や街灯の電力として使用するなどの方針を明らかにしたが、こうした場所には、まだほとんど設置されていない。高速道路の防音壁への設置がスタートしたが、自動車のボンネット（屋根）もまだ利用されていない。東芝が透明な太陽電池を開発したので、ビルや自動車の窓ガラスに使えば、莫大なエネルギーが生まれるが、窓ガラスが太陽電池に変われば、ビルと自動車の内部まで透過していた熱が夏と冬でどう影響するかは、これからの解析次第である。またこれまでのような板状ではなく、ボール状のソーラーシリコンが開発されたので、太陽が空のどこにあっても朝から晩まで効率よくエネルギーを吸収できるようになったのは、朗報である。

㈢　太陽熱と太陽光の利用は、電力を大量消費する真夏に日中のピーク時間帯に電力を生み出す道具として効果的である。ソーラー発電で余った電気は、日本の電力会社が買い取る仕組みになっており、電力会社は「その価格が発電所の原価より高く、持ち出しになっている」と主張し、自然エネルギーを暗に批判してきたが、これは誤りで、太陽が発電する日中のピーク電力は、電力産業内部でも非常に高価な値段で取引きされているので、むしろ電力会社が家庭から買い取っている価格は安すぎる。東京電力や関西電力が、ピーク電力をしのぐためと称して揚水発電所から買いあげる電気は、キロワット当たり三三円程度だが、家庭などから買いあげる価格は二〇円前後で、四割も値切られている。

㈣　ソーラー＋風力＋燃料電池＋マイクロガスタービンの自在の組み合わせによって、自然界から水素やメタノールを取り出しながら、エネルギー効率を高めることができる。太陽光で燃料電池用の水素やメタノールを製造する方法として、海上にイカダを浮かべ、そこでソーラー発電をおこない、このエネルギーで海水を淡水化したのち、電気分解によって淡水から水素を製造する計画が提唱されている。

メタノールの工業的な製造では、一般に一酸化炭素を用いてきたが、太陽エネルギーと、水素と、発電所で排出される嫌われものの二酸化炭素を原料にしても容易にメタノールが得られる。燃料電池車のエネルギー源として、液体を使いたい場合には、次のようにメタノールをつくればよい。

太陽光発電　＋　$2H_2O$ → $2H_2$ ＋ O_2　（電気分解）

$4H_2$ ＋ $2CO_2$ → $2CH_3OH$ ＋ O_2

ソーラーによる電気分解法は、アリゾナ州やカリフォルニア州での実用化開発が進められ、ドイツは中東の砂漠で水素を大量生産する方法を検討してきた。日本では、東京工業大学炭素循環素材研究センターが、太陽光ではなく太陽熱を使って炭素や天然ガスなどからメタノールやジメチルエーテルを合成し、発電用燃料をつくる研究開発を進めている。

㈤　日本は、太陽電池の生産量が世界一である。九九年の生産量は、京セラや三洋電機などの活躍でアメリカを二万キロワット上回る八万キロワットに達した。全世界の生産量二〇万キロワットの四割を日本が占め、九九年末までの発電能力では、日本が世界最大の二〇万キロワットを達成した。アメリカでは九八年から、GMが傘下の大手不動産抵当証券会社を使って、太陽電池パネルを設置した住宅購入用ローンを全米で展開し、政府も二〇一〇年までに全発電量の五・五%を自然エネルギーでまかなうため、一〇〇万軒の住宅に太陽電池パネルを設置する目標を掲げてきた。カリフォルニア州では、電力会社のメニューから好きな発電法を選べる制度がスタートし、ヨーロッパ連合（EU）は、二〇一〇年までに全エネルギーに占める自然エネルギーの割合を一二%に引き上げる目標を九七年に打ち出した。しかし日本が世界一を誇る太陽光の発電能力は、二〇〇〇年八月二五日に記録した電力一〇社合計の最大電力（日中のピーク電力）一億七三〇六万キロワットの〇・一一%にすぎなかった。一〇〇〇分の一の能力である。

㈥　太陽電池はすでに大幅にコストダウンされ、家庭用標準タイプの三キロワットシステム価格が、九四年の六〇〇万円から二〇〇〇年の三〇〇万円台へ六年間で半減した。この価格は、一キロワット時当たりの発電コストが七〇〜一〇〇円で、電力会社の電気料金の二三円前後よりかなり高い。新エネルギー財団NEFから三分の一の補助金がついて、設置費用が二〇〇万円を切るところまできたが、申し込みが増加するにつれて一世帯当たりの補助金が年々減少される結果を招き、ついに二〇〇〇年下期には一キロワット当たり一八万円の補助金しか分配されず、二〇〇二年までで打ち切りとなり、多くの人が当惑している。NEFという財団は、八〇年九月にエネルギー安定供給をめざして設立されたもので、財団設立の主旨に「原子力の推進」を謳い、出資は電力、ガス、新エネルギー関連企業などで、全額が民間である。二〇〇〇年時点の棚橋祐治会長は、九一〜九三年まで通産事務次官として原発建設に熱中し、八島俊章副会長は、新潟県巻町の原発建設計画を執拗に進めてきた東北電力社長であった。「電力会社は自然エネルギーを促進している」という宣伝に利用する価値はあるが、大量の消費者が本気でソーラーを求めるようになれば撤退するという、二重の衣をまとった補助金であった。

これは、住宅用太陽光発電導入基盤整備事業と称するもので、一般住宅へのソーラーの普及を促進するための制度である。設置した家庭では、年間電力消費量に対して太陽光発電がその七割を発電できるレベルに達した。電気料金が年間六〜九万円も節約され、余った電気が電力会社に自動的に販売され、設置者の多くは節電すればするほど貯金通帳に払い込まれる金額が増えるので、節電を楽しむようになった。通産省は二〇〇〇年八月に、二〇〇五年までにソーラーシステム価格を三分の一にする計画を立て、カドミウムなどを原料に使った高性能の太陽電池を開発しながら、三〇〇万円を一一〇万円まで下げる方針を打ち出し、企業にはＮＥＤＯを通じて開発補助金を支給する予定だと息巻くが、実態はＮＥＦ会長と呼吸を合わせて家庭への補助金打ち切りで、舞台裏が見えてしまう。

自動車に風車をつけろ

そうした人間の営みを知ってか知らずか、今日までなお太陽は輝いてきた。太陽電池に使われる半導体は、通産省のような絶縁体と、カリフォルニア州パートナーシップのような導体の中間に位置する物質である。銅や銀のような自然のままの良導体ではない。太陽電池のシリコン（珪素）の結晶は、熱や電磁波などの刺激を受けると、絶縁体の電子が動き出す性質を持つ。ノーベル化学賞を受賞した白川英樹氏が、絶縁体のプラスチックに電気を流す導電性を持たせることに成功したのが同じ原理で、彼の発見したポリアセチレンも半導体に分類されてきた。

純粋な結晶のままで、半導体の性質を持つ物質を真性半導体という。現在のソーラーパネルに使われている半導体は、結晶にわずかな不純物を加えることによって、内部の電子を動きやすくし、電気を発生したり伝えたりする性質を持たせたもので、不純物半導体という。家庭用の太陽電池の原料としては、価格の安いシリコンが用いられてきたが、ゲルマニウムのほか、ガリウム砒素化合物、インジウム燐化合物、亜鉛テルル化合物でもつくることができる。

これらの物質には、みな共通点がある。化学の周期律表を見れば、みな「炭素」と同じあたりに並び、ガリウム砒素のような化合物では、二種類の元素の電子配置を平均すると、電子が惑星のように回る一番外側の軌道にある電子の状態がすべて炭素と一致する。シリコンは、自由な電子の配列が炭素と同じで、純粋なシリコン結晶は炭素と同じダイヤモンド構造を持つ。燃料電池で成功が期待されるカーボンナノチューブと、ソーラー電池のシリコンは、親類なのである。ここに半導体の秘密がある。生物をつくった有機物の中心にある炭素のメカニズムが、二一世紀の発明・発見の主役として、今後、天才の解析を待っているのである。

人工衛星に搭載される高価なガリウム砒素型太陽電池では、シリコン型の二倍という四〇％の電気変換効率が得られているので、ソーラーエネルギーをいま述べた周期律表の科学原理から追究すれば、これから画期的な低コスト・高エネルギー効率の製品を発明する大きな可能性がある。その分野の研究開発が盛んに進められ、有機物や酸化チタンを用いた太陽電池の開発が、射程に入ってきた。

ソーラー用半導体を製造するには、自由な電子がない完璧な結晶に微量の不純物を加えると、過剰の電子（マイナス）や電子のない穴（プラスの正孔）ができ、これによって電子が動くようになる。太陽電池では、正孔（positive hole）を持つP型半導体と、動ける電子（negative electron）

を持つN型半導体を組み合わせ、太陽光線の刺激でそのあいだに起電力を発生させ、電流が流れる仕組みになっている。

通常製品では、一〇センチメートル角の一組のPN接合電池をセルと言い、このセルを一〇〇枚ほど縦横に並べて接続した一組のパネル板をモジュールと言う。燃料電池では広げずに積み重ねるのでスタックと言うが、セルやモジュールという単位の呼び方は同じである。ソーラーセルで得られるエネルギー変換効率は、モジュールに組み立てると接合部でのロスが生じるので、少し低下する。さらにこのモジュールを二〇枚程度並べると、家庭用の標準型三キロワット発電装置が完成する。シリコン型太陽電池は、原料の構成メカニズムによって、現在まで三種類のものが開発されてきた。

㈠　結晶を使うシリコン電池——単結晶や多結晶を使い、エネルギー変換効率は単結晶でセル効率一七・五%、多結晶で一六・〇%に達する（最終的な電気変換効率では一四%程度）。生産コストが高く、薄膜化できないが現在の主流を占める。単結晶型は、昭和シェル、ドイツASE社、多結晶型は、京セラ、アメリカASE社、シャープなどの製品がある。

㈡　アモルファス・シリコン電池——結晶ではないものをアモルファス（非晶質）と言う。生産コストが安く、薄膜化できるが、エネルギー変換効率は六〜八%、最高でも一〇%と低い。発電量を問題としない電卓には向いている。世界で最初に集積アモルファス・シリコン電池を開発した三洋電機のほか、カネカの製品などがある。三菱重工業が年産一万キロワットをめざして量産計画を始動。

㈢　単結晶シリコンを薄膜アモルファス・シリコンが挟む構造のHIT（Heterojunction with Intrinsic Thin-Layer）——結晶型のコスト高と、アモルファス型の変換効率が低い欠点を解消するため三洋電機が開発し、エネルギー変換効率は世界最高の二〇・一％を実現した。電池製品としてのセル効率一七・三％、モジュール効率一五・二％で九七年に市販スタート後、二〇〇〇年の製品ではセル効率一八・三％を達成し、二一％の製品を開発中である。モジュール一枚当たりの出力が大きいので、完成品としての発電装置は、屋根の面積が小さくても設置できるという大きな利点がある。

ソーラーパネルに使うシリコン結晶は、エレクトロニクス用半導体の製造で使われた純シリコン原料の残りを利用し、これを誘導式ヒーターで溶融して五メートルもあるような長い棒状の結晶に成長させたのち、レーザービームでウェハーとして切り出す方法などで製造されてきた。七七年に太陽光発電システムのベンチャー企業として創業したアメリカのソレクトロン社は、カリフォルニア州シリコンバレーが生みの親であった。現在は万能ハイテク企業に成長し、ＩＢＭ、コンパック、モトローラなど全米のトップ企業からパソコン、携帯電話、インターネット機器などの重要部品を受注、世界に五七の工場を操業し、九〇年代に売上げが年平均五〇％ずつ増加するという記録的な成長を遂げてきた。半導体産業のスクラップシリコンを使う限りコストダウンには限界があるが、溶解した金属シリコンから冶金的製法によって、低価格の九九・九九九九％の高純度シリコンを製造することが可能である。

日本では、三洋電機のテクノロジーを追って、国内出荷量第一位の京セラ、シャープが太陽電池の大規模増産に踏み切り、ミサワホーム、積水化学工業、旭化成工業などが住宅用として太陽電池システムを開発しはじめた。この競争によって、価格の低下が期待され、将来の目標は一キロワット三〇万円とされている。標準型の三キロワット型で一〇〇万円を切るので、住宅用燃料電池の目標とほぼ同じ水準に並ぶことになる。三洋電機は二〇〇五年に、標準的な住宅用太陽光システム三キロワット製品の価格を、現在の二四〇万円から一五〇万円に引き下げる方針を二〇〇〇年七月に打ち出し、量産と性能向上によって、国の補助金なしでもこの価格を実現する意気込みである。出力の低い製品を偽って出荷した事件で失った信頼を回復できるであろう。

風力発電は、日本の新聞では、紹介記事がおそろしく派手だが、九九年までにピーク電力の二〇〇〇分の一に相当する八・三万キロワットしか達成していない。発電所の最小ガスタービン一台でもこの三倍の出力を持つから、太陽も含めて、自然エネルギーが将来をになうという話は、過大な幻想である。特に風力発電機は、住宅地域には危険で設置できないという点が、ソーラーと大きく異なる。ドン・キホーテ時代の風車や粉引き用の水車は絵になるが、現代の風車は山野に置いても絵にならず、景観をこわすだけで、ヨーロッパやアメリカのように人口密度の低い国と同じようにしようと、日本がこれを大量に敷きつめる計算は絶対にやめるべきである。

確かにドイツは、九一年に自然エネルギーの電力を高価格で購入することを電力会社に義務づけ、九九年末で風力発電が日本の五〇倍以上の三八一万キロワットに達し、世界最大出力を誇り、巨大原発四基近くに匹敵する能力を発揮してきた。デンマークは、風力発電機が最大の輸出産業となり、スウェーデンは、森林が豊かであるため、材木を中心とするバイオマスによって、森林廃棄物から二割近くのエネルギーを得ている。ドイツに学んだEU諸国全体が、電力会社に自然エネルギーの電力を高価格で購入させる制度を進めつつ、石油に対する課税を重くし、これが、バラード〜ダイムラークライスラーの燃料電池開発の原動力となってきた。石油メジャーのシェルとBP（ブリティッシュ・ペトロリアム）も、積極的に参加しなければ消費者から突きあげられるほど、ヨーロッパ全体の意識が高い。

しかしヨーロッパの自然利用モデルは、省エネルギーや古い建築物の保存、構造物の簡素化、廃棄物発生量の減少、樹木の伐採規制、農業の振興などと同時に進められている。ドイツでは、統一ドイツが発足した九〇年から九七年まで、全世界が急速な通信コンピューター時代に突入するなか、電力の年間消費量がほぼ四八〇〇億キロワット時と一定に保たれ、まったく増加していない。驚くべき国民的な成果である。その間に、プルトニウムを抽出する再処理工場の建設中止、完成した高速増殖炉の運転断念と、次々と原子力政策からの撤退が実行に移され、ついに二〇〇〇年六月一五日、原発を所有する主要電力四社とシュレーダー首相との会談で、原発廃絶政策に合意し、一一月までには早くも五基の原発の閉鎖が具体化した。今また、そのドイツのダイムラークライスラーが、ジーメンスが、BMWが、燃料電池と水素利用に大きな道を拓きつつあるのは、当然であろう。

ヨーロッパが完璧だというわけではない。酸性雨による自然破壊があまりに激しかったための反省によるものだ。しかしヨーロッパの自然利用には一種哲学的な味わいがあり、最も重要な特長は、美意識が高いことにある。アメリカでも美意識は非常に高い。これに対して、記したくはないが、現代の日本人には美観が完全に欠如している。街全体の景観に無頓着に工事を進め、大量消費を経済のバロメーターとする日本人が、風力の部分だけを急速に導入しても、森林に入り込むほど破壊的で物量的な拡大を推し進める結果となる。自然エネルギーのために自然界の奥深くに侵入し、それ自体が矛盾する行為を招く。畑地などに適度に広めるのは結構だが、いきなり風力を自然エネルギーの象徴とするには、まだ民度も機も熟していない。

日本では、エネルギー関連の最大の税収が、自動車関連の分野にあり、それがほとんど道路建設という土木事業に充てられ、自然破壊を推進する。必要がなくとも、道路建設がおこなわれる。このシステムを官僚が放棄しない限り、自然エネルギーの利用という言葉は不自然きわまりない。

では、風力発電は、まったく都会に向かないのであろうか。風の面白い利用法が日本で考案された。二輪車と四輪車の自動車用品を製造する松田技術研究所（フォード傘下のマツダではなく、東京・板橋にある会社）の奇抜なアイデアである。粋なトラック運転手が、ボンネットの先端に子供のおもちゃの風車を突き立てて走る光景を見かけることがある。なかなか情緒あるものだ。誰でも気づいてよさそうなことだが、松田技術研究所が最近それを本気で実用化して、小型トラック用の風力発電装置を開発した。

自動車は風を切って走るから、当然、風力発電は可能である。しかしその分だけ、車体の抵抗が大きくなるので、わずかでも抵抗が少なくなるようスマートなデザインを追求してきた自動車メーカーは、とんでもないことだと考えてきた。ところが松田は、クール宅配便のような冷蔵車ではかなりの電気を使って商品の冷却をしなければならないことに目をつけ、風力を使って電気冷却するという、ごく簡単で、愉快なアイデアに達した。

一番よく風を受ける運転席の上の屋根に小箱を乗せ、その中にローターと呼ばれる回転体をセットしておく。この回転力で発電する交流発電機がバッテリーに電気を送って充電しながら、存分に電気を使うのである。その結果、小型冷蔵庫を積載した二トン車クラスで、燃費を一五％も減らすことに成功したのだ。見事！

これらのエネルギー革命が次々と成果をあげる中、唯一の気がかりは、その実用化を阻む電気事業法による数々の無用な規制である。次の記事は、それを指摘したものだ。

――日本経済新聞二〇〇〇年四月三日

日本救う家庭発電所――排熱使い効率倍に――普及阻む規制洗い出しを
家庭発電所に異を唱える企業があるとすれば、それは顧客を失いかねない電力会社だろう。しかし、彼らには発想の転換を求めたい。都市ガス会社からガス管を借りさえすれば、彼らも家庭発電所をにらんだ新ビジネスを営む道が開けるはずだ。懸念はまだある。発電所を大きな「事業用電気工作物」とみなして有形・無形の規制をかぶせたままの現行の法体系だ。家庭への普及を阻む規制を洗い出し撤廃するよう、政府に求めたい。……エネルギー利用効率を飛躍的に高める家庭発電所は窮地に陥った日本を救うかもしれない。政府も産業界も小型化がもたらす可能性に目を向ける時である。（編集委員　中島彰）――

この指摘は、産業界に限らず、エネルギー革命を待望するすべての消費者の声を代弁している。二〇世紀はもはや旧時代となった。新世紀へ向かって、大きく歩み出そうではないか。

終章

マスメディアに「ＩＴ革命」なる流行語が氾濫し、政治家はそれを売り言葉にしたが、エレクトロニクスを中心とした情報技術の産業は、すでに一〇年前から大きく動き、西暦二〇〇〇年には大半の家にパーソナルコンピューターがある。かなりの人がインターネットを使い、ディジタルカメラで写真を撮って、写真屋に現像を頼まず、自宅のカラーコピーで遊び、携帯電話で資料の伝達までしはじめた。すでに情報技術は、真夏の暑い日差しを浴び、成熟した実をつけた産業である。ほとんどのオフィスがワープロからパソコンに移行し、インターネットで通信をしている時代に「革命がくる」と言うのは、奇怪きわまりない。つまり「革命」ではない。アメリカでＩＴ革命が起こった時代から一〇年遅れて「革命だ」と見当違いの言葉が使われている。

この分野は、果実を食べる時期にある。ほっておいても育つ情報通信に、国家予算の投入は不要である。日中の暑い時に水をかければ、植物は枯れてしまう。国家は、いかにしてインターネットの弊害を抑制しなければならないかを、頻発する社会問題に照らして熟考しなければならない時期にある。植物に水を与えなければならないのは、早朝か、夕方の時刻である。ようやく大地から芽吹き、双葉が出そろった若々しい植物たちに、強い日差しが照りつける前に水を与えるのが、ものを育てる本道である。アメリカはインターネットをたらふく食べたあと、この電子を動かす源に挑戦しはじめた。それが、本書に述べたコンバインドサイクル〜マイクロガスタービン〜燃料電池〜

自然エネルギーの四本柱によるエネルギー革命であった。

この革命で最大の特徴は、「若き発明家の登場」が期待されるところにある。

原理はいずれも、人類が科学を知った時代の基本に戻りつつある。

技術開拓の二〇世紀から、ガリレオたちが数々の事実を発見した時代に戻り、彼らの知恵をいかにして現代に活かすか、科学を再発見する二一世紀のレースに大きな展望と期待が与えられたのだ。このレースに参加する資格は、若い人間にだけ許された特権ではないが、無駄な時間を使って冒険を楽しむには、若いほど有利である。

日本は不況と言われて久しい。若い世代の失業率は一〇%を超え、東京や大阪のような大都会ではなく、とりわけ地方都市での失業が深刻となった。鬱々として暮らす一〇代後半から二〇代前半の人間には、夢が見えないまま二〇世紀を終えたかのようだ。しかし実際には、ベンチャー企業の大いなる成功が、アメリカを中心に世界中に広がりつつある。それは、冒険的な企業というより、高度な頭脳と、野心的な人生があいまってもたらされた果実なのだ。

日本では、それをベンチャーとは呼ばない。わが国の工業界をリードしてきたのは、技能オリンピックなどで優勝した中小企業に働く世界的な技術者たちである。彼らは、日本のブランドメーカーの製品に組み込まれた部品の大半を製造し、エレクトロニクスと自動車産業を世界一にのしあげた。著名なブランド製品を購入して分解してみればよい。内部の部品は、ほとんどそうした中小メーカーのすぐれたものであることを知るだろう。ここに、二一世紀の夢があることを忘れてはならない。

最大の注目を集める「ＰＥＭ型燃料電池」の世界では、二〇〇一年一月一日に二一世紀の幕が開かれ、次のようなメニューが出そろった。

㈠　技術的に量産可能であることが実証された。

㈡　自動車と住宅における耐久性テストで良好な成果が得られた。
㈢　最大のコストネックだった高価な貴金属である白金触媒コストが大幅に低下した。しかし………
㈣　大いなる開発ブームと、数年後をゴールとした数々の量産宣言が続々と出される一方、それぞれの用途によって細部の課題が残されている。消費者の使い方に耐えられるかという実地の信頼性は未知であり、量産品はひとつも市場で販売されていない。一方、
㈤　細部の課題の解決策については、いずれも技術的な展望が得られたが、画期的な技術の逆転という最大のレースが残されている。
㈥　アメリカとヨーロッパでは、燃料電池の開発がトップクラスの国策に位置づけられ、莫大な研究予算が投じられてきた。最終的には、国家的な補助による商品販売価格の切り下げによって量産とコストダウンを実現し、普及を成功させる政策のもとでプロジェクトが進められている。
㈦　アメリカ政府が自動車の排ガス規制を強化、窒素酸化物（NOx）の排出量を最大で九五％削減する方針を打ち出し、二〇〇三年からカリフォルニア州で有害排ガスがゼロというゼロ・エミッション規制をスタートする計画のもと、PEM型燃料電池車が先陣を切って、二〇〇〇年一一月一日から公道での性能を競うカーレースをスタートした。

今後の数年間に、どの企業がトップランナーとしてゴールのテープを切り、その賞金を獲得するか、みものである。

産業分野は多岐にわたり、表舞台でスポットライトを浴びる自動車・重電・家電・機械メーカー、ガス、電力、通信・エレクトロニクスなどのほか、背後では燃料を供給するシステムをめぐって石

油メジャーと石油化学業界が暗躍し、触媒などの関連資源には貴金属メーカーとカーボン業界が進出、巨大な利権獲得競争にまで至った。

日本の産業界は、この技術を相当早い時期から手がけながら、その必要度に対する国民の理解が後れた。その最大の原因は、国家のエネルギー開発予算の大半が原発に投入され、人材と資金が真のエネルギー開発に向けられなかったことにある。

九二年にブラジルのリオデジャネイロで開催された地球サミットにおいて、地球温暖化防止条約が締結されてから、突如として、二酸化炭素悪玉説が固定された経過に疑念がある。同会議の議長をつとめたブラジル環境長官ゴルデンベルグ（Jose Goldenberg）は、同国トップの原子物理学者であり、この会議以後、世界中の原子力産業が「二酸化炭素による地球の温暖化説」を引き合いに出して原子力推進論を展開するようになった。もともと二酸化炭素温暖化説は、地球環境を守るという目的で出てきた考えであるから、チェルノブイリ事故などでそれ以上に地球環境を破壊している原子力でエネルギーを代用するという考えは、基本的な出発点を誤っている。

したがって二酸化炭素悪玉説は、人類を危険な道に連れこむ可能性が高い。要注意である。最近の温暖化議論を進める市民運動家の中には、「原発の大事故が発生しても生物のほとんどは生きてゆける。原発の大事故の発生率はきわめて小さい」と、SF的比較論を語るほど、原子力の危険性について無知な人間がいる。そうした内容を公然と印刷して配布する者がある。無知もここまでくれば、犯罪である。新エネルギーを推奨する学者の中にもまた、同様の認識しか持たない人間がいる。

日本における燃料電池の技術的な議論は、ほとんどが「商品化するにはかなりの壁があるテクノロジー」という位置づけである。予想屋の域を出ていない。しかし開発に携わっているメーカーの技術者たちは、そうではない。すでに明らかになっている障害物を一点ずつ乗り越えようと、システム工学的に細部までスケジュールを組み、最終的な製品コストが市場で受け入れられる目標に向かって、科学と技術の限界に挑戦している。またそれを楽しむ心地よい野望も芽生えている。現在の障害は、すでにテクノロジー問題ではなく、コストダウンのための問題に絞られている。

予想屋にならず、高い目標を掲げてアメリカやヨーロッパをしのぐ技術を開発するべきである。それだけの潜在的能力は充分にある。燃料電池の技術確立に必要な問題をいかにして早く解決できるかどうかは、自然破壊的な公共事業と原子力産業に投じられてきた膨大な国家予算を、一刻も早く燃料電池に投入し、優秀な人材を集めて本気で取り組むかどうかにかかっている。

この魅力あるゲームでは、無公害というゴールが決まっているのだ。

浅学な筆者に、数々の貴重な資料を提供して下さり、多忙な中、時間をさいて技術論の真髄を語って下さった産業界の諸氏に、心からの感謝を述べたい。この人たちの真摯な努力に対して、われわれもさまざまな形で応えてゆくことが必要である。このエネルギー革命は一刻も早く成功させたい。それには、われわれが傍観者とならず、誰もがこの普及に積極的に参加すればよい。資金のある人はこれらの技術に投資することができる。身近な自宅や会社に、ソーラーや新エネルギー技術の設置を考え、まわりにも推奨しようではないか。

二〇〇一年一月一日

広瀬　隆

広瀬　隆（ひろせ・たかし）
東京生まれ。著書に、『東京に原発を！』『ジョン・ウェインはなぜ死んだか』『危険な話』『クラウゼヴィッツの暗号文』『赤い楯』『地球のゆくえ』『腐蝕の連鎖』『兜町の妖怪』『脅迫者の手』『私物国家』『地球の落とし穴』『パンドラの箱の悪魔』などがある。

燃料電池が世界を変える
エネルギー革命最前線

二〇〇一（平成十三）年二月二十五日　第一刷発行
二〇〇二（平成十四）年二月十日　第四刷発行

著　者　広瀬　隆

発行者　松尾　武
発行所　日本放送出版協会
〒一五〇－八〇八一　東京都渋谷区宇田川町四十一－一
電話〇三－三七八〇－三三八四（編集）
〇三－三七八〇－三三三九（販売）
振替　〇〇一一〇－一－四九七〇一

印刷　誠信社、近代美術
製本　石毛製本

http://www.nhk-book.co.jp
Printed in Japan
ISBN4-14-080577-3 C0000

地球の落とし穴

広瀬　隆

インターネット、ダイアナ妃事故死、アジアの株価暴落、産業廃棄物、遺伝子組み換え食品など、今、地球上で起こっている怪事件の裏に潜むトリックを解き明かす、驚嘆のノンフィクション・エッセイ。

パンドラの箱の悪魔

広瀬　隆

全能の神ゼウスは、悪さをする人間を懲らしめるため、美女に箱を持たせて下界に遣わした……。現代版パンドラの箱から踊り出たものは？　現代社会を鋭くえぐるノンフィクション・エッセイ。

●図表・写真のリスト